“十四五”职业教育国家规划教材

北大青鸟文教集团研究院 出品

课工场 kgc.cn

新技术技能人才培养系列教程

云计算工程师系列

OpenStack 云平台

部署与高可用实战

肖睿 雷宇飞 / 主编

陈庆 刘泉生 魏光杏 / 副主编

人民邮电出版社

北京

图书在版编目（CIP）数据

OpenStack云平台部署与高可用实战 / 肖睿，雷宇飞主编. -- 北京 : 人民邮电出版社，2019.4（2024.1重印）
新技术技能人才培养系列教程
ISBN 978-7-115-50642-9

Ⅰ. ①O… Ⅱ. ①肖… ②雷… Ⅲ. ①计算机网络—教材 Ⅳ. ①TP393

中国版本图书馆CIP数据核字(2019)第016053号

内 容 提 要

本书全面介绍了 OpenStack 和 Hadoop 的部署、管理和高可用相关知识。全书共 9 章，包括 OpenStack 入门体验、OpenStack 常见模块详解、OpenStack 云平台管理、搭建 OpenStack 多节点的企业私有云平台、OpenStack HA 部署、Hadoop 基础、HBase 部署与使用、部署 CDH，以及容器与云平台实战等内容。每章最后都提供了本章作业，用于读者巩固对本章理论知识的理解。

通过学习本书，读者可以在生产环境中部署企业私有云，并具备管理、维护、扩展云平台的能力，同时具备大数据基础平台的部署能力。

本书可以作为各类院校云计算相关专业课程的教材，也可以作为云计算培训班的教材，并适合运维工程师、项目经理和广大云计算技术爱好者自学使用。

◆ 主　　编　肖　睿　雷宇飞
副 主 编　陈　庆　刘泉生　魏光杏
责任编辑　祝智敏
责任印制　马振武

◆ 人民邮电出版社出版发行　　北京市丰台区成寿寺路 11 号
邮编　100164　　电子邮件　315@ptpress.com.cn
网址　http://www.ptpress.com.cn
三河市祥达印刷包装有限公司印刷

◆ 开本：787×1092　1/16
印张：15　　　　2019 年 4 月第 1 版
字数：328 千字　　　　2024 年 1 月河北第11次印刷

定价：45.00 元

读者服务热线：(010)81055256　印装质量热线：(010)81055316
反盗版热线：(010)81055315
广告经营许可证：京东市监广登字 20170147 号

云计算工程师系列

编　委　会

前　言

云计算是我国“十四五”规划和2035年远景目标纲要中强调的数字经济重点产业。云计算可以为企业进行资源整合并降低生产成本，同时其极具扩展性的设计以及灵活的部署方式，已经成为众多企业关注和实施的目标。而在众多的云计算解决方案中，OpenStack得到越来越多人的认可，目前历经多个版本的更新，其功能越来越完善，已经成为云计算平台的开放标准。

OpenStack由一系列相互关联的项目组成，每个项目都提供了云平台的相关功能，同时具备应用程序编程接口（API），让各个组件之间可以便捷地进行互动。OpenStack致力于提供可扩展、易实施的云计算解决方案，即使是对OpenStack一无所知的人，也可以通过一键部署工具，轻松搭建自己的云平台。而在生产环境中，用户更可以通过DIY方式部署OpenStack各个组件，并根据生产需求的变化，对OpenStack的云计算能力进行提升。另外，云计算还可以为大数据提供大规模运算和存储支持，所以本书还将介绍大数据基础知识，包括开源的Hadoop和Cloudera公司的CDH产品和相关组件。全书大部分章节均设有案例，使读者在实践中掌握知识与技能。其中，第1～5章介绍OpenStack相关知识，第6～8章介绍Hadoop相关知识，第9章介绍容器与云平台实战相关知识。

二十大报告中指出“建设现代化产业体系”，本书的编写始终以“加快发展数字经济，促进数字经济和实体经济深度融合，打造具有国际竞争力的数字产业集群”的思想为指导，以新时代前端技术发展和应用为抓手，以培养技术技能型人才、促进行业发展为目标，完成内容的编写与案例的组织。本书具有以下特点。

1．内容以满足企业需求为目的

内容研发团队通过对数百位一线技术专家进行访谈，对上千家企业人力资源情况进行调研，对上万个企业招聘岗位进行需求分析，实现了对技术的准确定位，从而使内容与企业需求高度契合。

2．案例选自企业真实项目

书中的技能点均由案例驱动，每个案例都来自企业的真实项目，不仅可以让读者结合应用场景进行学习，还可以帮助读者迅速积累真实的项目经验。

3．理论与实践紧密结合

章节中包含前置知识点和详细的操作步骤，通过这种理论结合实践的设计，让读者知其然也知其所以然，能够融会贯通、举一反三。

4．以“互联网+”实现终身学习

本书可配合课工场APP进行使用，读者使用App扫描二维码可观看配套视频的理论讲解和案例操作，同时可在“课工场在线”下载案例代码及案例素材。此外，课工场还为读者提供了体系化的学习路径、丰富的在线学习资源和活跃的学习社区，方便读者随时学习。

本书由课工场云计算教研团队组织编写，参与编写的还有雷宇飞、陈庆、刘泉生、魏光杏等院校老师，他们都具有多年的项目实战经验和丰富的教学经验，在此感谢各位老师的辛勤付出。尽管编者在写作过程中力求准确、完善，但书中不妥之处仍在所难免，殷切希望广大读者批评指正！同时，欢迎读者将错误反馈给编者（电子邮件：ke@kgc.cn），以便尽快更正，编者将不胜感激。

感谢您阅读本书，希望本书能成为您学习云计算的好伙伴！

智慧教材使用方法

扫一扫查看视频介绍

由课工场“大数据、云计算、全栈开发、互联网 UI 设计、互联网营销”等教研团队编写的系列教材，配合课工场 App 及在线平台的技术内容更新快、教学内容丰富、教学服务反馈及时等特点，结合二维码、在线社区、教材平台等多种信息化资源获取方式，形成独特的“互联网+”形态——智慧教材。

智慧教材为读者提供专业的学习路径规划和引导，读者还可体验在线视频学习指导，按如下步骤操作可以获取案例代码、作业素材及答案、项目源码、技术文档等教材配套资源。

1．下载并安装课工场 App。

（1）方式一：访问网址 www.ekgc.cn/app，根据手机系统选择对应课工场 App 安装，如图 1 所示。

图1　课工场App

（2）方式二：在手机应用商店中搜索“课工场”，下载并安装对应 App，如图 2、

图 3 所示。

图2　iPhone版手机应用下载

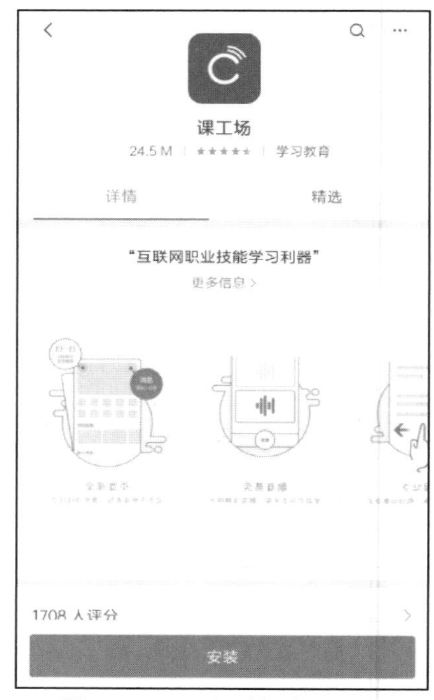

图3　Android版手机应用下载

2. 获取教材配套资源。

登录课工场 App，注册个人账号，使用课工场 App 扫描书中二维码，获取教材配套资源，依照如图 4 至图 6 所示的步骤操作即可。

Java 面向对象程序开发及实战

3. 变量

前面讲解了 Java 中的常量，与常量对应的就是变量。变量是在程序运行中其值可以改变的量，它是 Java 程序的一个基本存储单元。

变量的基本格式与常量有所不同。

变量的语法格式如下。

```
[访问修饰符] 变量类型 变量名 [= 初始值];
```

➢ “变量类型”可从数据类型中选择。
➢ “变量名”是定义的名称变量，要遵循标识符命名规则。
➢ 中括号中的内容为初始值，是可选项。

示例 4

使用变量存储数据，实现个人简历信息的输出。

分析如下。

（1）将常量赋给变量后即可使用。

（2）变量必须先定义后使用。

图4　定位教材二维码

图5　使用课工场App“扫一扫”扫描二维码

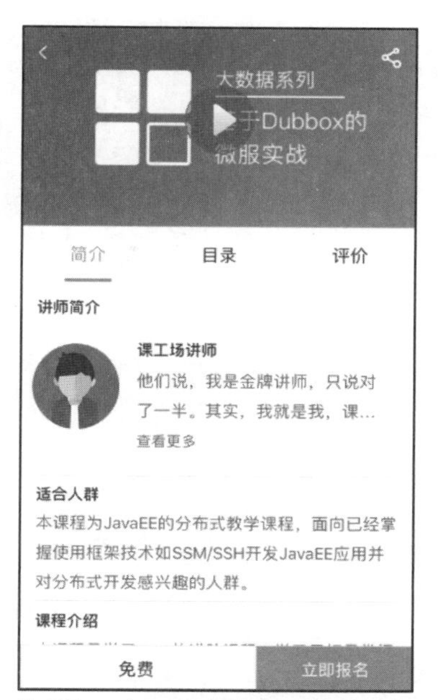

图6　使用课工场App免费观看教材配套视频

3．获取专属的定制化扩展资源。

（1）普通读者请访问 http://www.ekgc.cn/bbs 的“教材专区”版块，获取教材所需开发工具、教材中示例素材及代码、上机练习素材及源码、作业素材及参考答案、项目素材及参考答案等资源（注：图 7 所示网站会根据需求有所改版，仅供参考）。

图7　从社区获取教材资源

（2）高校老师请添加高校服务 QQ：1934786863（如图 8 所示），获取教材所需开发工具、教材中示例素材及代码、上机练习素材及源码、作业素材及参考答案、项目素材及参考答案、教材配套及扩展 PPT、PPT 配套素材及代码、教材配套线上视频等资源。

图8　高校服务QQ

目 录

第1章

OpenStack 入门体验

技能目标

- 了解云计算概念
- 了解 OpenStack
- 了解 OpenStack 的构成
- 掌握 OpenStack 单机环境一键部署
- 从控制台认识 OpenStack 各项功能
- 能通过 OpenStack 控制台创建云主机

价值目标

云计算是我国“十四五”规划和 2035 年远景目标纲要中强调的数字经济重点产业。OpenStack 是一款开源的云计算软件平台，读者通过学习 OpenStack，能够提升云平台建设与管理的能力，从而为推进网络强国建设提供有力的支持。

OpenStack 是一款开源的软件平台，它基于硬件提供基础设施服务，旨在为企业提供开源云计算服务。OpenStack 具有易实施、可以大规模扩展、功能丰富等特性。本章及后续章节将介绍 OpenStack 的核心组件。

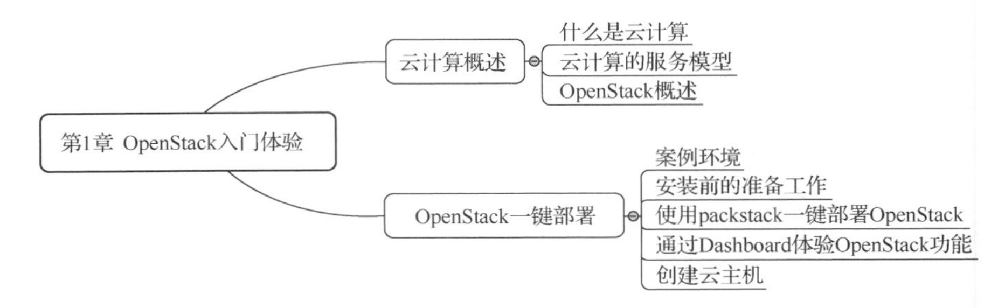

1.1 云计算概述

1.1.1 什么是云计算

相信读者都听到过阿里云、腾讯云、百度云等词。那到底什么是云计算？云计算又能干什么呢？云计算（cloud computing）是一种基于网络的超级计算模式，基于用户的不同需求提供所需的资源，包括计算资源、存储资源、网络资源等。云计算服务通常运行在若干台高性能物理服务器之上，提供每秒 10 万亿次的运算能力，可以用来模拟核爆炸、预测气候变化以及市场发展趋势。

云计算有广义和狭义之分。

- 狭义的云计算是指通过网络按需向用户提供 IT 基础设施，包括硬件、平台和软件，提供资源的网络被称为“云”。在使用者看来，“云”中的资源是无限大的，无论需要多少资源，云都可以提供；而在云端，所有的资源都可以通过横向进行扩展，如同使用水、电、煤气一样。以用电为例，如果用户自行发电，那么用户需要维护一台发电机，定期加油，出现问题需要维修。而如果使用公共电网，用户不需要知道发电厂在哪里、怎么发电等问题，只需要按使用量付费就可以，多用多付，少用少付。在用户看来，电的资源是无限的。
- 广义的云计算是指服务的交付和使用模式，是通过网络以按需、易扩展的方式获得所需的服务。这种服务可以是与 IT 和软件、互联网相关的，也可以是任意其他的服务。

云计算是一种模型，能够提供无论在何时何地都可以便捷获取所需资源的模型，并能够让用户根据需要快速创建应用，并且在不需要时进行资源释放。

现在云计算技术已经日渐成熟，很多企业已经拥有自己的私有云，而且掌握这种技术的人才也更为抢手。目前，云计算使用最广泛的是开源软件平台 OpenStack。经过多个版本的开发更新，现在已经到 Ocata 版。作为云计算项目之一的 OpenStack 也备受各个公司的青睐，成为开发人员的首选。

请扫描二维码观看视频讲解。

什么是云计算

1.1.2　云计算的服务模型

云计算有 IaaS（Infrastructure as a Service，基础架构即服务）、PaaS（Platform as a Service，平台即服务）、SaaS（Software as a Service，软件即服务）三种基本服务模型。

1．IaaS

IaaS 提供最底层的 IT 基础设施服务，包括处理能力、存储空间、网络资源等，用户可以从中获取硬件或者虚拟硬件资源（包括裸机或者虚拟机），之后可以给申请到的资源安装操作系统和其他应用程序。一般面向对象是 IT 管理人员。

2．PaaS

PaaS 是把已经安装好开发环境的系统平台作为一种服务通过互联网提供给用户。用户可以在上面安装其他应用程序，但不能修改已经安装好的操作系统和运行环境。一般面向对象是开发人员，需要了解平台所提供环境下的应用开发和部署。

3．SaaS

SaaS 可直接通过互联网为用户提供软件和应用程序的服务。用户通过租赁的方式获取安装在厂商或者服务供应商那里的软件。一般面向对象是普通用户，最常见的模式是提供给用户一组账号和密码。

1.1.3　OpenStack 概述

1．OpenStack 起源

OpenStack 是 Rackspace（美国的一家云计算厂商）和美国国家航空航天局（National Aeronautics and Space Administration，NASA）在 2010 年 7 月共同发起的一个项目，由 Rackspace 贡献存储源码（Swift）、NASA 贡献计算源码（Nova）。

2．什么是 OpenStack

OpenStack 是一个通过数据中心控制计算资源、存储资源和网络资源的云平台，同时又是一款开源软件，是以 Apache 许可证授权的自由软件和开放源代码项目，支持所有类型的云环境。OpenStack 的目标是提供简单实施、可扩展以及丰富的功能集的云产品，由来自全世界的云计算专家共同维护云项目。OpenStack 通过多种补充服务提供了 IaaS 解决方案，每一种服务均提供了相应的应用程序编程接口（Application Programming Interface，简称 API），以促进各组件之间的整合。

OpenStack 被用来提供公有云以及私有云的建设以及管理。作为一个开源项目，其社区规模涵盖 130 家企业以及 1350 位开发人员。这些机构与个人都将 OpenStack 作为 IaaS 资源的通用前端。

本章通过对 OpenStack 的介绍帮助读者利用 OpenStack 来部署及管理自己的公有云或私有云。

OpenStack 覆盖了网络、虚拟化、操作系统、服务器等各个方面。2017 年 2 月，OpenStack 发布了最新版本 Ocata。一般情况下，OpenStack 每半年左右更新一次版本。表 1-1 中列出了 OpenStack 常见的 8 个核心项目（即 OpenStack 服务）。

表 1-1　常见的 OpenStack 服务

服务	项目名称	描述
Compute（计算服务）	Nova	负责实例生命周期的管理，是计算资源的单位。对 Hypervisor 进行屏蔽，支持多种虚拟化技术（红帽默认为 KVM），支持横向扩展
Network（网络服务）	Neutron	负责虚拟网络的管理，为实例创建网络的拓扑结构。是面向租户的网络管理，可以自定义网络，并使租户之间互不影响
Identity（身份认证服务）	Keystone	类似于 LDAP 服务，对用户、租户和角色、服务进行认证与授权，并且支持多认证机制
Dashboard（控制面板服务）	Horizon	提供一个 Web 管理界面，与 OpenStack 底层服务进行交互
Image（镜像服务）	Glance	提供虚拟机镜像模板的注册与管理，将操作系统复制为镜像模板，在创建虚拟机时可直接使用。支持多格式的镜像
Block Storage（块存储服务）	Cinder	负责为运行实例提供持久的块存储设备，可进行方便的扩展，按需付费，支持多种后端存储
Object Storage（对象存储服务）	Swift	为 OpenStack 提供基于云的弹性存储，支持群集无单点故障
Telemetry（计量服务）	Ceilometer	用于度量、监控和控制数据资源的集中来源，为 OpenStack 用户提供记账途径

3. OpenStack 优势

OpenStack 在控制性、兼容性、可扩展性、灵活性方面具备优势，它可能成为云计算领域的行业标准。

控制性：作为完全开源的平台，OpenStack 为模块化的设计，提供相应的 API 接口，方便与第三方技术集成，从而满足自身业务需求。

兼容性：OpenStack 兼容其他公有云，方便用户进行数据迁移。

可扩展性：OpenStack 采用模块化的设计，支持各主流发行版本的 Linux，可以通过横向扩展增加节点、添加资源。

灵活性：用户可以根据自己的需要建立基础设施，也可以轻松地为自己的群集增加规模。OpenStack 项目采用 Apache2 许可，意味着第三方厂家可以重新发布源代码。

行业标准：众多 IT 领军企业都加入到 OpenStack 项目中，意味着 OpenStack 在未来可能成为云计算行业标准。

1.2 OpenStack 一键部署

1.2.1 案例环境

1. 案例实验环境

本案例使用 packstack 工具实现一键部署 OpenStack。通过该安装工具，只需简单运行一条命令，即可快速部署 OpenStack，省去烦琐的安装步骤，直接体验 OpenStack 的管理及使用。本案例需要提前部署一台安装了操作系统的主机，要求能访问互联网，主机的系统采用最小化方式安装即可。

本案例使用安装有 CentOS 7.3 操作系统的主机。表 1-2 是安装部署 OpenStack 环境对硬件设备的最低配置要求。

表 1-2　安装部署 OpenStack 环境对硬件设备的最低配置要求

硬件\需求	详细信息
CPU	支持 Intel 64 或 AMD 64 CPU 扩展，并启用了 AMD-V 或 Intel VT 硬件虚拟化支持的 64 位 x86 处理器，逻辑 CPU 个数为 4 核
内存	8GB
磁盘空间	30GB
网络	1 个 1Gbit/s 网卡

具体的案例环境如表 1-3 所示。

表 1-3　案例环境

主机名	IP 地址/掩码	角色
openstack	ens33:192.168.9.236/24	安装所有 OpenStack 的组件及需要的环境

2. 案例需求

本案例后续实验步骤用于实现以下需求。

（1）使用 packstack 一键部署 OpenStack。

（2）创建云主机（OpenStack 中的虚拟机）。

3. 案例实现思路

本案例的实现思路大致如下。

（1）安装前的准备工作。

（2）使用 packstack 一键部署 OpenStack。

（3）通过 Dashboard 体验 OpenStack 功能。

1.2.2　安装前的准备工作

正式部署 OpenStack 之前，首先要准备如下环境。

（1）修改主机名，配置静态 IP 地址及网关、DNS 参数，并测试网络连通性（过程略）。

（2）取消防火墙开机启动，操作如下：

```
[root@openstack ~]# systemctl disable firewalld
```

（3）取消 NetworkManager 开机启动，操作如下：

```
[root@openstack ~]# systemctl disable NetworkManager
```

（4）关闭 SeLinux 开机启动，操作如下：

```
[root@openstack ~]# cat /etc/sysconfig/selinux
```

```
# This file controls the state of SELinux on the system.
# SELINUX= can take one of these three values:
#     enforcing - SELinux security policy is enforced.
#     permissive - SELinux prints warnings instead of enforcing.
#     disabled - No SELinux policy is loaded.
SELINUX=disabled
# SELINUXTYPE= can take one of three two values:
#     targeted - Targeted processes are protected,
#     minimum - Modification of targeted policy. Only selected processes are protected.
#     mls - Multi Level Security protection.
SELINUXTYPE=targeted
```

（5）重启主机系统，操作如下：

```
[root@openstack ~]# reboot
```

1.2.3 使用 packstack 一键部署 OpenStack

完成环境准备之后，接下来通过 packstack 部署 OpenStack。packstack 是能够自动部署 OpenStack 的工具，通过它可以帮助管理员完成 OpenStack 的自动部署。

为了完成这一目标，首先通过 YUM 源安装 packstack 工具，然后利用 packstack 工具一键部署 OpenStack。具体步骤如下所示。

1．安装 YUM 源

最小化安装 CentOS 7.3 之后，系统默认会提供 CentOS 的官方 YUM 源，在官方源中包含了用于部署 OpenStack 各种版本的安装源。本案例选择安装 ocata 版本。

```
[root@openstack ~]# yum install -y centos-release-openstack-ocata
```

2．调整仓库配置文件变量

安装完 ocata 版本的安装源之后，在/etc/yum.repos.d/目录下会自动生成 YUM 配置文件。在 CentOS 7.3 中，CentOS-QEMU-EV.repo 文件中的$contentdir 变量无法取值，需要更改该配置文件，替换其内容，需要修改的内容加粗显示如下。

```
[root@openstack ~]#vi /etc/yum.repos.d/CentOS-QEMU-EV.repo
...省略部分...
[centos-qemu-ev]
name=CentOS-$releasever - QEMU EV
baseurl=http://mirror.centos.org/centos-7/$releasever/virt/$basearch/kvm-common/
gpgcheck=1
enabled=1
gpgkey=file:///etc/pki/rpm-gpg/RPM-GPG-KEY-CentOS-SIG-Virtualization
...省略部分...
```

3．安装 packstack 软件包

完成 YUM 仓库的配置之后，下面通过 YUM 安装 openstack-packstack 软件包。

```
[root@openstack ~]#yum install -y openstack-packstack
```

4．一键部署 OpenStack

完成前面的操作后，就可以使用 packstack 工具开始一键部署 OpenStack 软件。

管理员只需在控制台上输入一条命令，所有的工作皆由 packstack 自动完成，packstack 工具会将所有的 OpenStack 组件部署到同一台服务器中。在实际工作中，考虑到负载分担以及冗余，应考虑将 OpenStack 组件分别部署到不同的服务器中，后续章节有关于 OpenStack 手动安装的内容介绍。

只需执行以下命令即可完成 OpenStack 安装。请留意，当在界面中出现“successfully”字样时，说明 OpenStack 安装成功。

```
[root@openstack ~]# packstack --allinone
Welcome to the Packstack setup utility

The installation log file is available at: /var/tmp/packstack/20180717-235148-8JXKRo/openstack-setup.log
Packstack changed given value  to required value /root/.ssh/id_rsa.pub

Installing:
Clean Up                                                 [ DONE ]
Discovering ip protocol version                          [ DONE ]
Setting up ssh keys                                      [ DONE ]
Preparing servers                                        [ DONE ]
Pre installing Puppet and discovering hosts' details     [ DONE ]
Preparing pre-install entries                            [ DONE ]
Setting up CACERT                                        [ DONE ]
Preparing AMQP entries                                   [ DONE ]
Preparing MariaDB entries                                [ DONE ]
Fixing Keystone LDAP config parameters to be undef if empty [ DONE ]
Preparing Keystone entries                               [ DONE ]
Preparing Glance entries                                 [ DONE ]
Checking if the Cinder server has a cinder-volumes vg    [ DONE ]
Preparing Cinder entries                                 [ DONE ]
Preparing Nova API entries                               [ DONE ]
Creating ssh keys for Nova migration                     [ DONE ]
Gathering ssh host keys for Nova migration               [ DONE ]
Preparing Nova Compute entries                           [ DONE ]
Preparing Nova Scheduler entries                         [ DONE ]
Preparing Nova VNC Proxy entries                         [ DONE ]
Preparing OpenStack Network-related Nova entries         [ DONE ]
Preparing Nova Common entries                            [ DONE ]
Preparing Neutron LBaaS Agent entries                    [ DONE ]
Preparing Neutron API entries                            [ DONE ]
Preparing Neutron L3 entries                             [ DONE ]
Preparing Neutron L2 Agent entries                       [ DONE ]
Preparing Neutron DHCP Agent entries                     [ DONE ]
Preparing Neutron Metering Agent entries                 [ DONE ]
Checking if NetworkManager is enabled and running        [ DONE ]
```

```
Preparing OpenStack Client entries                    [ DONE ]
Preparing Horizon entries                             [ DONE ]
Preparing Swift builder entries                       [ DONE ]
Preparing Swift proxy entries                         [ DONE ]
Preparing Swift storage entries                       [ DONE ]
Preparing Gnocchi entries                             [ DONE ]
Preparing MongoDB entries                             [ DONE ]
Preparing Redis entries                               [ DONE ]
Preparing Ceilometer entries                          [ DONE ]
Preparing Aodh entries                                [ DONE ]
Preparing Puppet manifests                            [ DONE ]
Copying Puppet modules and manifests                  [ DONE ]
Applying 192.168.9.236_controller.pp
192.168.9.236_controller.pp:                          [ DONE ]
Applying 192.168.9.236_network.pp
192.168.9.236_network.pp:                             [ DONE ]
Applying 192.168.9.236_compute.pp
192.168.9.236_compute.pp:                             [ DONE ]
Applying Puppet manifests                             [ DONE ]
Finalizing                                            [ DONE ]

 **** Installation completed successfully ******

Additional information:
 * A new answerfile was created in: /root/packstack-answers-20180717-235148.txt
 * Time synchronization installation was skipped. Please note that unsynchronized time on server instances might be problem for some OpenStack components.
 * File /root/keystonerc_admin has been created on OpenStack client host 192.168.9.236. To use the command line tools you need to source the file.
 * To access the OpenStack Dashboard browse to http://192.168.9.236/dashboard .
Please, find your login credentials stored in the keystonerc_admin in your home directory.
 * The installation log file is available at: /var/tmp/packstack/20180717-235148-8JXKRo/openstack-setup.log
 * The generated manifests are available at: /var/tmp/packstack/20180717-235148-8JXKRo/manifests
```

OpenStack 部署完成之后，Linux 虚拟网桥 br-ex 中的 IP 地址是临时的，需要生成配置文件。

```
[root@openstack network-scripts]# ifconfig
br-ex: flags=4163<UP,BROADCAST,RUNNING,MULTICAST>  mtu 1500
       inet 172.24.4.1  netmask 255.255.255.0  broadcast 172.24.4.255
       inet6 fe80::50cc:ecff:fef9:e049  prefixlen 64  scopeid 0x20<link>
       ether 52:cc:ec:f9:e0:49  txqueuelen 1000  (Ethernet)
       RX packets 1760  bytes 137052 (133.8 KiB)
       RX errors 0  dropped 8  overruns 0  frame 0
       TX packets 1648  bytes 158176 (154.4 KiB)
```

```
        TX errors 0   dropped 0 overruns 0   carrier 0   collisions 0

ens33: flags=4163<UP,BROADCAST,RUNNING,MULTICAST>  mtu 1500
        inet 192.168.8.20  netmask 255.255.255.0  broadcast 192.168.8.255
        inet6 fe80::20c:29ff:fee9:c564  prefixlen 64  scopeid 0x20<link>
        ether 00:0c:29:e9:c5:64  txqueuelen 1000  (Ethernet)
        RX packets 17627  bytes 1434930 (1.3 MiB)
        RX errors 0  dropped 0  overruns 0  frame 0
        TX packets 23127  bytes 20570008 (19.6 MiB)
        TX errors 0  dropped 0 overruns 0  carrier 0  collisions 0

lo: flags=73<UP,LOOPBACK,RUNNING>  mtu 65536
        inet 127.0.0.1  netmask 255.0.0.0
        inet6 ::1  prefixlen 128  scopeid 0x10<host>
        loop  txqueuelen 1  (Local Loopback)
        RX packets 1039560  bytes 232980744 (222.1 MiB)
        RX errors 0  dropped 0  overruns 0  frame 0
        TX packets 1039560  bytes 232980744 (222.1 MiB)
        TX errors 0  dropped 0 overruns 0  carrier 0  collisions 0
[root@openstack network-scripts]# cp ifcfg-ens33 ifcfg-br-ex
[root@openstack network-scripts]# cat ifcfg-br-ex
TYPE=Ethernet
BOOTPROTO=none
NAME=br-ex
DEVICE=br-ex
ONBOOT=yes
IPADDR=172.24.4.1
PREFIX=24
[root@openstack network-scripts]#
```

至此，已经完成 OpenStack 的部署。控制台消息的最后部分提示了环境变量文件和日志文件的位置，以及登录 Dashboard 的方法。根据提示，在浏览器中输入 http://主机 IP 地址/dashboard，可以登录 OpenStack 的 Horizon Web 界面。在 Horizon Web 界面中，可以与每个 OpenStack 项目 API 进行通信并执行大部分任务。

1.2.4　通过 Dashboard 体验 OpenStack 功能

Horizon 是 OpenStack 的一个组件，同时也是 OpenStack 中 Dashboard（仪表板，即 Web 控制台）的项目名，主要用于 OpenStack 的管理，其底层通过 API 和 OpenStack 其他组件进行通信，为管理员提供 Web 页面，以方便操作管理。

在客户端的浏览器地址栏中输入：http://192.168.9.236/dashboard，进入 Dashboard 的登录界面，如图 1.1 所示。

图1.1 Dashboard登录页面

请注意，如果出现 500 错误页面，说明是内部服务器错误。如图 1.2 所示，可重新启动服务器解决。

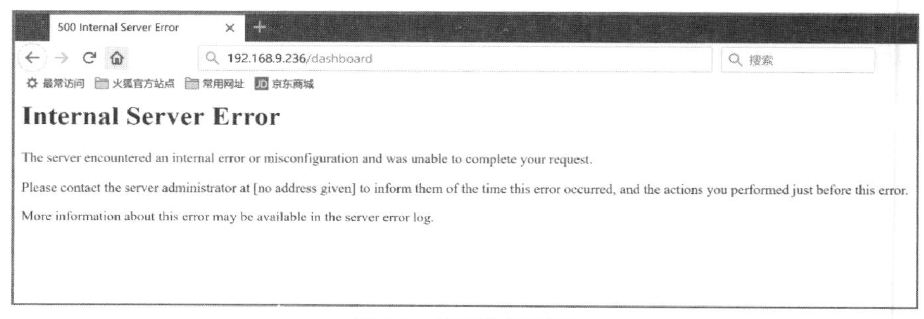

图1.2 500错误页面

安装 OpenStack 后，在 root 用户的 Home 目录下会生成一个 keystonerc_admin 文件。该文件记录有 keystone（OpenStack 认证组件）认证的环境变量，包括用户名和登录密码。

注意

不同机器生成的默认密码是不同的，如下所示。

```
[root@openstack ~]# cat keystonerc_admin
    unset OS_SERVICE_TOKEN
    export OS_USERNAME=admin
    export OS_PASSWORD=3b2e71028ac240d1
    export OS_AUTH_URL=http://192.168.9.236:5000/v3
    export PS1='[\u@\h \W(keystone_admin)]\$ '
```

```
export OS_PROJECT_NAME=admin
export OS_USER_DOMAIN_NAME=Default
export OS_PROJECT_DOMAIN_NAME=Default
export OS_IDENTITY_API_VERSION=3
```

在 Web 控制台中输入用户名和密码登录后，出现 Dashboard 的默认界面，如图 1.3 所示。如果登录后出现的是英文界面，可以在右上角进行语言设置。在用户设置中，选择语言为简体中文。

左边菜单栏主要分为项目、管理员、身份管理三项，下面逐个讲解。

图1.3　Dashboard登录成功界面

1. 项目

项目中主要包含计算、网络、对象存储三个分类。

（1）计算类

计算类主要有概况、实例、卷、镜像、密钥对、访问 API 等子类，如图 1.4 所示。

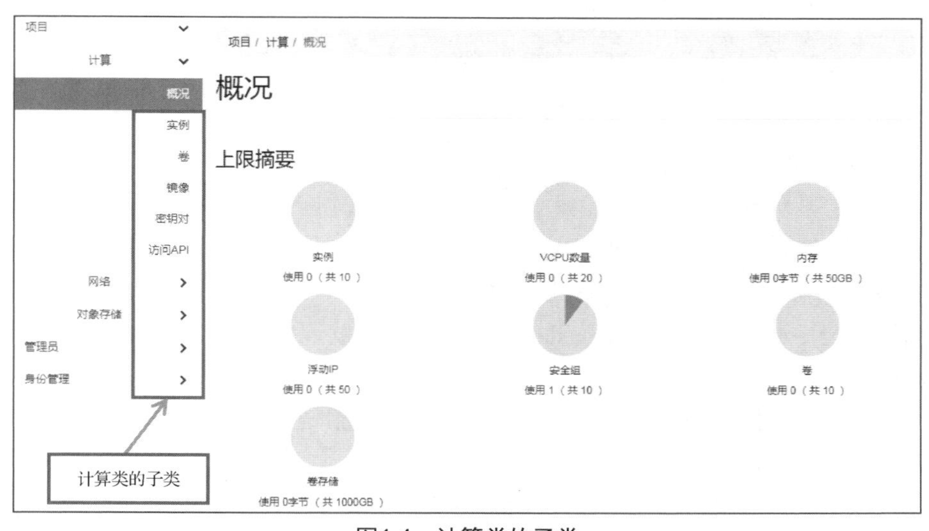

图1.4　计算类的子类

各子类功能如下。

- 概况：主要展示云计算各资源的使用情况，括号中的数字表示资源的上限，默认有一个安全组。
- 实例：所有创建过的云主机都会在实例中显示，也可以新创建云主机。
- 卷：云主机用到的存储卷，可以创建卷和快照。
- 镜像：所有的镜像都会在这里显示，可以执行创建镜像和删除镜像等操作。
- 密钥对：可以通过创建密钥对远程免密码对云主机进行管理。
- 访问 API：显示所有组件的服务端点，比如计算、注册等服务。

（2）网络类

网络类主要包含网络拓扑、网络、路由、安全组、浮动 IP 等子类，如图 1.5 所示。

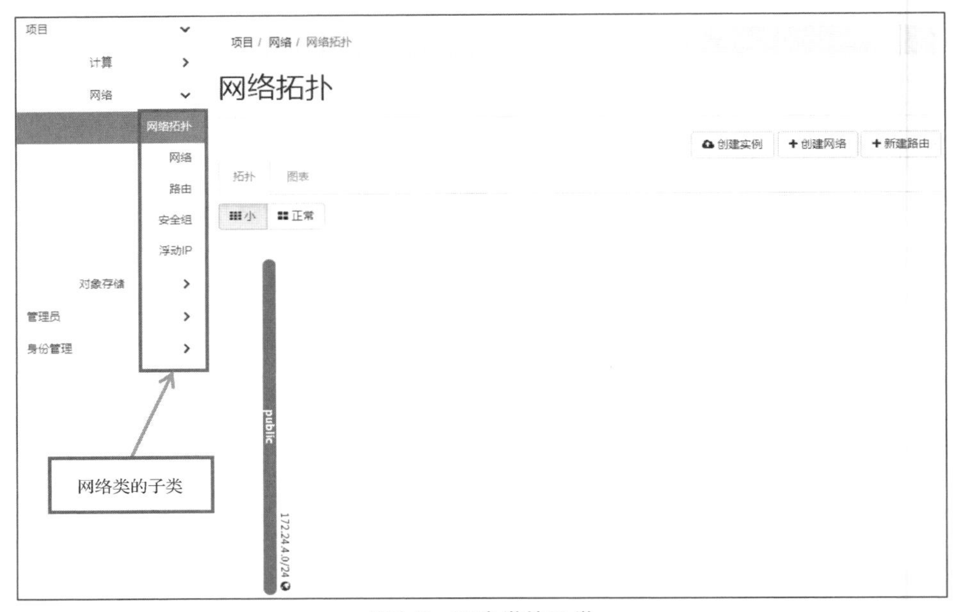

图1.5　网络类的子类

各子类功能如下。

- 网络拓扑：显示当前网络的拓扑结构，包含网络、路由器以及接口。
- 网络：显示已经创建的云主机网络，也可以新建网络或者编辑现有网络。默认有一个公用的网络，子网为 172.24.4.0/24。
- 路由：用于将云主机的私有地址通过路由的方式转发到其他私有网络，或通过网络地址转换（Network Address Translation，NAT）转发到外部网络，实现网络通信。默认为空。
- 安全组：类似于防火墙的功能，可以通过安全组设置入口和出口规则，用于控制进出云主机的网络流量。
- 浮动 IP：一般用于外部网络访问云主机，类似于 NAT。

（3）对象存储类

对象存储类主要包含容器子类，如图 1.6 所示。

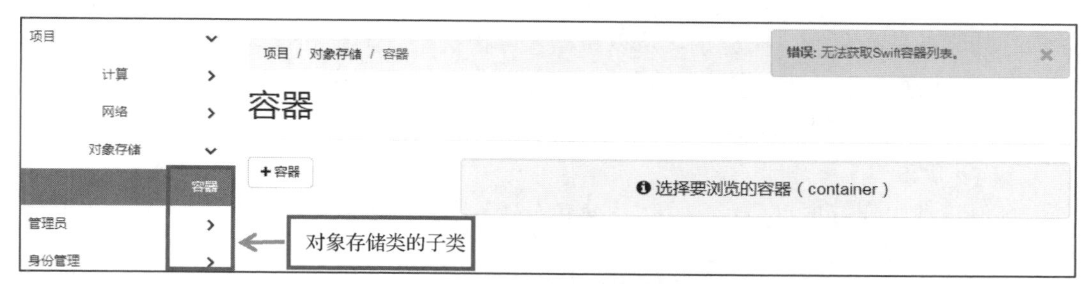

图1.6　对象存储类的子类

容器表示存储数据的地方，和 Windows 的文件夹、Linux 的目录类似，因为 packstack 只部署核心基本组件，所以提示无法获取 Swift 容器列表。可忽略该错误提示，有关 Swift 的知识请关注本书后续章节内容。

2. **管理员**

“管理员”和“项目”选项卡具有相似的功能，但是权限不同。“管理员”选项卡操作权限更高，但是仅限管理员用户操作。

管理员的系统子类里面包含了很多功能。除了之前介绍的功能外，还包含概况、虚拟机管理器、主机聚合、实例类型、默认值、元数据定义、系统信息等子类，如图 1.7 所示。

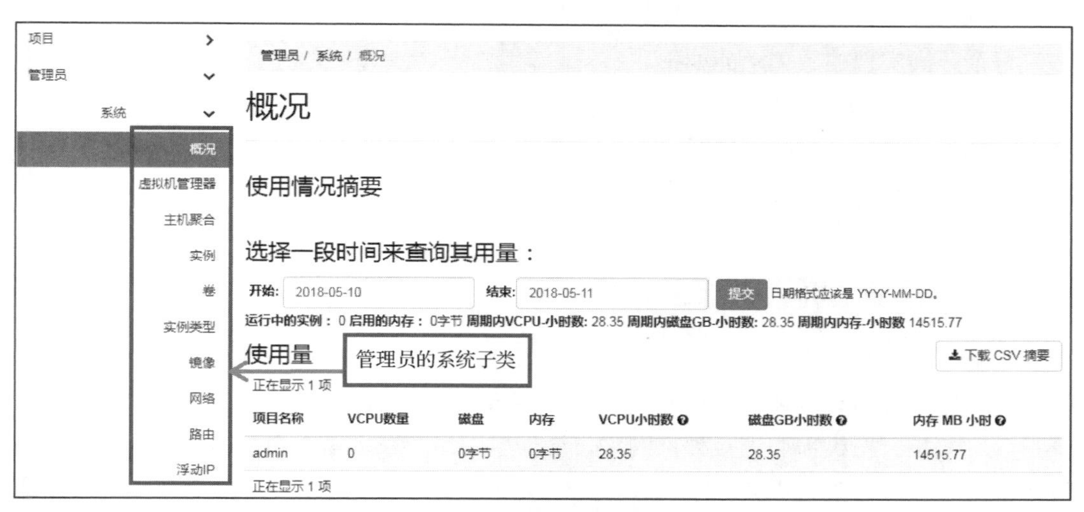

图1.7　系统子类功能

每个子类对应的功能如下。

- 概况：显示每个项目的硬件使用信息，支持过滤查询。
- 虚拟机管理器：用于管理控制节点和计算节点的集合。
- 主机聚合：将一些硬件配置更优的主机进行划分后单独使用。
- 实例类型：创建云主机的规格，比如 CPU 数量、内存容量、硬盘容量。默认会提供部分实例类型，也可以根据需求进行创建。
- 默认值：在介绍项目类时提到对硬件设备有一定的限制，比如只能创建实例的数量和存储卷的使用限制。实验中，可以根据实际情况进行调整和修改。

- 元数据定义：列出命名空间的使用情况，也可以对其修改。
- 系统信息：列出 OpenStack 服务以及对应的访问端点。

3. 身份管理

身份管理主要有项目、用户、组、角色分类，如图 1.8 所示。

图1.8　身份管理类的子类

每个分类实现的具体功能如下。

- 项目：显示当前所有的项目，即租户。
- 用户：显示当前所有的用户。
- 组：显示当前所有的组。
- 角色：显示当前所有的角色。

1.2.5　创建云主机

了解了控制台的基本功能之后，就可以通过 OpenStack 创建一台云主机。

成功创建或启动一台云主机需要依赖 OpenStack 中的各种虚拟资源，如 CPU、内存、硬盘等。如果云主机需要连接外部网络，还需要网络、路由器等资源；如果外部网络需要访问云主机，那么还要进行浮动 IP 配置。因此，在创建云主机之前，首先要保证所需的资源配置。

在本案例的实验中，使用默认的实例类型 m1.tiny（1 个 CPU、512MB 内存、1GB 根磁盘）和新创建的网络 private，并通过路由器 my_route 将虚拟机所在的 private 网络路由（同时执行 NAT 转换）到外部网络 public，创建云主机并使其能访问外部网络。

1. 创建网络

管理员成功登录 Dashboard 后，执行以下操作可以创建一个自定义的网络。

（1）在控制台中依次单击“项目”→“网络”→“网络”按钮，在右边区域默认存在公有网络 public，如图 1.9 所示。

图1.9　默认的公有网络

（2）单击右上角“+创建网络”按钮，在弹出的“创建网络”界面中，输入网络名称为“private”，保持默认的复选框状态，单击“下一步”按钮，如图 1.10 所示。

图1.10　创建网络的“网络”页面

（3）在“子网”信息页面中，输入子网名称、网络地址等参数，网关 IP 如果保持为空，表示使用该网络的第一个地址，即 x.x.x.1 为网关地址。如果不希望该网络中的虚拟机通过该网络访问其他网络，可勾选“禁用网关”。此处保持默认，单击“下一步”按钮，如图 1.11 所示。

（4）在“子网详情”页面中，可以配置 DHCP，向该网络中的云主机自动分配 IP 地址。如需配置 DHCP，保持“激活 DHCP”为勾选状态。在“分配地址池”栏中，输入需要分配 IP 地址的范围，首地址和末地址以逗号分割，在“DNS 服务器”栏中输入需要分配的 DNS 地址，通常是网络中真实的 DNS 服务器地址。单击“已创建”按钮，如图 1.12 所示。

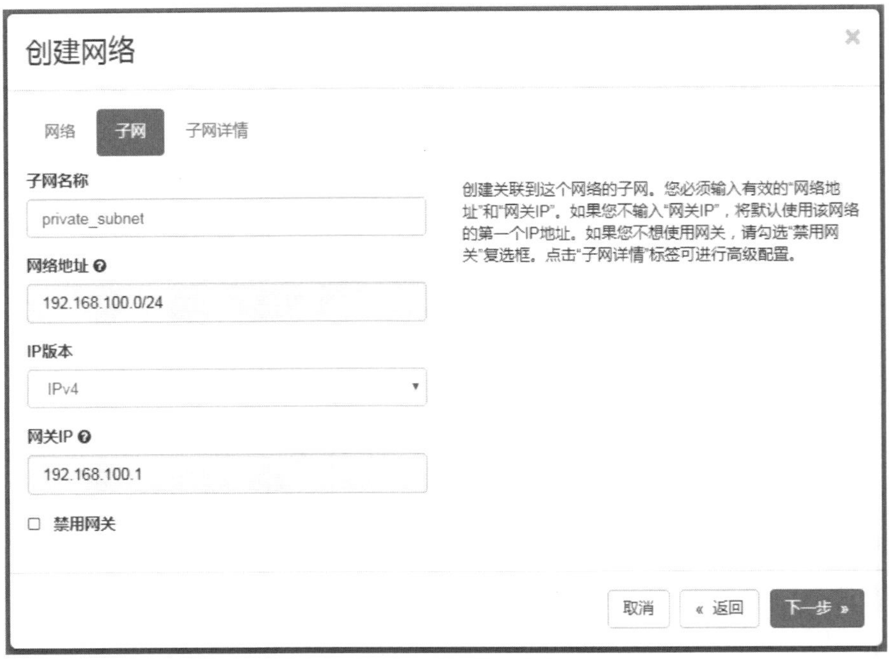

创建网络
网络
子网
子网详情
子网名称
private_subnet
网络地址
192.168.100.0/24
IP版本
IPv4
网关IP
192.168.100.1
禁用网关
创建关联到这个网络的子网。您必须输入有效的"网络地址"和"网关IP"。如果您不输入"网关IP"，将默认使用该网络的第一个IP地址。如果您不想使用网关，请勾选"禁用网关"复选框。点击"子网详情"标签可进行高级配置。
取消
« 返回
下一步 »

图1.11　创建网络的“子网”页面

创建网络
网络
子网
子网详情
激活DHCP
分配地址池
192.168.100.100,192.168.100.200
DNS服务器
114.114.114.114
主机路由
为子网指定扩展属性
取消
« 返回
已创建

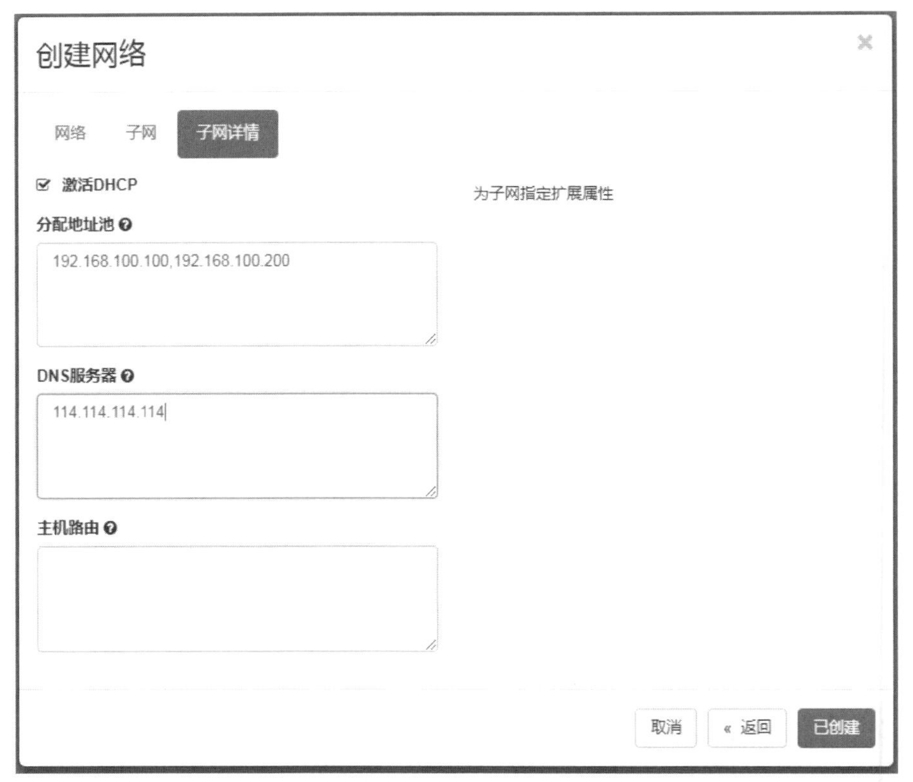

图1.12　创建网络的“子网详情”页面

（5）完成网络创建之后，显示已创建成功的网络，如图 1.13 所示。

图1.13 显示已创建成功的网络

2. 创建路由

创建路由的目的是使云主机所在的私有网络和外部网络所在的公有网络之间可以进行信息的转发，让云主机可以访问外部网络。

下面是具体的操作步骤。

（1）在控制台中依次单击“项目”→“网络”→“路由”按钮，如图 1.14 所示。

图1.14 创建路由的“路由”页面

（2）单击右上角的“+新建路由”按钮，在弹出的“新建路由”页面，填写路由名称为 my_route，外部网络选择默认的公有网络 public，完成后单击“新建路由”按钮，如图 1.15 所示。

图1.15 “新建路由”页面

（3）在路由列表页面可以看到新创建的路由器（虚拟路由器），如图 1.16 所示。新的路由器创建完成后默认会存在一个外部接口，并关联到外部网络中。还需要增加一个接口并关联到内部网络 private，从而可以在两个网络之间转发数据。

图1.16　路由列表

（4）在图 1.16 中，单击路由器名称“my_route”超链接，进入路由器详细信息页面。在弹出的路由器详细信息页面中，单击“接口”标签，“接口”选项卡的内容如图 1.17 所示，单击“+增加接口”按钮。

图1.17　创建路由的“接口”选项卡

（5）在弹出的“增加接口”页面，选择子网为之前创建的 private 私有网络，IP 地址栏可以留空，默认为 private 网络的网关地址（192.168.100.1）。完成后单击“提交”按钮，如图 1.18 所示。

（6）返回路由配置页面，可以看到创建成功的接口，如图 1.19 所示。

（7）创建网络和创建路由完成之后，再次查看网络拓扑。

依次单击“项目”→“网络”→“网络拓扑”按钮，可以看到在右边的网络拓扑区域已经多了一个私有网络，并且私有网络和公有网络之间通过路由器连接，如图 1.20 所示。

图1.18　创建路由的“增加接口”页面

图1.19　创建成功的接口信息

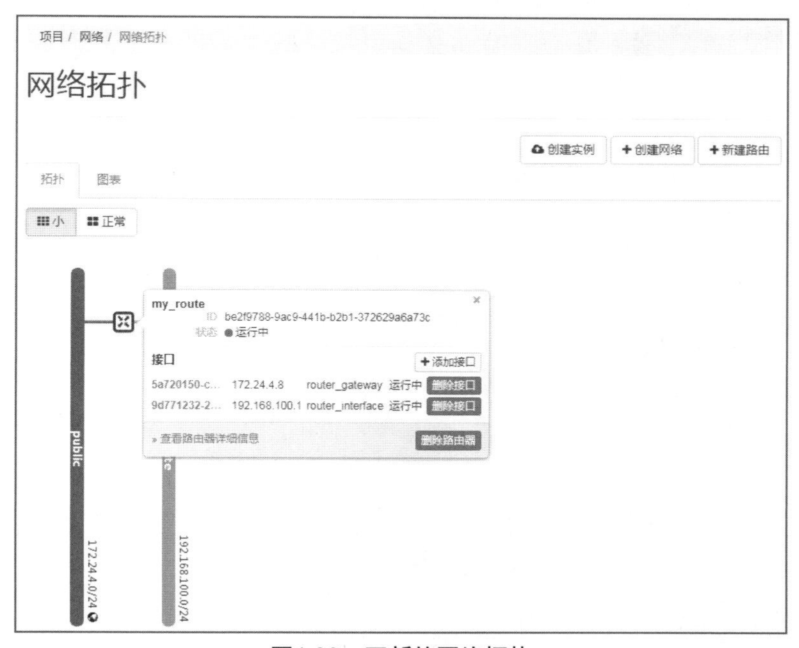

图1.20　更新的网络拓扑

至此，完成网络资源的配置。

3．创建云主机

网络和路由部分的配置完成之后，下面开始创建第一台云主机。

（1）依次单击“项目”→“计算”→“实例”按钮，在右边的区域中没有任何实例存在。创建云主机需要单击右上角的“创建实例”按钮，如图 1.21 所示。

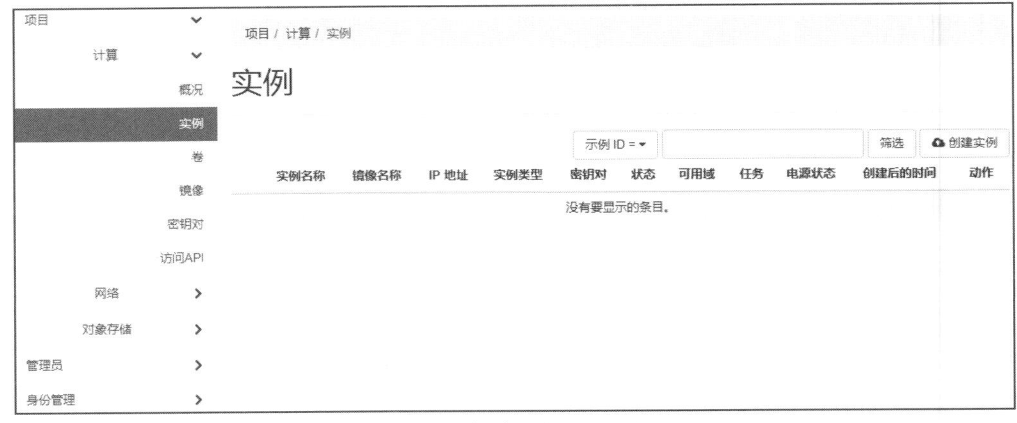

图1.21　创建云主机（一）

（2）在弹出的创建实例的“详情”页面，填写实例名称为“test”，其他字段保持默认设置，并单击“下一项”按钮，如图 1.22 所示。

图1.22　创建云主机（二）

（3）在“源”页面，在“选择源”下拉列表框中选择“镜像”，并单击页面下方列出的可用镜像 cirros 右边的上箭头 ↑，完成后单击“下一项”按钮，如图 1.23 所示。

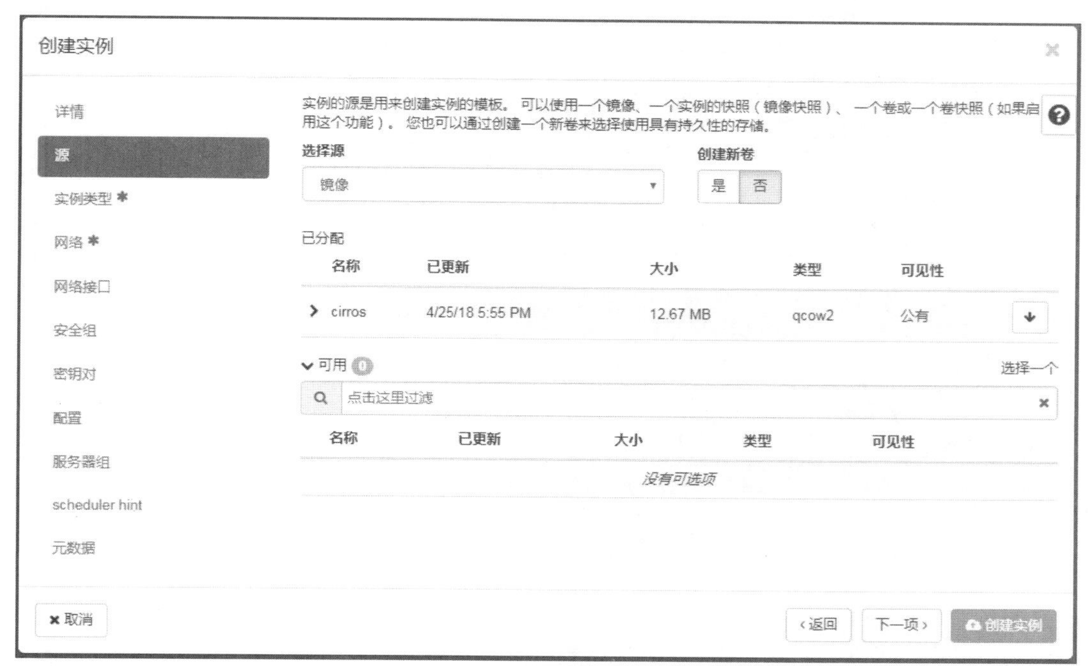

图1.23　创建云主机（三）

（4）在“实例类型”页面，选择资源占用最少的实例类型，单击页面下方名称为“m1.tiny”的实例类型右边的上箭头 ↑，完成后单击“下一项”按钮，如图 1.24 所示。

图1.24　创建云主机（四）

（5）在“网络”页面中，选择云主机连接的私有网络。单击之前创建的名称为“private”网络右边的箭头，保证 private 网络置于可分配。后续的步骤保持默认，直接单击“创建实例”按钮，如图 1.25 所示。

图1.25　创建云主机（五）

（6）在弹出的实例列表页面中，可以看到已创建的云主机。创建实例有一个过程，因为需要执行块设备映射等操作，主要看硬件和网络的性能，可能需要等待几秒或者十几秒，最后看到成功创建了实例，如图 1.26 所示。

图1.26　创建云主机（六）

4. 管理云主机并测试连通性

（1）云主机启动成功后，单击云主机 test 中“创建快照”右边的下拉菜单，并选择

“控制台”选项，如图 1.27 所示。

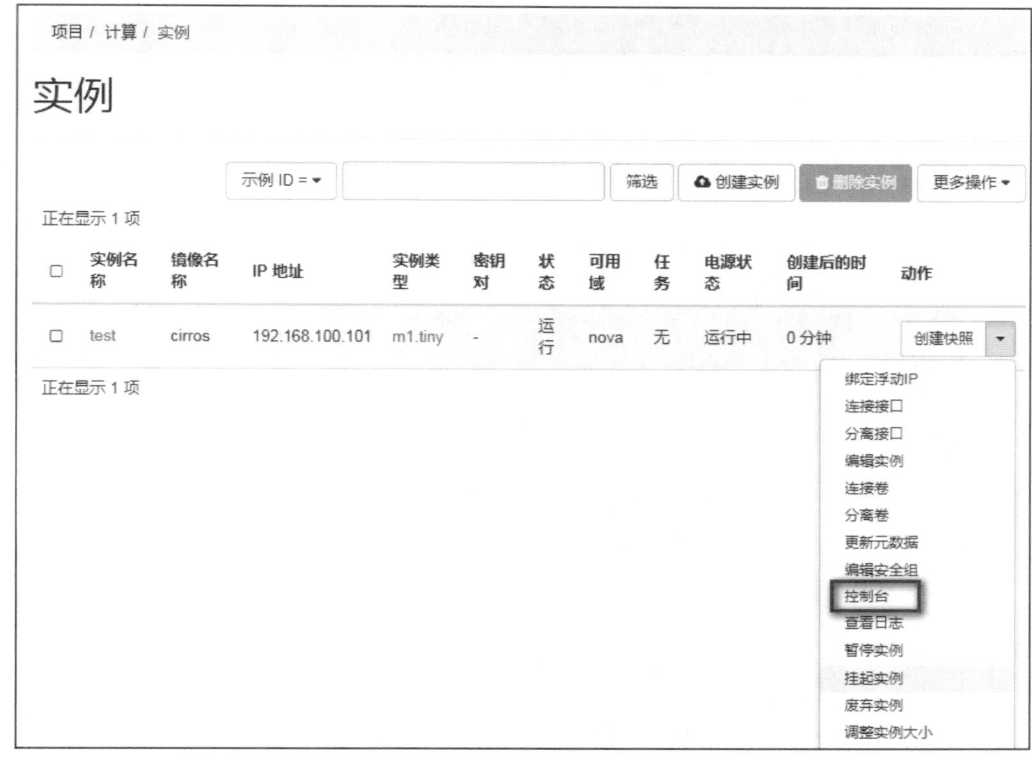

图1.27　管理云主机（一）

（2）在弹出的控制台页面中，单击“点击此处只显示控制台”超链接，进入云主机的控制台页面。如果黑屏，同时按下 Ctrl+Alt 组合键即可，如图 1.28 所示。

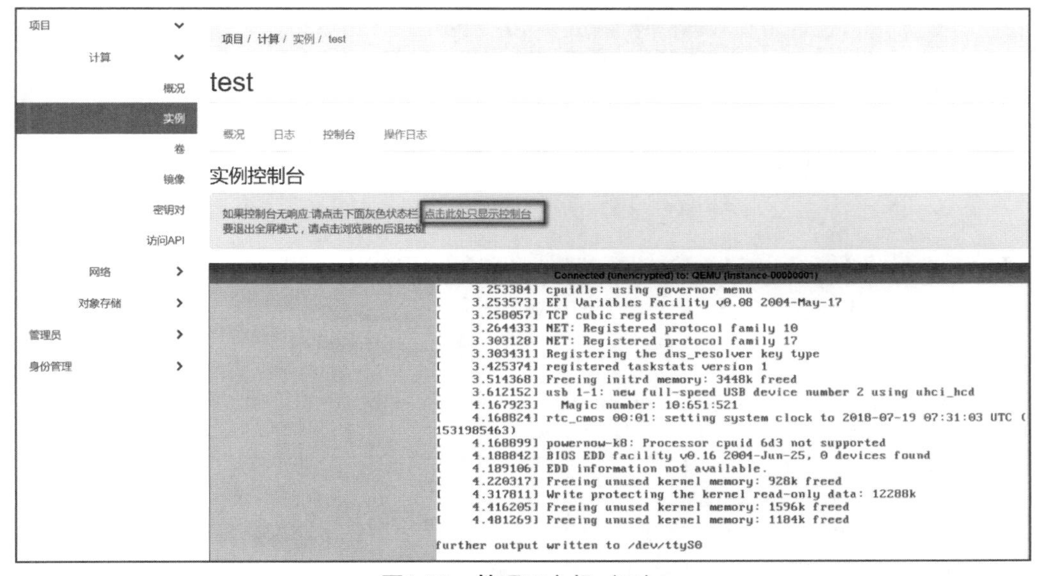

图1.28　管理云主机（二）

（3）根据控制台提示信息，输入登录用户名（cirros），密码（cubswin:)）。如果进入$提示符的 shell 终端，说明已经成功登录，如图 1.29 所示。

```
Connected (unencrypted) to: QEMU (instance-00000010)
[    3.183243] TCP cubic registered
[    3.186209] NET: Registered protocol family 10
[    3.205192] NET: Registered protocol family 17
[    3.205979] Registering the dns_resolver key type
[    3.243260] registered taskstats version 1
[    3.364687] Freeing initrd memory: 3448k freed
[    3.428259] usb 1-1: new full-speed USB device number 2 using uhci_hcd
[    3.638761]   Magic number: 2:589:571
[    3.640912] rtc_cmos 00:01: setting system clock to 2018-05-11 07:34:44 UTC (
1526024084)
[    3.641296] powernow-k8: Processor cpuid 6d3 not supported
[    3.645080] BIOS EDD facility v0.16 2004-Jun-25, 0 devices found
[    3.645881] EDD information not available.
[    3.692102] Freeing unused kernel memory: 928k freed
[    3.736259] Write protecting the kernel read-only data: 12288k
[    3.817452] Freeing unused kernel memory: 1596k freed
[    3.885476] Freeing unused kernel memory: 1184k freed

further output written to /dev/ttyS0


login as 'cirros' user. default password: 'cubswin:)'. use 'sudo' for root.
test login: cirros
Password:
$ _
```

图1.29　管理云主机（三）

（4）在云主机控制台中运行 ifconfig 命令，如图 1.30 所示，已经通过 private 网络中的 DHCP 自动获取到 IP 地址 192.168.100.101。

```
$ ifconfig
eth0      Link encap:Ethernet  HWaddr FA:16:3E:99:85:FF
          inet addr:192.168.100.101  Bcast:192.168.100.255  Mask:255.255.255.0
          inet6 addr: fe80::f816:3eff:fe99:85ff/64 Scope:Link
          UP BROADCAST RUNNING MULTICAST  MTU:1450  Metric:1
          RX packets:71 errors:0 dropped:0 overruns:0 frame:0
          TX packets:100 errors:0 dropped:0 overruns:0 carrier:0
          collisions:0 txqueuelen:1000
          RX bytes:7537 (7.3 KiB)  TX bytes:9991 (9.7 KiB)

lo        Link encap:Local Loopback
          inet addr:127.0.0.1  Mask:255.0.0.0
          inet6 addr: ::1/128 Scope:Host
          UP LOOPBACK RUNNING  MTU:16436  Metric:1
          RX packets:0 errors:0 dropped:0 overruns:0 frame:0
          TX packets:0 errors:0 dropped:0 overruns:0 carrier:0
          collisions:0 txqueuelen:0
          RX bytes:0 (0.0 B)  TX bytes:0 (0.0 B)
```

图1.30　云主机网络连通测试（一）

（5）在云主机上测试连接 baidu.com 和 Windows 本机 IP 的连通性，如图 1.31 所示。

注意

如果 ping 外网不通，请检查 ifcfg-br-ex 配置文件并查看宿主机 br-ex 网卡是否启动。如果没有启动，需要执行以下命令。

[root@openstack ～]# ifconfig br-ex 172.24.4.1 netmask 255.255.255.0 up

```
$ ping -c 1 baidu.com
PING baidu.com (123.125.115.110): 56 data bytes
64 bytes from 123.125.115.110: seq=0 ttl=43 time=27.738 ms

--- baidu.com ping statistics ---
1 packets transmitted, 1 packets received, 0% packet loss
round-trip min/avg/max = 27.738/27.738/27.738 ms
$ ping -c 1 192.168.9.232
PING 192.168.9.232 (192.168.9.232): 56 data bytes
64 bytes from 192.168.9.232: seq=0 ttl=126 time=3.041 ms

--- 192.168.9.232 ping statistics ---
1 packets transmitted, 1 packets received, 0% packet loss
round-trip min/avg/max = 3.041/3.041/3.041 ms
```

图1.31　云主机网络连通测试（二）

至此，基本完成 OpenStack 入门体验。但在实际生产环境中，无论是搭建部署还是运维操作都要更加复杂，需要多加练习基本操作。

本章总结

通过本章的学习，读者学习了通过 packstack 一键部署 OpenStack，以及通过 Dashboard 创建云主机并访问互联网等相关内容，对云平台有了简单的认识。后续章节中将会详细介绍 OpenStack 安装、部署、管理、群集等方面的内容。

本章作业

一、选择题

1．云计算的服务模型不包含（　　）。

A．IaaS　　B．Yaas　　C．Paas　　D．Saas

2．关于 OpenStack 的说法错误的是（　　）。

A．项目 Swift 为 OpenStack 提供了持久的块存储设备，可方便扩展

B．众多 IT 领军企业都加入到 OpenStack 项目中，意味着 OpenStack 可能形成行业标准

C．OpenStack 采用 Apache2 许可，也就是说第三方厂家可以重新发布源代码

D．OpenStack 采用模块化设计，支持主流发行版本的 Linux

3．通过 packstack 一键部署 OpenStack 的命令是（　　）。

A．allinone -openstack　　B．allinone --packstack

C．openstack -allinone　　D．packstack --allinone

二、判断题

1．PaaS 主要提供 IT 基础设施服务，一般面向对象是 IT 管理人员。（　　）

2．OpenStack 的 Glance 项目提供虚拟机镜像模板的注册与管理。（　　）

3．要实现外部网络访问 OpenStack 内云主机，需要 OpenStack 配置路由信息。（　　）

4．通过 packstack 一键部署 OpenStack 完成后，虚拟网桥 br-ex 中的 IP 地址是临时的，需要生成配置文件。（　　）

三、简答题

1．简述 packstack 部署 OpenStack 的步骤。

2．简述 Dashboard 中创建云主机的步骤。

3．云主机无法访问互联网时如何进行排查？

第 2 章

OpenStack 常见模块详解

技能目标

- 了解 OpenStack 架构和原理
- 了解 OpenStack 常见模块

价值目标

学习 OpenStack，详细了解其中的常见模块的功能至关重要。通过学习常见模块的功能，理解云计算架构，能够为后续知识的学习打下坚实的基础，同时培养读者脚踏实地、认真钻研和不畏困难的精神。

通过第 1 章的学习，读者了解了 OpenStack 的基本功能。OpenStack 为了实现这些基本功能，包含了多个功能组件，每个组件只负责一部分功能的实现，同时组件之间又可以相互调用，共同完成用户对 OpenStack 的操作任务。用户可以根据需求选择需要的组件进行部署，其中一部分核心组件必须部署，而其他组件则可以根据用户需求进行选择性部署。本章针对这些核心功能组件进行介绍。

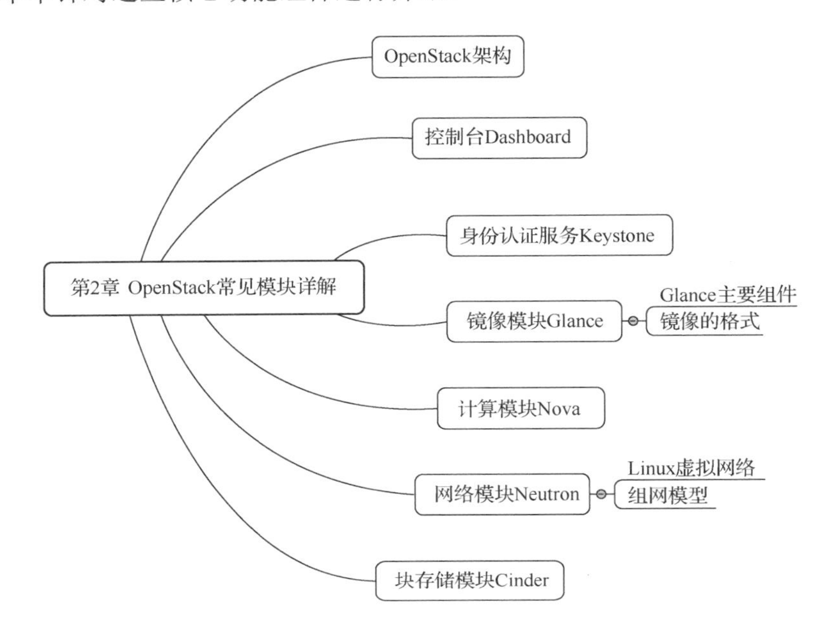

2.1 OpenStack 架构

图 2.1 展示了 OpenStack 中各个服务之间的相互关系，图中的箭头表示了提供服务方和接受服务方的相对关系。

OpenStack 由多种服务组成，每种服务具有独立的命名。在整个 OpenStack 架构中，Keystone 提供认证服务，接收来自用户和服务的认证请求，并对其身份进行认证。各个服务之间通过公用的 API 接口进行交互。大部分服务均包含一个 API 进程，用于侦听 API 请求，根据服务的性质可以选择处理请求或转发请求。服务进程之间的通信通过消息队列实现，如 AMQP。

在部署完成的云系统平台上，用户通过 Dashboard 或 RestAPI 的方式在经 Keystone 模块认证授权后，执行创建虚拟机服务。通过 Nova 模块创建虚拟机实例，Nova 模块首先调用 Glance 模块提供的镜像服务，然后调用 Neutron 模块提供的网络服务。根据需要可以选择给虚拟机增加存储卷，卷功能由 Cinder 模块提供。整个过程在 Ceilometer 模块的资源监控下完成。同时 Cinder 模块提供的卷和 Glance 模块提供的镜像可以通过 Swift 对象存储机制进行保存。

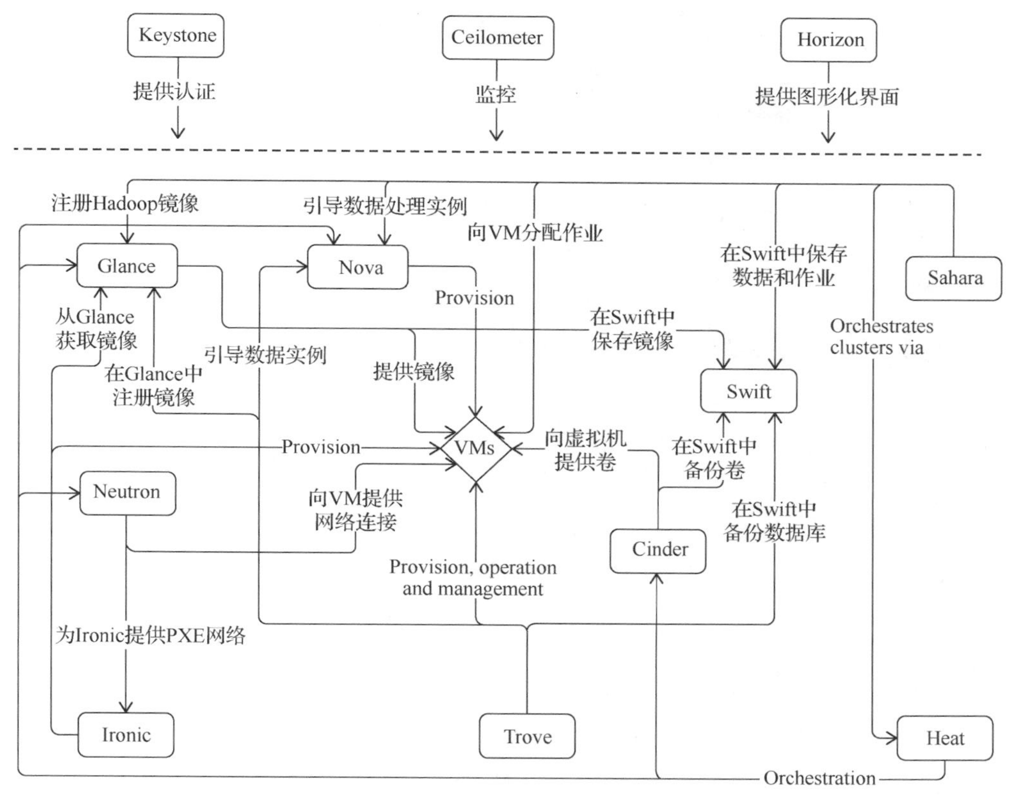

图2.1　OpenStack架构

通过以上分析可以看到，OpenStack 云平台服务的提供主要是依靠 Nova、Glance、Cinder 和 Neutron 四个核心模块完成的，四个辅助模块 Horizon、Ceilometer、Keystone、Swift 则提供访问、监控、权限和对象存储功能。

2.2 控制台 Dashboard

Dashboard（项目名称为 horizon）是一个 Web 接口，使得云平台管理员以及用户可以管理不同的 OpenStack 资源以及服务。Dashboard 通过 Apache 的 mod_uwgis 搭建，并通过 python 模块和不同的 OpenStack API 进行交互，从而实现管理目的。Dashboard 是一个用于管理、控制 OpenStack 服务的 Web 控制面板，通过它可以实现绝大多数 OpenStack 的管理任务，如实例、镜像、密钥对、卷等。第 1 章有关 OpenStack 入门体验的大部分操作，都是基于 Dashboard 进行的。通过 Dashboard，管理员无需记忆烦琐复杂的 OpenStack 命令。除此之外，用户还可以在控制面板中使用终端或 VNC 直接访问实例控制台。Dashboard 可以实现以下管理任务。

- 实例管理：创建、删除实例，查看终端日志，远程连接实例，管理卷等；
- 访问与安全管理：创建安全组，管理密钥对，设置浮动 IP 地址等；

- 偏好设定：对虚拟硬件模板进行不同程度的偏好设定；
- 镜像管理：导入、编辑或删除镜像；
- 用户管理：创建用户、管理用户、设置配额、查看服务目录等；
- 卷管理：管理卷和快照；
- 对象存储处理：创建、删除容器和对象。

2.3 身份认证服务 Keystone

Keystone（OpenStack Identity Service）中主要涉及如下几个概念。

1．**用户**（user）

在 OpenStack 中，用户是使用 OpenStack 云服务的人、系统或服务。用户可以登录或使用指定的令牌访问云中的资源，并可以被指派到指定的项目或角色。身份认证服务通过对用户身份的确认，来判断一个请求是否被允许。用户通过如密码、API Keys 等认证信息进行验证。

2．**项目**（project）

项目是各个服务中的一些可以访问的资源集合，用来分组或隔离资源或身份对象。不同服务中的项目所涉及的资源不同。在 Nova 中，项目可以是云主机，在 Swift 和 Glance 中，项目可以是镜像存储，在 Neutron 中，项目可以是网络资源。默认情况下，用户总是被绑定到项目中。一个项目中可以有多个用户，一个用户可以属于一个或多个项目。

3．**角色**（role）

角色是一组用户可以访问的资源权限集合，这些资源包含虚拟机、镜像、存储资源等。用户既可以被添加到全局的角色，也可以被添加到指定项目内的角色。区别是，全局的角色适用于所有项目中的资源权限，而项目内的角色只适用于某个项目内的资源权限。

4．**服务**（service）

用户使用云中的资源是通过访问服务的方式实现的。OpenStack 中包含许多服务，如提供计算服务的 Nova、提供镜像服务的 Glance，以及提供对象存储服务的 Swift。一个服务可以确认当前用户是否具有访问其资源的权限。但是当一个用户尝试访问其项目内的服务时，该用户必须知道这个服务是否存在以及如何访问这个服务。

5．**令牌**（token）

令牌是一串数字字符串，用于访问 OpenStack 服务的 API 以及资源。一个令牌可以在特定的时间内生效，并可以在任意时间释放。在 Keystone 中主要是通过引入令牌机制来保护用户对资源的访问。

6. **端点**（endpoint）

所谓端点，是指用于访问某个服务的网络地址或 URL。如果需要访问一个服务，则必须知道该服务的端点。在 Keystone 中包含一个端点模板，提供了所有已存在的服务的端点信息。一个端点模板包含一个 URL 列表，列表中的每个 URL 都对应一个服务实例的访问地址，并且具有 public、private 和 admin 三种权限。其中，public 类型的端点可以被全局访问，private 类型的端点只能被 OpenStack 内部服务访问，admin 类型的端点只能被管理员访问。

OpenStack 身份认证服务将管理认证、授权以及服务目录整合为一个访问点，同时也是用户和 OpenStack 进行交互的第一个服务。一旦认证通过，终端用户将可以使用其身份访问 OpenStack 其他服务。同样的，其他服务也将利用身份认证服务来确认用户身份是否合法以及是否具备相应的权限。此外，OpenStack 身份认证服务还可以集成其他的身份认证管理系统，如 LDAP 等。

身份认证服务为其他 OpenStack 服务提供验证和授权服务，为所有服务提供终端目录。此外，只提供用户信息但是不在 OpenStack 项目中的服务（如 LDAP 服务）可被整合进先前存在的基础设施中。

为了从身份认证服务中获益，其他 OpenStack 服务需要与身份认证服务合作来完成某个任务。当某个 OpenStack 服务收到来自用户的请求时，该服务发送请求到身份认证服务，以验证用户是否具有权限进行此次请求。当安装 OpenStack 身份认证服务时，用户必须将其注册到 OpenStack 安装环境的每个服务。身份认证服务才可以追踪到已经安装了哪些 OpenStack 服务，并在网络中定位它们。

Keystone 是 OpenStack 框架中负责管理身份验证、服务规则和服务令牌功能的模块。用户访问资源需要验证用户的身份与权限，服务执行操作也需要进行权限检测，这些都需要通过 Keystone 来处理。Keystone 类似于一个服务总线，或者说是整个 OpenStack 框架的注册表，其他服务都通过 Keystone 来注册其服务的端点，任何服务之间的相互调用，也需要经过 Keystone 的身份验证，并获得目标服务的端点，从而找到目标服务。以创建一个云主机为例，图 2.2 是 Keystone 的工作流程图。

身份认证服务包含以下组件。

- 服务器：一个中心化的服务器使用 RESTful 接口来提供认证和授权服务。
- 驱动：驱动或服务后端被整合到集中式服务器中，它们被用来访问 OpenStack 外部仓库的身份信息，并且可能已经存在于 OpenStack 被部署的基础设施（如 SQL 数据库或 LDAP 服务器）中。
- 模块：模块运行于使用身份认证服务的 OpenStack 组件的地址空间中，这些模块用于拦截服务请求，获取用户凭据，并将它们送入中央服务器以寻求授权。使用 Python Web 服务器网关接口，可以实现中间件模块和 OpenStack 组件间的整合。

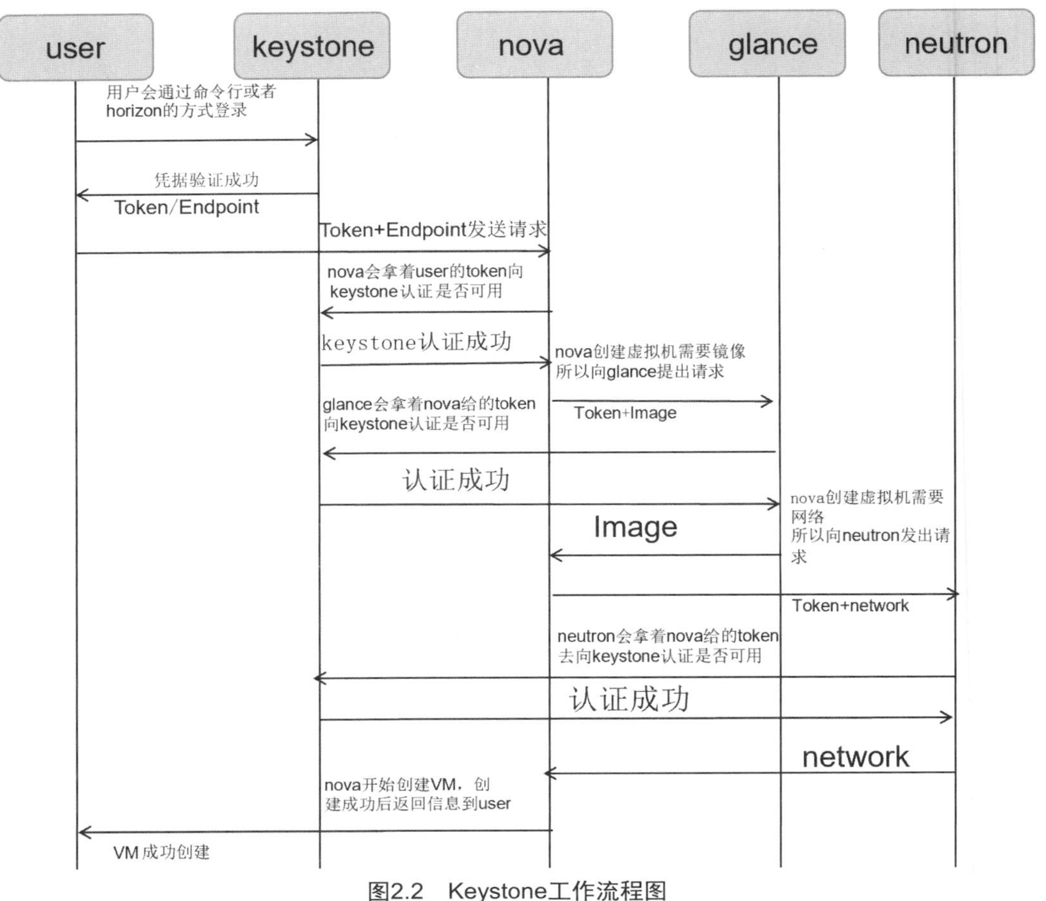

图2.2　Keystone工作流程图

2.4 镜像模块 Glance

镜像服务允许用户发现、注册和获取虚拟机镜像。它提供了一个 REST API，允许查询虚拟机镜像的元数据，并获取一个现存的镜像。可以将虚拟机镜像存放到各种位置，从简单的文件系统到对象存储系统，如 OpenStack Swift 项目，默认是存储在本地文件系统上的。其实在生产环境中的这个模块本身不存储大量的数据，需要挂载后台存储 Swift 来存放实际的镜像数据。

在 OpenStack 环境中，镜像用于在计算节点生成虚拟机。脱离了镜像服务，就无法创建虚拟机，所以镜像服务是 OpenStack 的一个核心服务。

2.4.1 Glance 主要组件

Glance 镜像服务主要涉及以下组件。

1. glance-api

glance-api 用于接收镜像 API 的调用，如镜像发现、恢复以及存储等。作为一个后台进程，glance-api 对外提供 REST API 接口，响应用户发起的镜像查询、获取和存储的调用。

2. glance-registry

glance-registry 用于存储、处理和恢复镜像的元数据，元数据包括镜像的大小和类型等属性。registry 是一个内部服务接口，不建议暴露给普通用户。

3. database

database 用于存放镜像的元数据，可以根据需要选择数据库，如 MySQL、SQLite 等。

4. storage repository for image files

一般情况下，Glance 并不需要存储任何镜像，而是将镜像存储在后端仓库中。Glance 支持多种 repository。主要包括对象存储 Swift、块存储 Cinder、VMware 的 ESX/ESXi 或者 vCenter、亚马逊的 S3、HTTP 可用服务器、Ceph 等。

2.4.2 镜像的格式

Glance 支持多种镜像格式，包括磁盘格式和容器格式。OpenStack 中支持多种虚拟化的技术，如 KVM、XenServer、Hyper-V 和 VMware 等。用户在上传镜像时，需要指定上传镜像文件的格式。除了磁盘格式，在 Glance 中还有容器格式。一般在上传镜像时只需指定容器格式为 bare，即为空。因为 Glance 中并没有真正使用到容器格式。容器格式用来表示虚拟机镜像文件是否包含了元数据，例如 OVF 格式。下面列出了几种 Glance 中常用的镜像文件格式。

1. RAW

RAW 是一种没有格式或裸格式的磁盘文件类型。RAW 对数据不做任何修饰和处理，直接保存最原始的状态，所以在性能方面非常出色。由于 RAW 格式保存原始数据，因此更容易和其他镜像格式之间进行转换。

2. QCOW2

QCOW2 是 QCOW 的升级版本，其主要特性是磁盘文件大小可以动态按需增长，并且不会占用所有的实际磁盘空间大小。例如创建了 100GB 的 QCOW2 格式的磁盘，而实际只保存了 2GB 数据，那么将只占用实际物理磁盘的 2GB 空间。与 RAW 相比，使用 QCOW2 格式可以节省磁盘容量。

3. VHD

VHD 是微软公司产品使用的磁盘格式。Virtual PC（微软早期虚拟化产品）和 Hyper-V 使用的就是 VHD 格式。VirtualBox 也提供了对 VHD 的支持。如需在 OpenStack 上使用 Hyper-V 类型的虚拟化，就应上传 VHD 格式的镜像文件。

4. VMDK

VMDK 是 VMware 公司产品使用的磁盘格式。目前也是一个开放的通用格式，除了 VMware 的产品外，QEMU 和 VirtualBox 也提供了对 VMDK 格式的支持。

5. VDI

VDI 是 Oracle 公司的 VirtualBox 虚拟软件使用的格式。

6. ISO

ISO 是一种存档数据文件在光盘上的格式。

7. AKI、ARI、AMI

AKI、ARI、AMI 均为 Amazon 公司的 AWS 所使用的镜像格式。

2.5 计算模块 Nova

Nova 是负责提供计算资源的模块，也是 OpenStack 中的核心模块，其主要功能是负责虚拟机实例的生命周期管理、网络管理、存储卷管理、用户管理以及其他的相关云平台管理功能。OpenStack 使用计算服务来托管和管理云计算系统。OpenStack 计算服务是基础设施即服务（IaaS）系统的主要组成部分，模块主要由 Python 实现。

OpenStack 计算组件请求 OpenStack Identity 服务进行认证，请求 OpenStack Image 服务提供磁盘镜像，为 OpenStack Dashboard 提供用户和管理员接口。磁盘镜像访问限制在项目与用户上；配额以每个项目进行设定，例如，每个项目下可以创建多少个实例。OpenStack 组件可以在标准硬件上横向大规模扩展，并且下载磁盘镜像启动虚拟机实例。OpenStack 计算服务的主要组件如下。

1. Nova-api 服务

Nova-api 服务接收和响应来自最终用户的计算 API 请求，对外提供一个与云基础设施交互的接口，也是外部用于管理基础设施的唯一组件。Nova-api 服务支持 OpenStack 计算服务 API、Amazon EC2 API 以及特殊的管理 API，用于接收用户管理操作请求。管理操作使用 EC2 API 通过 Web 服务调用实现。然后 API 服务器通过消息队列（Message Queue）轮流与云基础设施的相关组件通信。作为 EC2 API 的另外一种选择，OpenStack 也提供一个内部使用的“OpenStack API”。

2. Nova-api-metadata 服务

Nova-api-metadata 服务接收虚拟机发送的元数据请求，一般在安装 Nova-Network 服务的多主机模式下使用。

3. Nova-Compute 服务

Nova-Compute 服务是一个持续工作的守护进程，通过 Hypervisor 的 API 来创建和销毁虚拟机实例。常用的 Nova-Compute 服务有如下几个。

- XenServer/XCP 的 XenAPI。
- KVM 或 QEMU 的 libvirt。
- Vmware 的 VMwareAPI。

这个过程通常比较复杂。守护进程同意来自队列的动作请求，并转换为一系列的系统命令，如启动一个 KVM 实例，然后到数据库中更新它们的状态。

4. Nova-placement-api 服务

Nova-placement-api 服务用于追踪记录资源提供者目录和资源使用情况，这些资源包括计算、存储以及 IP 地址池等。

5. Nova-Conductor 模块

Nova-Conductor 模块作用于 Nova-Compute 服务与数据库之间，避免了由 Nova-Compute 服务对云数据库的直接访问，它可以横向扩展。但是，不要将它部署在运行 Nova-Compute 服务的主机节点上。

6. Nova-Scheduler 服务

Nova-Scheduler 服务接收一个来自队列的运行虚拟机实例请求，然后决定在哪台计算服务器主机上来运行该虚拟机。Nova-Scheduler 服务将根据负载、内存、可用域的物理距离、CPU 构架等信息，并运行调度算法，最终做出调度决策，从可用资源池获得一个计算服务。

OpenStack 计算模块 Nova 中的各个组件是以数据库和队列为中心进行通信的。

2.6 网络模块 Neutron

OpenStack 早期的网络模块是 Nova-Network，而 Neutron 则是 Nova-Network 的更新换代产品，也是目前 OpenStack 的重要组件之一。在正式介绍 Neutron 之前，首先了解一些网络概念。

1. 网络

类似于实际的物理环境中的网络，OpenStack 网络用于连接云主机或路由器。除此之外，还包含子网、网关以及 DHCP 服务等。OpenStack 网络分为内部网络和外部网络，内部网络一般用于连接虚拟机，外部网络一般用于连接宿主机外面的网络。

2. 子网

OpenStack 中的子网是一个 IP 地址段，用于定义实际的 IP 地址范围。

3. 端口

端口类似于实际网络中的网络接口，用于连接终端设备或另外一个网络。不同的是，OpenStack 中的端口连接的一般都是虚拟设备接口，如虚拟机的虚拟网卡或者路由器的虚拟接口等。端口还描述了相关的网络配置，例如可以在端口上配置 MAC 地址和 IP 地址。

4. 路由器

路由器用于连接 OpenStack 的内部网络和外部网络，类似于实际的路由器功能，支持 NAT 功能，通过绑定浮动 IP 地址还可以实现地址映射。

Neutron 提供了二层（L2）交换和三层（L3）路由抽象的功能，分别对应于物理网络环境中的交换机和路由器。

2.6.1 Linux 虚拟网络

Neutron 中最为核心的工作便是对网络的抽象与管理。在 OpenStack 环境中，对网络的抽象主要有以下几种形式。

1. *虚拟交换机/网桥*

在 OpenStack 网络中，对于二层交换机有两种抽象方式，一种是通过 Linux bridge 实现，另一种是通过 Open vSwitch 实现。在一些早期 OpenStack 版本中，默认使用的是 Open vSwitch，而在 Ocata 版本中，多节点手动安装默认使用的是 Linux bridge，在第 1 章的一键安装 OpenStack 环境中默认使用的是 Open vSwitch。两种方式都可以实现二层网络的抽象。从功能上来说，Open vSwitch 更加强大，但是 Linux bridge 实现比较简单，更加适合初学者。

虚拟交换机/网桥主要实现以下功能。

- 连接虚拟机；
- 通过虚拟局域网功能隔离虚拟机网络；
- 连接虚拟网络到宿主机外部网络。

（1）Linux bridge

Linux bridge 由 Linux 内核实现，是工作在二层的虚拟网络设备，功能类似于物理的交换机。

一个典型的通过 Linux bridge 实现二层网络连接的网络结构如图 2.3 所示。

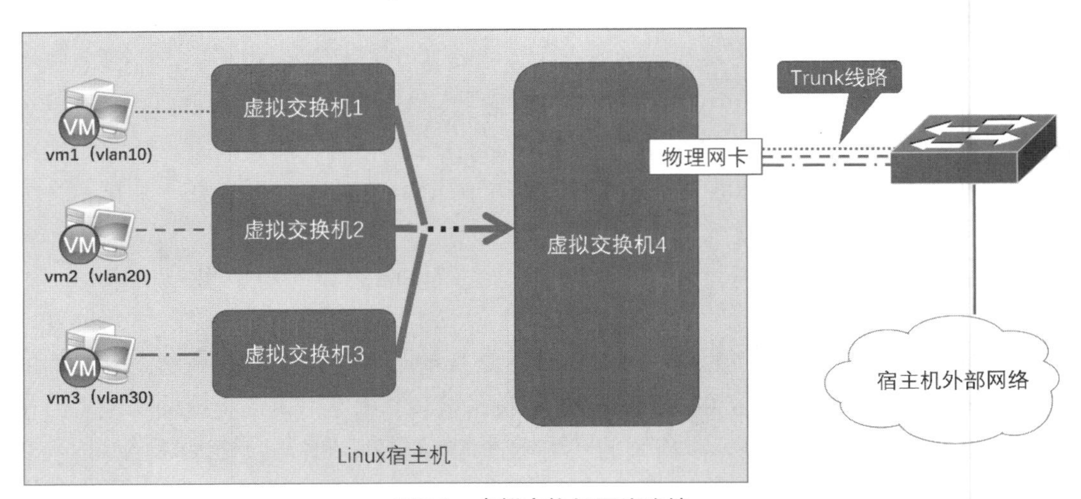

图2.3　虚拟交换机网络连接

在图 2.3 中，分别通过虚拟交换机 1、虚拟交换机 2、虚拟交换机 3 连接 vm1、vm2、vm3。每个虚拟交换机代表一个 OpenStack 网络，通过虚拟局域网功能隔离不同的虚拟机。虚拟交换机 4 通过绑定物理网卡实现虚拟网络和外部真实网络的通信。

（2）Open vSwitch

类似于 Linux bridge，Open vSwitch 也可以实现对二层网络的抽象，对虚拟网络提供分布式交换机功能。它支持各种组网类型，功能全面，以及基本的虚拟局域网功能，也支持 QoS 以及 NetFlow、sFlow 标准的管理接口和协议。从而，通过这些接口实现 VM 流量监控的任务。

运行在云环境中各种或相同虚拟化平台上的多个 vSwitch 实现了分布式架构的虚拟交换机。一个物理服务器上的 vSwitch 可以透明地与其他服务器上的 vSwitch 连接通信。

2. 虚拟路由器

OpenStack 中的虚拟路由器是对网络设备的一种抽象，解决了租户间的多网络构建，以及内部网络和外部网络之间的通信问题。其实现原理和真实路由器一致，是根据路由表转发数据包，同时还支持 NAT 地址转换以及浮动 IP 地址设置。

3. 命名空间

二层网络通过虚拟局域网对租户网络进行隔离，而三层网络通过命名空间进行隔离。每个命名空间都有自己的独立网络栈，包括路由表、防火墙规则、网络接口等。同时，Neutron 为每个命名空间提供 DHCP 和路由服务。所以各个租户之间的网络地址允许重叠，因为它们在不同的命名空间中进行抽象。

如图 2.4 所示。三个租户分别规划了相同的 IP 地址网段 192.168.100.0/24。这样的设计在真实环境中是不可行的，因为路由器不允许在不同的接口配置相同的 IP 地址网段。但是在 OpenStack 网络中，路由器通过不同的命名空间进行隔离。所以路由器 R1 犹如开启了三个相互独立的进程。在每个命名空间内，只有一个 192.168.100.0 网段。通过命名空间，OpenStack 可以让租户创建任意网络，并且不必担心和其他网络产生冲突。

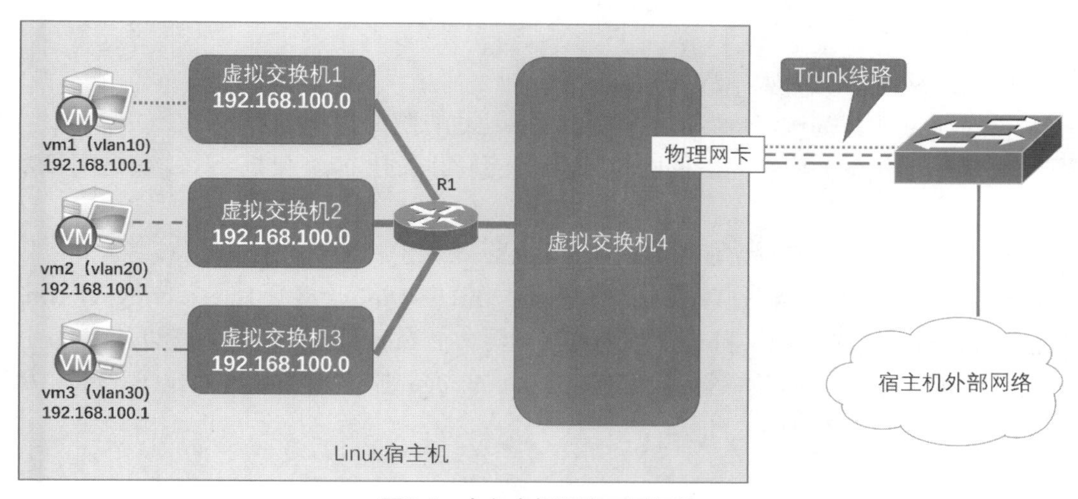

图2.4 命名空间隔离三层网络

4. DHCP 服务器

Neutron 提供 DHCP 服务的组件是 DHCP agent，默认通过 dnsmasq 实现 DHCP 功能。dnsmasq 是一个提供 DHCP 与 DNS 服务的开源软件。在 OpenStack 网络中，DHCP 服务

同样被隔离在命名空间中，并通过 Linux Bridge 连接 DHCP 命名空间中的接口。一个 DHCP 服务器只为指定的网络提供服务，即 dnsmasq 与网络是一一对应的关系，一个 dnsmasq 进程可以为同一个网络中所有使能 DHCP 的子网提供服务。管理员可以选择启用或禁用 DHCP 服务器，一旦启用 DHCP 服务器，并且配置相应的地址池，网络节点上的 DHCP agent 就会启动一个 dnsmasq 进程为该网络提供 DHCP 服务，该网络将自动获取网络地址及其他选项。

5. 浮动 IP 地址

通常情况下，在搭建 OpenStack 网络时，会在虚拟路由器启用 SNAT 功能。这将提高 OpenStack 网络的安全性和便利性，具体表现如下。

- 启动 NAT 功能，OpenStack 内部网络被保护起来；
- 虚拟机通过地址转换的方式访问外部网络，更方便外部路由设备寻路，即不需要增加额外的回包路由条目。

当网络启用了 NAT 功能后，在允许虚拟机访问外部网络的同时，也阻止了外部网络访问虚拟机的流量，如 SSH 管理流量。但是可以通过目标地址转换的方式实现外部网络访问内部虚拟机，即 NAT 地址映射。配置 NAT 地址映射需要在虚拟路由器外部接口配置相应的外部网络地址池，这些地址池中的地址就是浮动 IP 地址。所以浮动 IP 地址是用来解决外部网络访问虚拟机的问题的。如果虚拟机不需要外部网络访问，也可以不绑定浮动 IP 地址。

2.6.2 组网模型

Neutron 提供了多种组网模型以供不同的租户搭建各种网络拓扑。

1. Local 网络

Local 组网模型具有如下特点。

- 不具备虚拟局域网特性，不能对二层网络进行隔离。
- 同一个 local 网络的虚拟机实例会连接到相同的虚拟交换机上，实例之间可以通信。
- 虚拟交换机没有绑定任何物理网卡，无法与宿主机之外的网络通信。

典型的 Local 网络组网模型如图 2.5 所示。vm1 和 vm2 连接到 Linux bridge1，vm3 连接到 Linux bridge2。vm1 和 vm2 因为连接到同一个 Linux bridge，所以可以相互通信，但是不能和 vm3 进行通信。因为没有任何 Linux bridge 绑定物理网卡，所以任何虚拟机都不能访问外部网络。

2. Flat 网络

Flat 组网模型也不支持虚拟局域网，属于扁平化的网络模型。Linux bridge 直接绑定物理网卡并连接虚拟机。每个 Flat 网络都会独占一个物理网卡，该物理网卡不能配置 IP 地址，所有连接到此网络的虚拟机共享一个私有 IP 网段。

Flat 组网模型适用于以下应用场景。

（1）Flat 网络直接连接虚拟机和外部网络

如图 2.6 所示。Linux bridge1 连接 vm1 和 vm2，并绑定物理网卡 ens37，Linux bridge2 连接 vm3，并绑定物理网卡 ens38。vm1 和 vm2 可以相互通信并通过物理网卡 ens37 访问外部网络，vm3 则通过物理网卡 ens38 访问外部网络。

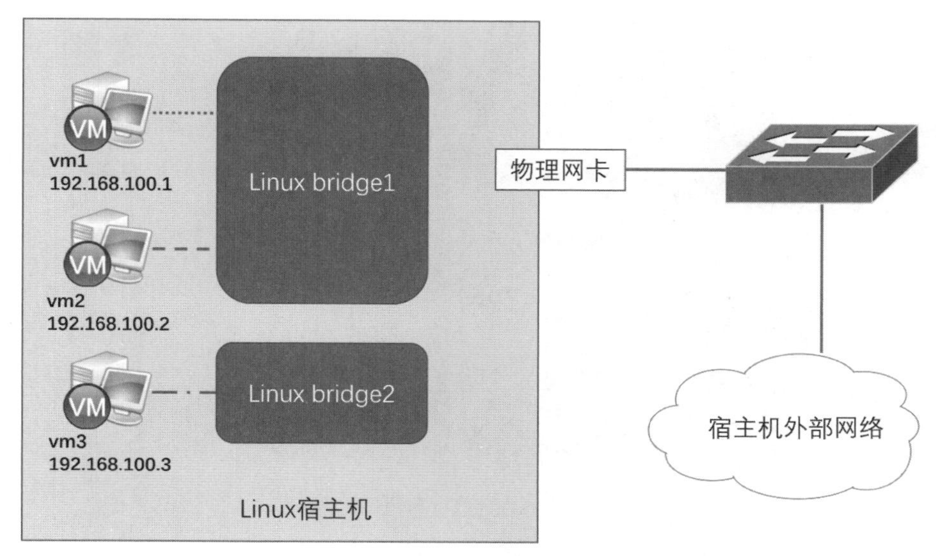

图2.5　Local网络组网模型

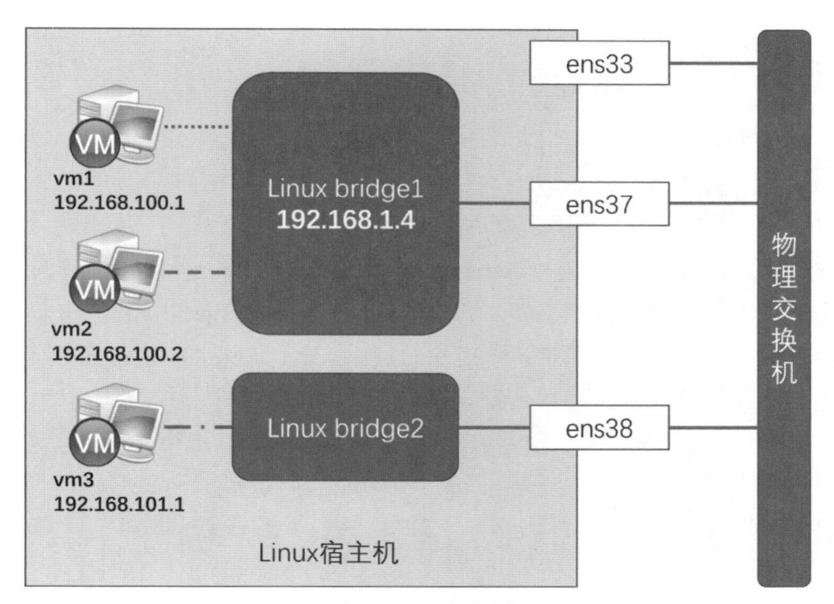

图2.6　Flat网络组网模型（一）

（2）Flat 网络连接路由器和外部网络

如图 2.7 所示。虚拟机连接虚拟局域网类型的网络，并通过虚拟局域网对租户进行隔离，对外通过路由器连接虚拟交换机 4，并通过虚拟交换机 4 绑定物理网卡实现访问外部网络。通过虚拟局域网隔离的租户网络被限制在虚拟交换机 1、虚拟交换机 2 和虚拟交换机 3 所在的虚拟局域网，而虚拟机发起的流量经过路由器转发后不携带任何虚拟局域网标签到达虚拟交换机 4，并通过物理网卡访问外部网络。虚拟交换机 4 所在的网络就可以被设计为 Flat 网络。

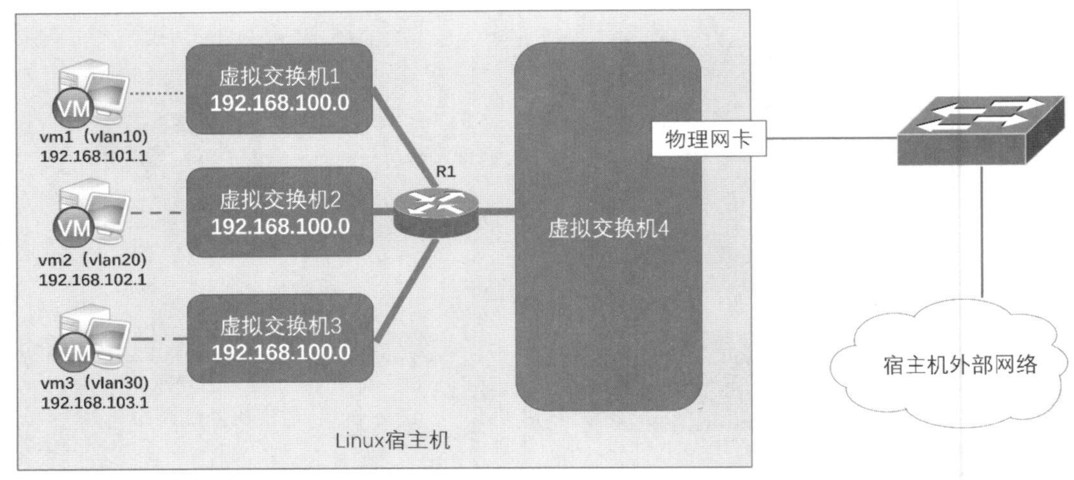

图2.7　Flat网络组网模型（二）

Flat 网络存在以下缺点。

- 存在单一网络瓶颈；
- 缺乏可伸缩性；
- 缺乏合适的多租户隔离。

3．VLAN 网络

OpenStack 通过 VLAN 网络解决了多租户之间的网络隔离问题。如图 2.8 所示。Linux bridge1 和 Linux bridge2 是属于虚拟局域网类型的网络，分别属于 vlan101 和 vlan102。vm1 和 vm2 连接到 Linux bridge1，vm3 连接到 Linux bridge2，Linux bridge1 和 Linux bridge2 分别绑定物理网卡 ens37 的两个子网卡 ens37.101 和 ens37.102。vm1 和 vm2 发起的流量在经过 ens37.101 时，被打上标签 vlan101，vm3 发起的流量在经过 ens37.102 时被打上标签 vlan102。这就要求连接 ens37 的物理交换机的相应接口要配置为 Trunk 模式。如果需要其他 VLAN 网络，可以创建物理网卡的新的子接口，并绑定新网络。

VLAN 网络存在以下缺点。

- 虚拟局域网的数量限制：4096 个虚拟局域网不能满足大规模云计算数据中心的需求；
- 物理网络基础设施的限制：基于 IP 子网的区域划分限制了需要二层网络连通性的应用负载的部署；
- TOR 交换机 MAC 表耗尽：虚拟化以及节点间过多的流量导致出现更多的 MAC 表项。

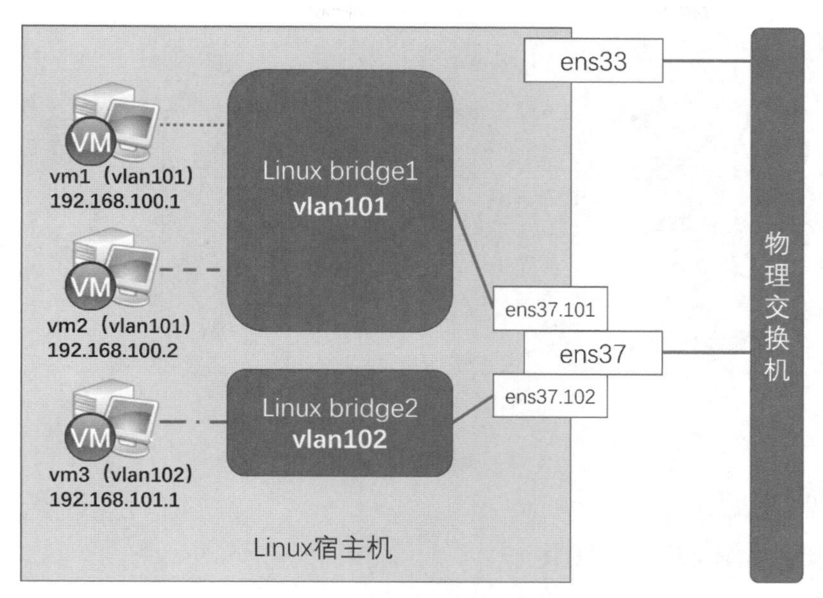

图2.8 VLAN网络组网模型

4. VXLAN 网络

VXLAN 网络使用的是隧道技术，是目前 OpenStack 广泛使用的网络技术。

VXLAN 网络相比于 VLAN 网络有以下改进。

- 租户数量从 4096 增加到 16777216；
- 租户内部通信可以跨越任意 IP 网络，支持虚拟机任意迁移；
- 一般来说，每个租户逻辑上都有一个网关实例，IP 地址可以在租户间进行复用；
- 能够结合 SDN 技术对流量进行优化。

VXLAN 网络是在传统的 IP 网络中传输以太网数据帧。主要涉及以下几个概念。

- VTEP（VXLAN Tunnel End Point，VTEP）：即 VXLAN 隧道的端点，用于 VXLAN 报文的封装和解封装。类似于 Ipsec VPN 中的加密点。传统的以太网帧在发送 VTEP 端将封装新的 VXLAN、UDP、IP 以及以太网头部；而接收 VTEP 端将数据解封装。VXLAN 报文中的源 IP 地址为本节点的 VTEP 地址，目的 IP 地址为对端节点的 VTEP 地址，一对 VTEP 地址就对应着一个 VXLAN 隧道。
- VNI（VXLAN Network Identifier，VNI）：用来标识一个 VXLAN 段。在 VXLAN 网络中，通过 VNI 标识一个租户，类似 VLAN 网络中的 vlan ID。不同 VXLAN 段的虚拟机之间不能直接在二层相互通信。VNI 由 24 比特组成，支持多达 16777216 个租户。

在 VXLAN 网络通信中，虚拟机之间的通信过程如图 2.9 所示。

（1）VTEP1 将来自 vm1 的数据帧添加 VXLAN 首部和外部 UDP、IP 头部。

（2）VTEP1 通过传统的 IP 网络将数据发送至 VTEP2。

（3）VTEP2 收到 VXLAN 报文，拆除外部 IP、UDP 以及 VXLAN 头部，然后将内部数据包交付给正确的终端 vm2。

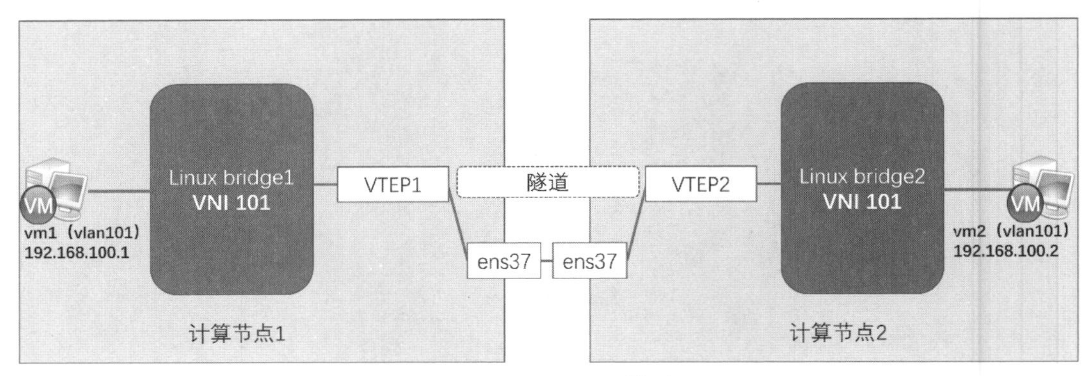

图2.9　VXLAN组网模型

2.7 块存储模块 Cinder

块存储模块（Cinder）为云主机提供块存储。存储的分配和消耗是由块存储驱动器或者多后端配置的驱动器决定的。还有很多驱动程序可用，如 NAS/SAN、NFS、ISCSI、CEPH 等。块存储适合性能敏感型业务场景，例如数据库存储大规模可扩展的文件系统或服务器需要访问到块级的裸设备存储。典型情况下，块服务 API 和调度器服务运行在控制节点上。取决于使用的驱动不同，卷服务器可以运行在控制节点、计算节点或单独的存储节点之上。

块存储服务为 OpenStack 中的实例提供持久的存储，块存储则提供一个基础设施，用于管理卷以及和 OpenStack 计算服务交互，为实例提供卷、快照、卷类型等功能。站在实例的角度，挂载的每个卷都是一块独立的硬盘。Cinder 提供了从创建卷到删除卷整个生命周期的管理。其具体功能如下。

- 提供 REST API 接口，使用户能够查询和管理卷、卷快照以及卷类型；
- 协调卷的创建请求，合理优化存储资源的分配；
- 通过驱动架构支持多种后端存储方式，包括 LVM、NFS、Ceph 和其他诸如 EMC、IBM 等商业存储产品和方案。

Cinder 服务涉及以下组件。

1. Cinder–Api

Cinder-API 用来接受 API 请求，并将其路由到 Cinder-Volume 执行。

2. Cinder–Volume

Cinder-Volume 用来与块存储服务和 Cinder-Scheduler 进程直接交互，也可以与这些进程通过一个消息队列进行交互。Cinder-Volume 响应送到块存储服务的读写请求来维持状态，也可以和多种存储提供者在驱动架构下进行交互。当用户请求一个存储资源时，由 Cinder-API 负责接受请求，由 Cinder-Scheduler 负责调度资源，而真正执行存储任务的是 Cinder-Volume。这样的工作机制使得存储架构非常容易扩展。当存储资源不足时，可以增加存储节点（运行 Cinder-Volume）；当客户的请求量太大调度不过来时，可以增加调度（运行 Cinder-Scheduler）。

3. Cinder–Scheduler

Cinder-Scheduler 守护进程会选择最优的存储节点来创建卷，其工作机制与 Nova-Scheduler 类似。当需要创建卷时，Cinder-Scheduler 根据存储节点的资源使用情况选择一个最合适的节点来创建卷。

4. Cinder–Backup

Cinder-Backup 守护进程可以提供任何种类的备份卷到一个备份存储提供者。就像 Cinder-Volume 服务一样，它也可以与多种存储提供者在驱动架构下进行交互。

5. 消息队列

消息队列的作用是在块存储的进程之间路由信息。Cinder 的各个子服务通过消息队列实现进程间通信和相互协作。

以创建卷为例，Cinder 的工作流程如下。

（1）用户向 Cinder-API 发送创建卷请求：“帮我创建一个卷”。

（2）Cinder-API 对请求做出一些必要处理后，向消息队列发送一条消息：“让 Cinder-Scheduler 创建一个卷”。

（3）Cinder-Scheduler 从消息队列获取到消息，然后执行调度算法，从若干存储节点中选出节点 A。

（4）Cinder-Scheduler 向消息队列发送一条消息：“让存储节点 A 创建这个卷”。

（5）存储节点 A 的 Cinder-Volume 从消息队列中获取到消息，然后通过卷提供者的驱动创建卷。

OpenStack 主要模块介绍

请扫描二维码观看视频讲解。

本章总结

通过本章的学习，读者掌握了 OpenStack 中的核心组件及其工作原理。理解这些组件是了解 OpenStack 的第一步，这将为后面的学习打下坚实的基础。需要注意的是，OpenStack 正常工作还需依赖数据库、消息队列等服务。

本章作业

一、选择题

1. OpenStack 认证服务通过（　　）组件实现。

A. Cinder　　B. Neutron　　C. Keystone　　D. Nova

2. OpenStack 的 Dashboard 无法实现的功能是（　　）。

A. 创建安全组、管理密钥对　　B. 实例的增配和降配

C．用户的创建和管理　　D．对象存储的创建和删除

3．OpenStack 环境中抽象出的虚拟交换机无法实现（　　）功能。

A．连接虚拟机网络到宿主机外部网络　　B．通过 vlan 隔离虚拟机网络

C．连接虚拟机　　D．实现 NAT 地址转换功能

二、判断题

1．Keystone 在 OpenStack 中提供认证服务，只负责来自用户的认证请求。（　　）

2．Dashboard 是一个 Web 接口，使得云平台管理员以及用户可以管理不同的资源及服务。（　　）

3．在 OpenStack 中用户的概念是指登录 Dashboard 时输入的用户名。（　　）

4．OpenStack 中的 Nova 计算模块，负责虚拟机实例生命周期管理、网络管理、存储卷管理、用户管理以及其他的相关云平台管理功能。（　　）

三、简答题

1．简述 Neutron 中的几种组网模型。

2．简述 Glance 支持的几种镜像格式。

3．简述 Cinder 中创建卷的工作流程。

第 3 章

OpenStack 云平台管理

技能目标

- 掌握网络和路由的创建
- 掌握云主机的创建
- 掌握浮动 IP 地址的添加
- 会添加安全组规则
- 会使用密钥对
- 会创建及挂载卷
- 会使用云主机快照功能
- 会创建镜像

价值目标

由于云平台中相互协作的系统组件较多且非常复杂，所以做好云平台的管理非常重要，有些管理工作在图形界面下非常直观，在一定程度能辅助提高工作效率。通过学习 OpenStack 云平台管理的内容，能够提升读者的实践技能，坚定读者服务于国家和企业的云平台建设的信心。

经过前面的学习，读者已经对 OpenStack 及其相关组件有了初步的了解。但作为运维工程师，最重要的一项工作是对云平台的管理。本章通过一个案例来介绍云平台常见的核心管理功能。

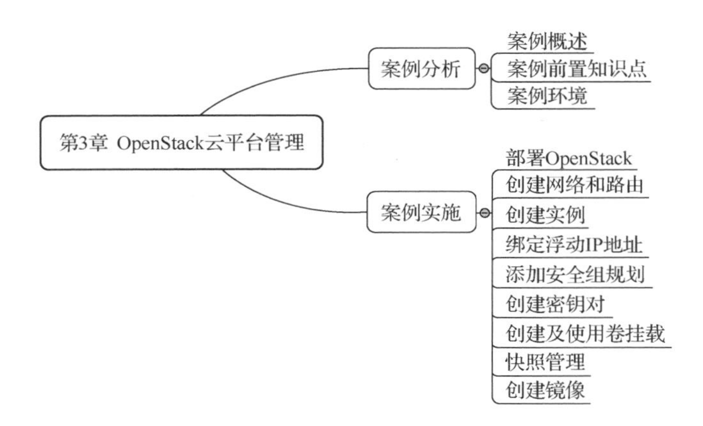

3.1 案例分析

3.1.1 案例概述

OpenStack 大部分管理功能都可以通过 Dashboard 进行操作，因此熟练掌握 Dashboard 对于运维工程师十分重要。Dashboard 图形化的操作界面可以简化管理任务，同时降低出错概率。本章通过云主机的创建过程，介绍 Dashboard 界面的基本操作，同时介绍网络、路由、实例类型、镜像、安全组、卷、密钥对、快照等功能的操作方法。

3.1.2 案例前置知识点

1. 关于浮动 IP 地址

浮动 IP 地址是 OpenStack 引入的一个非常重要的概念，类似于 NAT 转换中的内部全局地址，可以被外部网络所访问。OpenStack 中的云主机网络一般是受 NAT 保护的网络，即内部网络通过虚拟路由器（提供 NAT 功能）连接外部网络。当需要从外部访问云主机网络时，使用浮动 IP 地址实现。其原理是通过目的地址转换或 NAT 映射实现外部网络访问云主机网络。浮动 IP 地址是可以从外部访问的 IP 地址列表，通常是外部网络的 IP 地址段。浮动 IP 地址不能分配给云主机使用，但是可以通过绑定云主机，实现从外部网络访问云主机，如通过 SSH 协议管理云主机。当某台云主机不需要通过外部网络访问时，管理员可以随时将该浮动 IP 地址分配给其他云主机使用。浮动 IP 地址机制为云用户提供了很大的灵活性，也为系统管理员降低了安全风险。

浮动 IP 地址

请扫描二维码观看视频讲解。

2. 关于快照

OpenStack 中的快照功能区别于传统 VMware 或者 KVM 的快照，它以创建镜像的方式保存在 Glance 中。通过对云主机镜像的转换和复制，可以生成一个全新的镜像。该镜像和云主机无任何关联，但可以通过该镜像创建一个全新的云主机，从而实现云主机的迁移与备份。OpenStack 快照不包含任何快照链信息，只保留磁盘信息，因此无法回滚至快照点。对 OpenStack 而言，实例可以做快照，卷也可以做快照。

3.1.3 案例环境

1. 案例实验环境

本案例的实验环境基于第 1 章的部署环境，请确保系统已禁用 Firewalld 和 Selinux 功能，并且可以成功连接互联网，具体硬件环境要求如表 3-1 所示。

表 3-1　案例硬件环境的要求

IP 地址	系统版本	CPU	内存	磁盘	OpenStack 版本
192.168.9.236	CentOS 7.3（64 位）	4 核	8GB	30GB	O 版本

2. 案例需求

本案例的需求如下。

（1）创建云主机

（2）云主机可以访问外部网络

（3）外部网络可以通过 SSH 协议免密码访问云主机

（4）云主机挂载新卷

（5）云主机创建快照

（6）创建 CentOS 镜像

3. 案例实现思路

本案例的实现思路如下。

（1）一键安装 OpenStack 环境

（2）创建网络和路由

（3）创建实例

（4）绑定浮动 IP 地址

（5）添加安全组规则

（6）创建密钥对

（7）创建及使用卷挂载

（8）管理快照

（9）创建镜像

3.2 案例实施

3.2.1 部署 OpenStack

部署环境的过程请参考第 1 章“OpenStack 入门体验”，此处不再详细阐述。完成后使用管理员账号登录 OpenStack 的 Web 控制台。

3.2.2 创建网络和路由

通过 packstack 部署 OpenStack 环境成功后，默认已经配置了网络、路由、实例类型以及镜像等功能，并且可以直接使用，方便体验 OpenStack。本章主要介绍 OpenStack 各功能块的实现方法。首先删除默认创建的网络，再重新创建新的网络。

1．**删除默认的网络**

OpenStack 安装完成后默认会有两个网络，分别是外部网络 public（172.24.4.0/24）和内部网络 private（10.0.0.0/24）。外部网络不能直接删除，直接删除会提示报错信息，原因是存在默认的路由器（demo 项目）且已经连接到该网络。所以在删除之前首先应该删除连接到该网络的路由器接口，或者直接删除存在的路由器。管理员用户登录 OpenStack 控制台后，在“项目”选项卡中无法配置 demo 项目下的路由器，需要进入“管理员”选项卡。

在控制台中依次单击“管理员”→“系统”→“路由”选项卡，选中虚拟路由器 route1 前面的复选框，并单击右上角的“删除路由”按钮，如图 3.1 所示。

图3.1　删除路由

删除路由器后，依次单击“管理员”→“系统”→“网络”选项卡，选中默认存在的 public 和 private 网络，并单击右上角的“删除网络”按钮，删除默认存在的网络，如图 3.2 所示。

至此，完成了网络和路由器的删除操作。

2．**创建网络和路由**

创建云主机之前，首先要创建用于连接云主机的内部网络，以及用于实现云主机访问外部网络的路由器和外部网络。首先创建外部网络和内部网络以及对应的子网，再创建路由器连接外部网络和内部网络。创建外部网络只能在“管理员”→“网络”选项卡中操作，创建内部网络则可以在“管理员”→“网络”或“项目”→“网络”→“网络”选项卡中操作。

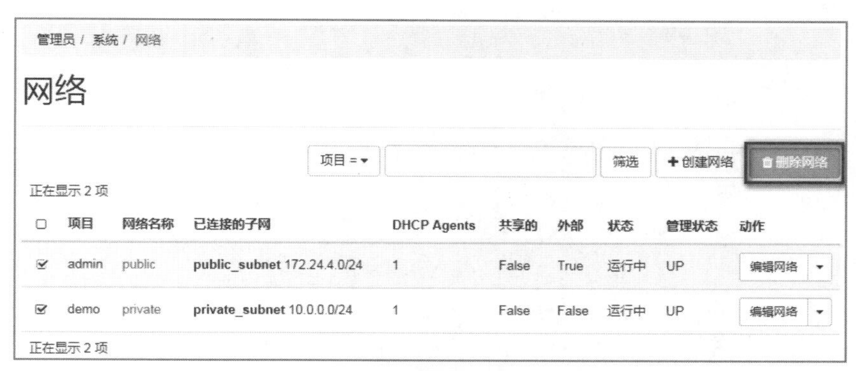

☐	项目	网络名称	已连接的子网	DHCP Agents	共享的	外部	状态	管理状态	动作
☑	admin	public	**public_subnet** 172.24.4.0/24	1	False	True	运行中	UP	编辑网络 ▾
☑	demo	private	**private_subnet** 10.0.0.0/24	1	False	False	运行中	UP	编辑网络 ▾

图3.2　删除网络

（1）创建网络

① 创建外部网络

依次单击“管理员”→“网络”选项卡，完成后单击右上角的“+创建网络”按钮，弹出“创建网络”页面，在“名称”栏填写 public，“项目”栏选择 admin，“供应商网络类型”栏选择 Flat，“物理网络”栏填写“extnet”，并勾选“外部网络”复选框。完成后单击“提交”按钮，如图 3.3 所示。

图3.3　创建外部网络

完成后将回到网络列表界面，显示当前创建成功的网络，如图 3.4 所示。

网络创建成功后，还需要配置子网。单击图 3.4 中的网络名称 public 超链接，进入网络详情页面。选择“子网”选项卡，并单击右边的“+创建子网”按钮，如图 3.5 所示。

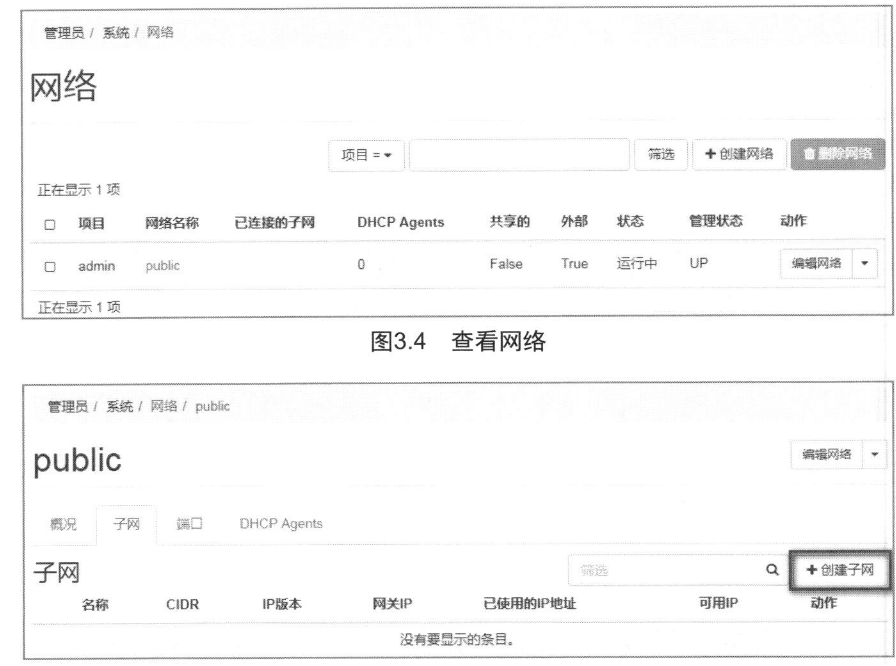

图3.4 查看网络

图3.5 创建子网

在弹出的“创建子网”页面，依次填写“子网名称”“网络地址”和“网关 IP”。其中，“网络地址”为云主机所在的内部网络的 IP 地址段，可以由管理员自行定义。完成后单击“下一步”按钮，如图 3.6 所示。

图3.6 填写子网信息

注意

“网关 IP”字段为空，表示默认使用网络中的第一个 IP 地址，如 X.X.X.1，也可以自行指定其他 IP 地址。

如果不需要云主机通过该网络访问其他网络，可以勾选“禁用网关”复选框。

在“子网详情”选项卡中，取消勾选“激活 DHCP”复选框，其他选项可以保持默认设置。因为外部网络和云主机网络属于不同的网段，所以不需要给云主机分配 IP 地址、DNS 等参数。直接单击“已创建”按钮，如图 3.7 所示。

图3.7　填写子网详情信息

返回到 public 网络的子网列表页面，显示当前创建成功的子网信息，如图 3.8 所示。

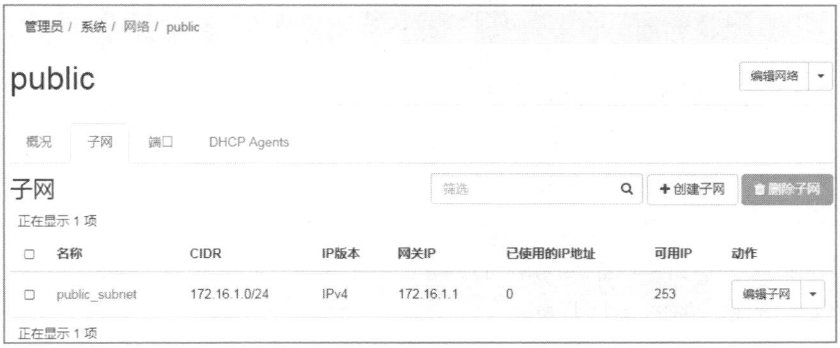

管理员 / 系统 / 网络 / public

public　　编辑网络

概况　子网　端口　DHCP Agents

子网　　筛选　+ 创建子网　删除子网

正在显示 1 项

	名称	CIDR	IP版本	网关IP	已使用的IP地址	可用IP	动作
☐	public_subnet	172.16.1.0/24	IPv4	172.16.1.1	0	253	编辑子网

正在显示 1 项

图3.8　查看子网列表

② 创建内部网络

外部网络创建成功后，下面开始创建内部网络。内部网络用于连接云主机实例，建议配置 DHCP，以便向云主机分配网络参数。

依次单击“项目”→“网络”→“网络”选项卡，页面中将显示之前创建成功的外部网络 public。单击右上角的“+创建网络”按钮，开始创建内部网络。在弹出的“创建网络”页面，填写“网络名称”为 private，确保选中“创建子网”复选框，完成后单击“下一步”按钮，如图 3.9 所示。

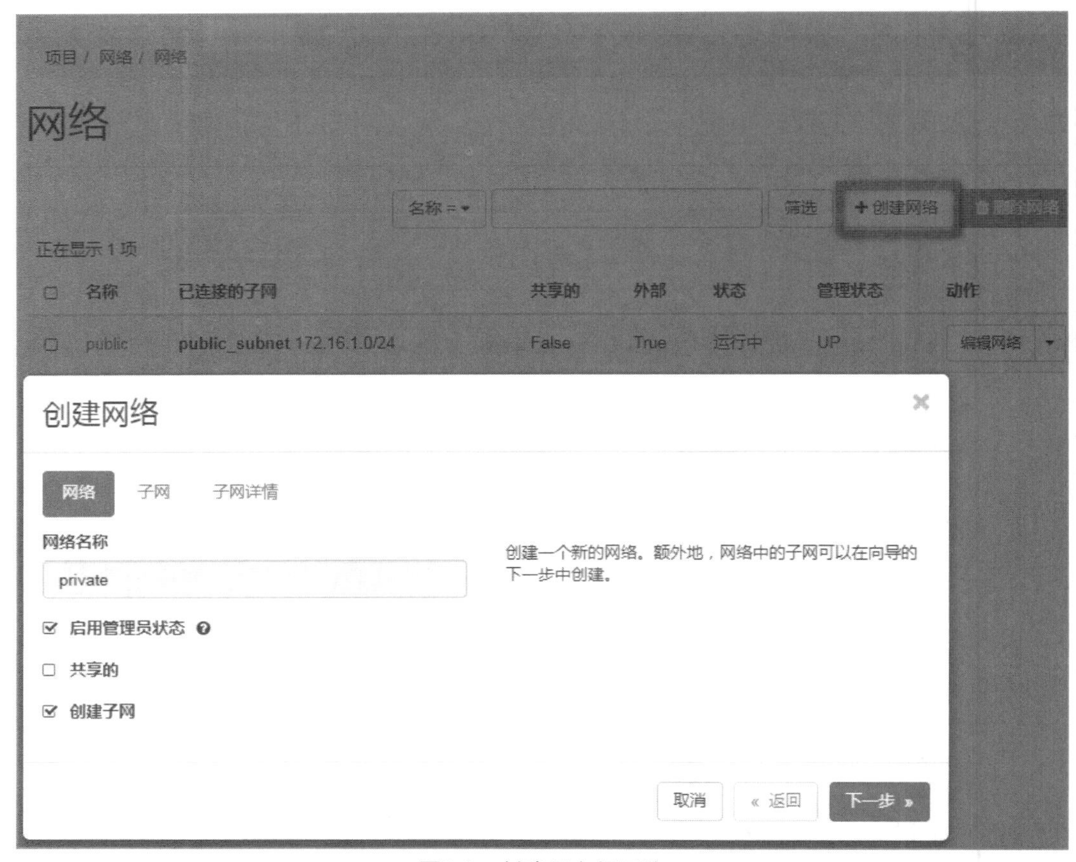

图3.9　创建云主机网络

在接下来的“子网”选项卡页面，根据管理员的规划，依次填写“子网名称”“网络地址”以及“网关 IP”输入框。若“网关 IP”输入框留空，将默认使用网络中的第一个 IP 地址。如果该网络中的云主机不需要访问外部网络，可以勾选“禁用网关”复选框。完成后单击“下一步”按钮，如图 3.10 所示。

在“子网详情”选项卡页面，确保勾选“激活 DHCP”复选框，并填写“分配地址池”和“DNS 服务器”，配置该网络可以向云主机分配 IP 地址和 DNS 地址。完成后单击“已创建”按钮，如图 3.11 所示。

创建网络

网络　子网　子网详情

子网名称

private_subnet

网络地址

192.168.1.0/24

IP版本

IPv4

网关IP

192.168.1.1

禁用网关

创建关联到这个网络的子网。您必须输入有效的"网络地址"和"网关IP"。如果您不输入"网关IP"，将默认使用该网络的第一个IP地址。如果您不想使用网关，请勾选"禁用网关"复选框。点击"子网详情"标签可进行高级配置。

取消　« 返回　下一步 »

图3.10　填写子网信息

创建网络

网络　子网　子网详情

激活DHCP

分配地址池

192.168.1.100,192.168.1.200

DNS服务器

114.114.114.114

主机路由

为子网指定扩展属性

取消　« 返回　已创建

图3.11　填写子网详情信息

完成后将返回网络列表页面，显示当前已经创建成功的网络，如图 3.12 所示。

图3.12　查看网络列表

（2）创建路由

网络创建完成后，还需要创建路由来实现内部网络和外部网络之间的转发。

依次单击“项目”→“网络”→“路由”选项卡，并单击右上角的“+新建路由”按钮，在弹出的“新建路由”页面，填写“路由名称”，并选择外部网络为之前创建的 public，完成后单击“新建路由”按钮，如图 3.13 所示。

图3.13　新建路由

完成后将返回到路由列表页面，显示当前创建成功的路由信息，如图 3.14 所示。

成功创建路由并选择外部网络之后，将自动创建连接外部网络的接口，还需创建连接内部网络的接口。单击路由名称 route 超链接，进入路由详细信息页面。在“概况”选项卡中可以看到，新创建的路由默认开启 SNAT 功能。单击“接口”选项卡，并单击右上角的“+增加接口”按钮。在弹出的“增加接口”页面中，从“子网”下拉列表框中选择之前创建成功的内部网络“private:192.168.1.0/24(private_subnet)”，“IP 地址”留空，默认使用 private 网络中配置的网关地址。完成后单击“提交”按钮，如图 3.15 所示。

项目 / 网络 / 路由
路由
路由名称 =
筛选
+ 新建路由
删除路由
正在显示 1 项
名称
状态
外部网络
管理状态
动作
route
运行中
public
UP
清除网关
正在显示 1 项

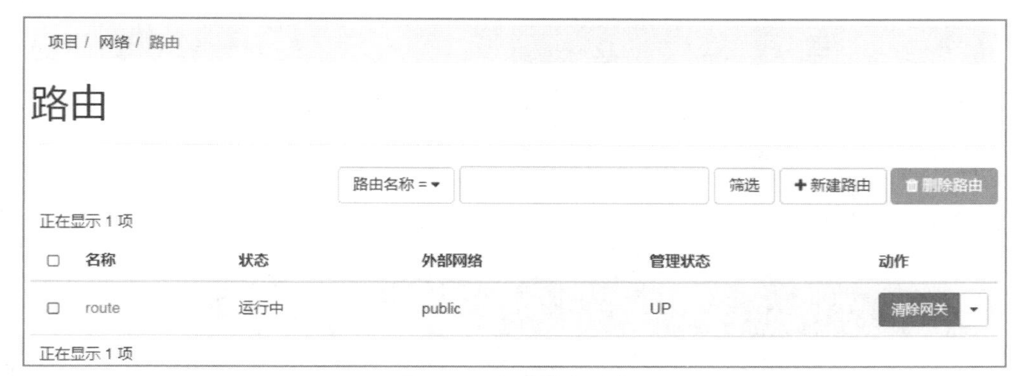

图3.14　查看路由列表

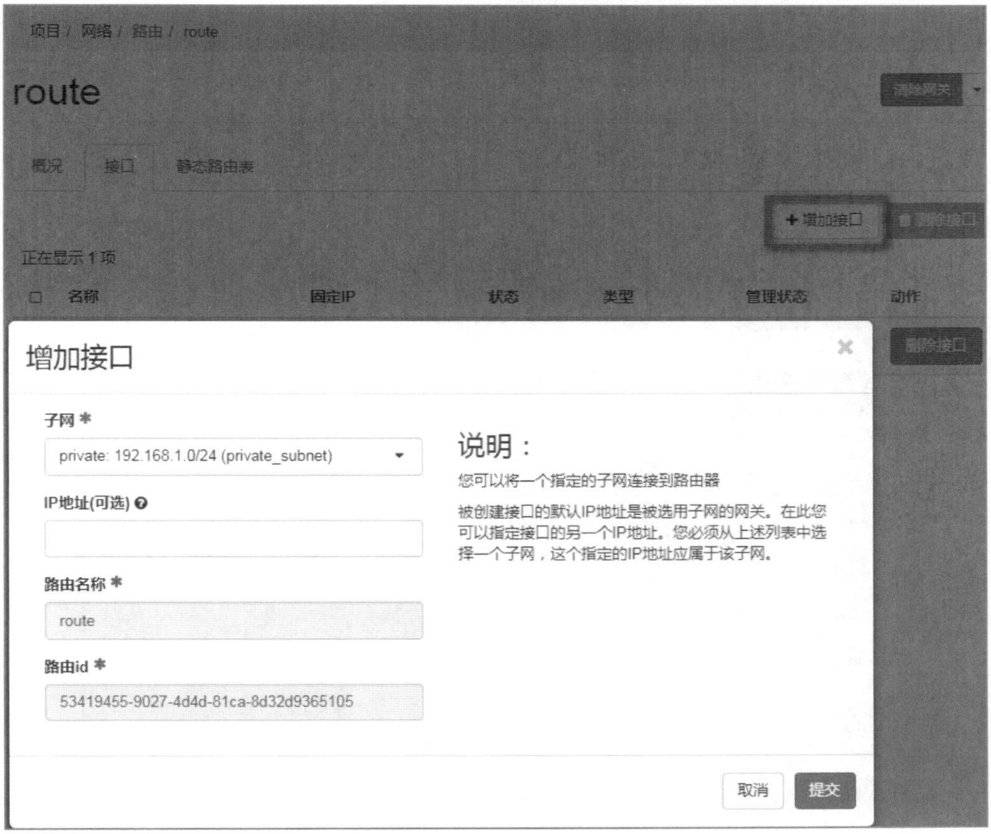

项目 / 网络 / 路由 / route
route
清除网关
概况
接口
静态路由表
+ 增加接口
删除接口
正在显示 1 项
名称
固定IP
状态
类型
管理状态
动作
删除接口
增加接口
子网 *
private: 192.168.1.0/24 (private_subnet)
IP地址(可选)
路由名称 *
route
路由id *
53419455-9027-4d4d-81ca-8d32d9365105
说明：
您可以将一个指定的子网连接到路由器
被创建接口的默认IP地址是被选用子网的网关。在此您可以指定接口的另一个IP地址。您必须从上述列表中选择一个子网，这个指定的IP地址应属于该子网。
取消
提交

图3.15　增加路由接口

返回到路由接口列表页面，显示当前的路由接口。如果接口状态显示为“Down”，如图 3.16 所示。可刷新页面，正常状态应为“运行中”。

图3.16　查看接口列表

至此，网络和路由创建完成。

3.2.3　创建实例

packstack 一键部署 OpenStack 完成后，默认存在实例类型和镜像配置。实例类型用于对云主机进行资源限制，镜像用于生成云主机操作系统。当存在网络、路由、实例类型以及镜像之后，就可以创建云主机了。

依次单击“项目”→“计算”→“实例”选项卡，在页面右边单击“创建实例”按钮，在弹出的“创建实例”页面，填写“实例名称”为 test。完成后单击“下一项”按钮，如图 3.17 所示。

图3.17　创建云主机（一）

在“源”选项卡页面，在“选择源”下拉列表框中选择“镜像”，“创建新卷”位置选择“否”。在“可用”下面的镜像列表中，单击名称为 cirros 镜像右边的箭头，确保其位于“已分配”下面。完成后单击“下一项”按钮，如图 3.18 所示。

图3.18　创建云主机（二）

在“实例类型”选项卡页面中间区域，单击资源占用最少的“m1.tiny”实例类型右边的箭头，确保其位于“已分配”下面。完成后单击“下一项”按钮，如图 3.19 所示。

图3.19　创建云主机（三）

在“网络”选项卡页面中间，单击之前创建的内部网络 private 右边的箭头，确保其位于“已分配”下面。当完成“详情”“源”“实例类型”“网络”四个必需选项卡的配置之后，其他可选择配置的选项卡保持默认即可，直接单击“创建实例”按钮，如图 3.20 所示。

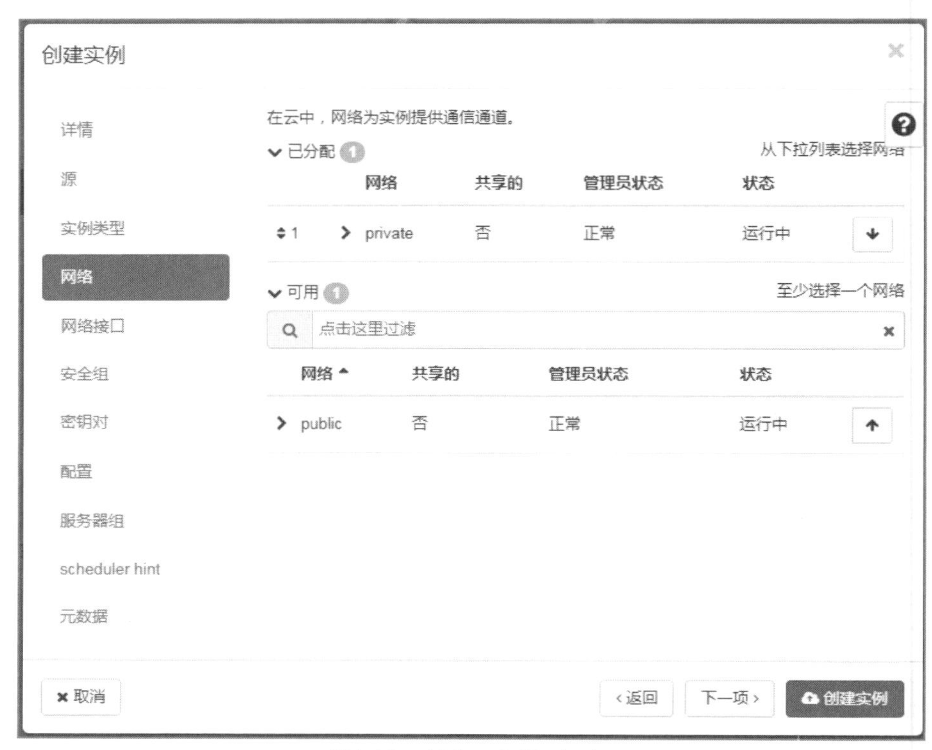

图3.20　创建云主机（四）

返回到实例列表页面，并基于之前的配置创建实例，实时任务信息可查看“任务”栏中的动态显示内容。创建成功后，云主机将获得一个 IP 地址，如图 3.21 所示。

图3.21　创建云主机（五）

在实例 test 右边“创建快照”下拉列表框中选择“控制台”，进入云主机控制台，根据终端提示信息键入用户名和密码，登录云主机控制台，并查看当前云主机的 IP 地址，如图 3.22 所示。

```
login as 'cirros' user. default password: 'cubswin:)'. use 'sudo' for root.
test login: cirros
Password:
$ ifconfig
eth0      Link encap:Ethernet  HWaddr FA:16:3E:7C:8B:62
          inet addr:192.168.1.110  Bcast:192.168.1.255  Mask:255.255.255.0
          inet6 addr: fe80::f816:3eff:fe7c:8b62/64 Scope:Link
          UP BROADCAST RUNNING MULTICAST  MTU:1450  Metric:1
          RX packets:88 errors:0 dropped:0 overruns:0 frame:0
          TX packets:118 errors:0 dropped:0 overruns:0 carrier:0
          collisions:0 txqueuelen:1000
          RX bytes:9154 (8.9 KiB)  TX bytes:11530 (11.2 KiB)

lo        Link encap:Local Loopback
          inet addr:127.0.0.1  Mask:255.0.0.0
          inet6 addr: ::1/128 Scope:Host
          UP LOOPBACK RUNNING  MTU:16436  Metric:1
          RX packets:0 errors:0 dropped:0 overruns:0 frame:0
          TX packets:0 errors:0 dropped:0 overruns:0 carrier:0
          collisions:0 txqueuelen:0
          RX bytes:0 (0.0 B)  TX bytes:0 (0.0 B)
```

图3.22 查看云主机的IP地址

测试从云主机 ping 外网，比如 baidu.com，命令如下：

```
$ ping www.baidu.com
```

上述 ping 命令无任何输出结果，说明网络不通。在前面创建外部网络时，指定的外部网络网关地址是 172.16.1.1，如图 3.6 所示，所以需要在宿主机上确保有该网关地址存在。执行如下命令：

```
[root@localhost ~]# ifconfig br-ex 172.16.1.1 netmask 255.255.255.0 up
```

宿主机的 br-ex 网桥用于连接 OpenStack 虚拟网络，虚拟网络访问互联网必须经过宿主机的真实网卡 ens33。宿主机在 br-ex 和 ens33 之间转发流量可以通过三种方式。

- 将 ens33 网卡加入 br-ex 网桥，取消 ens33 配置的 IP 地址，配置 br-ex 为宿主机外部网络的 IP 地址段，这种方式需要修改外部网络 public 的网段地址。
- 开启宿主机的路由功能，通过路由转发数据，同时配置宿主机的回包路由。
- 配置宿主机的 NAT 功能，通过路由加地址转换转发数据，不需要回包路由，不需要修改现有网段。

下面基于第三种方式进行介绍。添加一条 nat 规则。为了避免重启后规则消失，可以将其写到 iptables 配置文件中。注意："-o ens33"参数需要根据实际的宿主机网卡名称来配置。命令如下：

```
[root@localhost ~]# iptables -t nat -A POSTROUTING -s 172.16.1.0/24 -o ens33 -m comment --comment "000 nat" -j MASQUERADE
```

再次测试云主机和互联网的连通性。执行如下命令：

```
$ ping www.baidu.com
PING www.baidu.com (220.181.112.244): 56 data bytes
64 bytes from 220.181.112.244: seq=0 ttl=126 time=14.693 ms
64 bytes from 220.181.112.244: seq=1 ttl=126 time=12.755 ms
64 bytes from 220.181.112.244: seq=2 ttl=126 time=9.271 ms
```

上述命令输出结果显示，云主机已经能够成功访问互联网。

3.2.4 绑定浮动 IP 地址

经过前面的配置，云主机已经可以访问外部网络，但是外部网络还不能访问云主机。无论是宿主机还是外部网络设备，都没有云主机网络的路由条目。根据之前的介绍，创建的虚拟路由器连接外部网络后默认启用 SNAT 功能。若要访问 NAT 设备背后的网络，可以通过配置 NAT 映射或目标地址转换实现，即需要配置浮动 IP 地址。

依次单击“项目”→“网络”→“浮动 IP”选项卡，在页面右边单击“分配 IP 给项目”按钮，将弹出“分配浮动 IP”页面，在页面中选择“资源池”为 public，并单击“分配 IP”按钮，如图 3.23 所示。

图3.23 分配浮动IP地址

返回到浮动 IP 列表页面，显示成功分配的浮动 IP 地址列表，如图 3.24 所示。

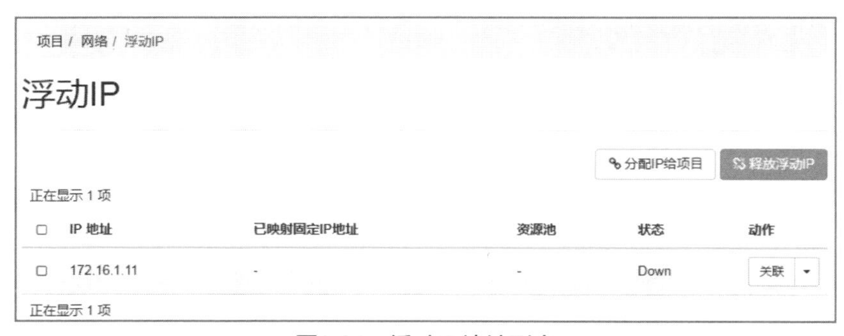

图3.24 浮动IP地址列表

图 3.24 中显示已经成功分配了 IP 地址 172.16.1.11。下面将该浮动 IP 地址分配给云主机。单击浮动 IP 地址右边的“关联”按钮，并在弹出的“管理浮动 IP 的关联”页面中，从“待连接的端口”下拉列表框中选择 test 云主机。完成后单击“关联”按钮，如图 3.25 所示。

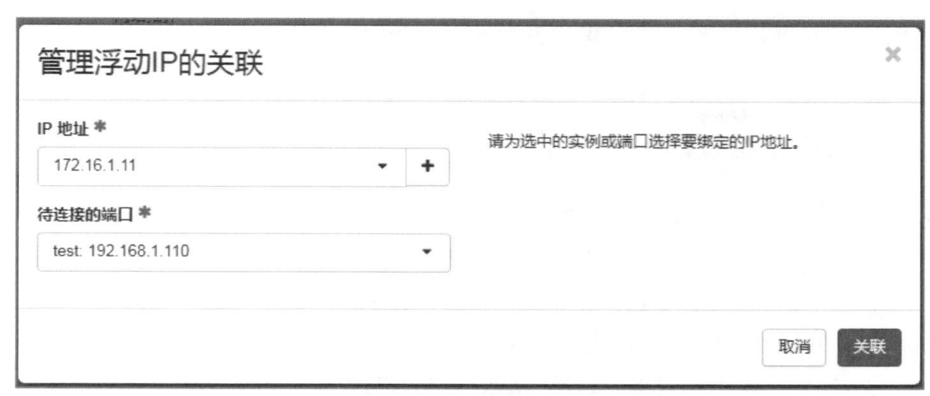

图3.25　管理浮动IP地址的关联

根据浮动 IP 列表页面中的显示信息可得知，已经成功地将浮动 IP 地址和云主机绑定，如图 3.26 所示。

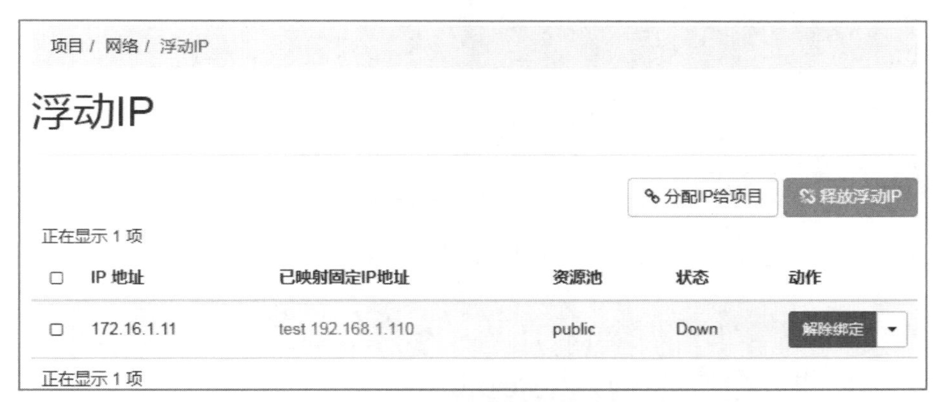

图3.26　浮动IP地址分配列表

切换到“项目”→“计算”→“实例”选项卡，可以看到云主机 test 绑定了浮动 IP 地址 172.16.1.11，如图 3.27 所示。

图3.27　查看云主机的更新信息

绑定浮动 IP 地址后，理论上就可以从外部网络访问云主机了，但是还需要配置安全组规则。

3.2.5 添加安全组规则

安全组的作用是保护云主机的安全，OpenStack 有一个默认安全组 default。从数据包方向可分为入口和出口，访问云主机的入口流量必须要经过安全组规则放行。

依次单击“项目”→“网络”→“安全组”选项卡，页面中间显示默认的安全组规则 default，单击其右边的“管理规则”按钮，如图 3.28 所示。

图3.28　默认安全组规则

在 default 安全组规则列表页面，默认存在四条规则，如图 3.29 所示。

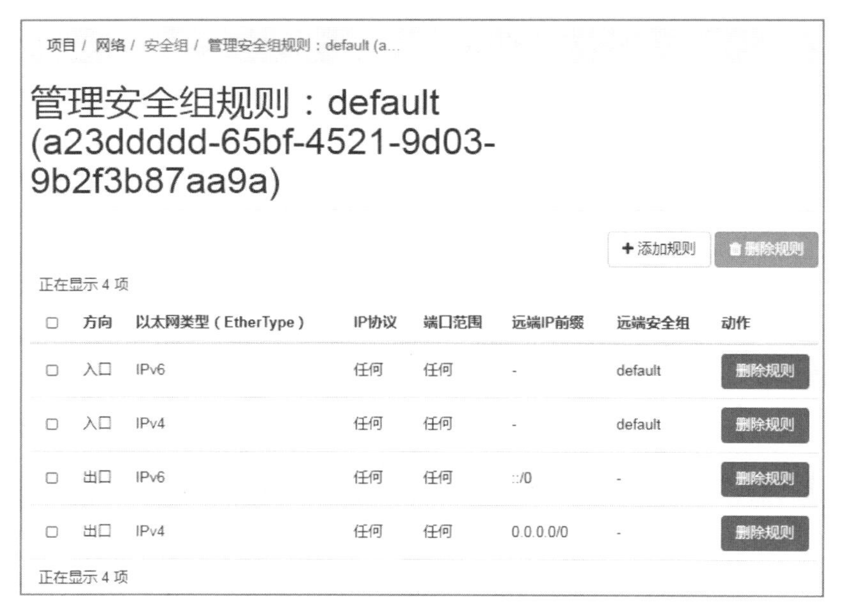

图3.29　管理安全组规则

单击页面右上角的“+添加规则”按钮，在弹出的“添加规则”页面选择“规则”为“ALL ICMP”，“方向”为“入口”，其他保持默认，完成后单击“添加”按钮，如图 3.30 所示。

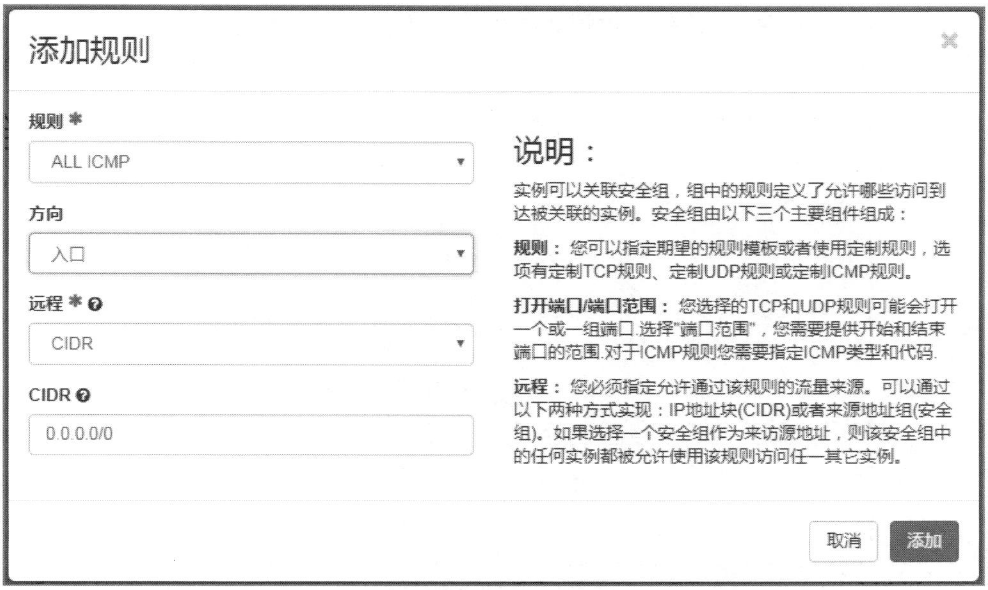

添加规则

规则 *

ALL ICMP

方向

入口

远程 *

CIDR

CIDR

0.0.0.0/0

说明：

实例可以关联安全组，组中的规则定义了允许哪些访问到达被关联的实例。安全组由以下三个主要组件组成：

规则：您可以指定期望的规则模板或者使用定制规则，选项有定制TCP规则、定制UDP规则或定制ICMP规则。

打开端口/端口范围：您选择的TCP和UDP规则可能会打开一个或一组端口.选择"端口范围"，您需要提供开始和结束端口的范围.对于ICMP规则您需要指定ICMP类型和代码.

远程：您必须指定允许通过该规则的流量来源。可以通过以下两种方式实现：IP地址块(CIDR)或者来源地址组(安全组)。如果选择一个安全组作为来访源地址，则该安全组中的任何实例都被允许使用该规则访问任一其它实例。

取消 添加

图3.30 添加ICMP规则

返回到 default 安全组规则列表页面，最后部分将显示添加成功的安全组规则，如图 3.31 所示。

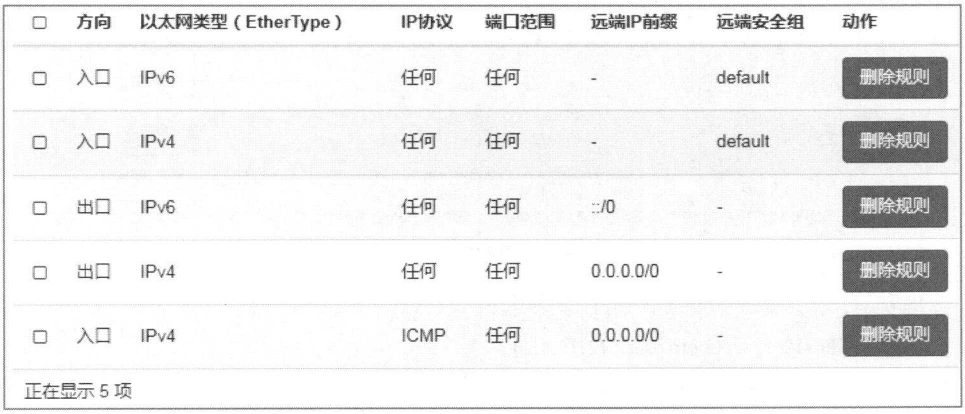

□	方向	以太网类型（EtherType）	IP协议	端口范围	远端IP前缀	远端安全组	动作
□	入口	IPv6	任何	任何	-	default	删除规则
□	入口	IPv4	任何	任何	-	default	删除规则
□	出口	IPv6	任何	任何	::/0	-	删除规则
□	出口	IPv4	任何	任何	0.0.0.0/0	-	删除规则
□	入口	IPv4	ICMP	任何	0.0.0.0/0	-	删除规则

正在显示 5 项

图3.31 查看ICMP规则

配置完浮动 IP 地址和安全组规则后，尝试从外部网络（宿主机以外的网络，此处以宿主机代替）访问云主机，访问目标云主机所绑定的浮动 IP 地址。测试的结果如下所示：

```
[root@localhost ～]# ping 172.16.1.11
PING 172.16.1.11 (172.16.1.11) 56(84) bytes of data.
64 bytes from 172.16.1.11: icmp_seq=1 ttl=63 time=1.81 ms
64 bytes from 172.16.1.11: icmp_seq=2 ttl=63 time=0.477 ms
64 bytes from 172.16.1.11: icmp_seq=3 ttl=63 time=0.428 ms
64 bytes from 172.16.1.11: icmp_seq=4 ttl=63 time=0.577 ms
```

为了让管理员可以从外部网络通过 SSH 协议管理云主机，还需添加 SSH 规则，具体操作与添加 ICMP 规则相同，添加 SSH 规则页面如图 3.32 所示，查看 SSH 规则页面如图 3.33 所示。

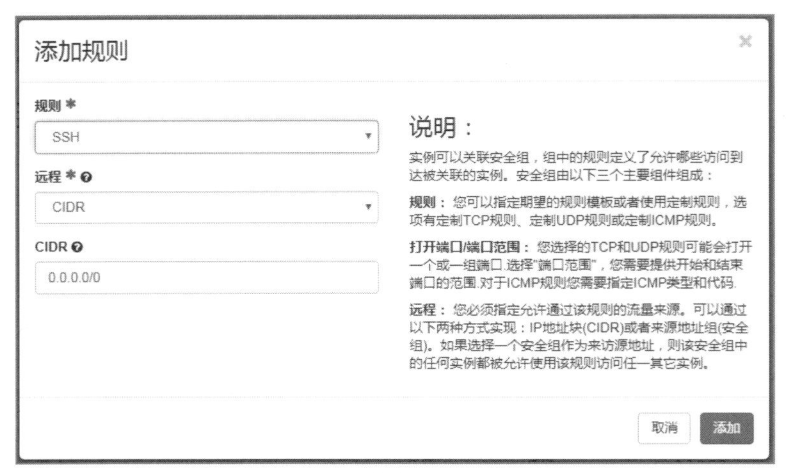

图3.32　添加SSH规则

☐	方向	以太网类型（EtherType）	IP协议	端口范围	远端IP前缀	远端安全组	动作
☐	入口	IPv6	任何	任何	-	default	删除规则
☐	入口	IPv4	任何	任何	-	default	删除规则
☐	出口	IPv6	任何	任何	::/0	-	删除规则
☐	出口	IPv4	任何	任何	0.0.0.0/0	-	删除规则
☐	入口	IPv4	ICMP	任何	0.0.0.0/0	-	删除规则
☐	入口	IPv4	TCP	22 (SSH)	0.0.0.0/0	-	删除规则

图3.33　查看SSH规则

管理员在宿主机尝试通过 SSH 命令远程登录云主机，测试命令及结果如下：

```
[root@localhost ~]# ssh cirros@172.16.1.11
The authenticity of host '172.16.1.11 (172.16.1.11)' can't be established.
RSA key fingerprint is SHA256:uS5STHg+O7r48ZpAkyi4JrjTqs+uyCZYEUqZ7Uxdl84.
RSA key fingerprint is MD5:dc:91:55:6d:21:c1:ae:a3:da:67:a1:62:9a:9a:b2:45.
Are you sure you want to continue connecting (yes/no)? yes
Warning: Permanently added '172.16.1.11' (RSA) to the list of known hosts.
cirros@172.16.1.11's password:
$ ifconfig
eth0      Link encap:Ethernet    HWaddr FA:16:3E:09:84:69
          inet addr:192.168.1.110    Bcast:192.168.1.255    Mask:255.255.255.0
          inet6 addr: fe80::f816:3eff:fe09:8469/64 Scope:Link
          UP BROADCAST RUNNING MULTICAST    MTU:1450    Metric:1
          RX packets:943 errors:0 dropped:0 overruns:0 frame:0
          TX packets:918 errors:0 dropped:0 overruns:0 carrier:0
```

```
          collisions:0 txqueuelen:1000
          RX bytes:71573 (69.8 KiB)  TX bytes:66538 (64.9 KiB)

lo        Link encap:Local Loopback
          inet addr:127.0.0.1  Mask:255.0.0.0
          inet6 addr: ::1/128 Scope:Host
          UP LOOPBACK RUNNING  MTU:16436  Metric:1
          RX packets:75 errors:0 dropped:0 overruns:0 frame:0
          TX packets:75 errors:0 dropped:0 overruns:0 carrier:0
          collisions:0 txqueuelen:0
          RX bytes:7213 (7.0 KiB)  TX bytes:7213 (7.0 KiB)
```

以上测试结果表明，管理员可以通过 SSH 协议远程连接云主机。

3.2.6　创建密钥对

密钥对是 OpenStack 提供的一个安全认证功能，用户可以在创建云主机的时候选择添加密钥对，这样管理员在访问云主机时就可以免密码登录。免密码登录并不意味着安全性的降低，因为密钥对的攻破难度比密码要大得多。

依次打开“项目”→“计算”→“密钥对”选项卡，在密钥对列表页面单击“+创建密钥对”按钮，如图 3.34 所示。

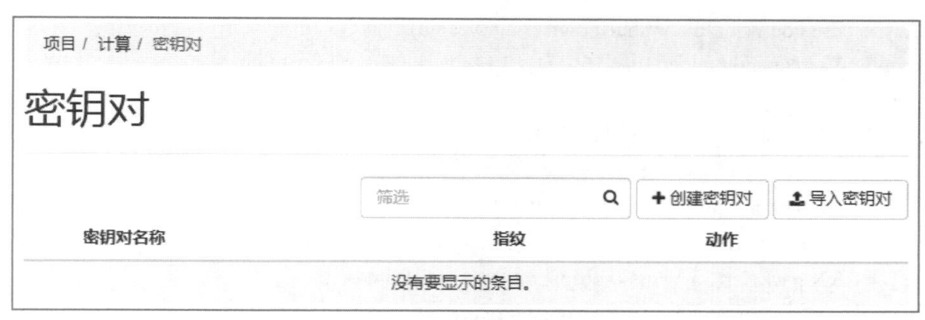

图3.34　查看密钥对

在“创建密钥对”页面，输入密钥对名称“my-auth”。完成后单击“创建密钥对”按钮，如图 3.35 所示。

创建密钥对
密钥对名称 *
my-auth
密钥对是启动时被注入到镜像中的 SSH 凭据。创建新的密钥对会注册公钥并下载私钥（.pem文件）。
请妥善保管和使用 SSH 私钥。
取消　创建密钥对

图3.35　创建密钥对

浏览器会自动下载 my-auth.pem 文件。my-auth.pem 文件是该云主机的私钥文件。通过云主机绑定该密钥对，并复制该私钥文件到管理端，可以实现远程免密码连接云主机。下面通过宿主机使用密钥对登录云主机。

在宿主机上创建 cirros 用户并设置权限，运行如下命令：

```
[root@localhost ~]# useradd cirros
[root@localhost ~]# mkdir /home/cirros/.ssh
```

将 my-auth.pem 文件上传到宿主机/home/cirros/.ssh 目录下，重命名为 id_rsa 文件。运行如下命令：

```
[root@localhost ~]# mv /home/cirros/.ssh/my-auth.pem /home/cirros/.ssh/id_rsa
[root@localhost ~]# chmod 700 /home/cirros/.ssh
[root@localhost ~]# chown -R cirros.cirros /home/cirros/.ssh
[root@localhost ~]# chmod 600 /home/cirros/.ssh/id_rsa
```

要使用密钥对，需要重新创建一台云主机。如果资源不够，可删除之前创建的测试云主机。默认会自动选择刚刚创建的密钥对，完成后绑定浮动 IP 地址 172.16.1.11 到云主机。尝试在宿主机使用密钥对登录云主机，执行如下命令：

```
[root@localhost ~]# su - cirros
[cirros@localhost ~]$ ssh 172.16.1.11
The authenticity of host '172.16.1.11 (172.16.1.11)' can't be established.
RSA key fingerprint is SHA256:rIz0yVB9Px3WjM+f5CdLRiH94lJm62MXj8qw8wXh3JI.
RSA key fingerprint is MD5:1f:f6:1d:be:e5:91:c3:e9:aa:e0:e7:e2:d5:ed:64:2e.
Are you sure you want to continue connecting (yes/no)? yes
Warning: Permanently added '172.16.1.11' (RSA) to the list of known hosts.
$ ifconfig
eth0      Link encap:Ethernet  HWaddr FA:16:3E:29:63:56
          inet addr:192.168.1.110  Bcast:192.168.1.255  Mask:255.255.255.0
          inet6 addr: fe80::f816:3eff:fe29:6356/64 Scope:Link
          UP BROADCAST RUNNING MULTICAST  MTU:1450  Metric:1
          RX packets:135 errors:0 dropped:0 overruns:0 frame:0
          TX packets:153 errors:0 dropped:0 overruns:0 carrier:0
          collisions:0 txqueuelen:1000
          RX bytes:17929 (17.5 KiB)  TX bytes:16855 (16.4 KiB)

lo        Link encap:Local Loopback
          inet addr:127.0.0.1  Mask:255.0.0.0
          inet6 addr: ::1/128 Scope:Host
          UP LOOPBACK RUNNING  MTU:16436  Metric:1
          RX packets:0 errors:0 dropped:0 overruns:0 frame:0
          TX packets:0 errors:0 dropped:0 overruns:0 carrier:0
          collisions:0 txqueuelen:0
          RX bytes:0 (0.0 B)  TX bytes:0 (0.0 B)
```

在上述命令中，通过 ssh 工具远程连接云主机时没有输入任何密码信息，但是不具备私钥文件的客户端将无法正常通过 SSH 协议远程连接云主机。

3.2.7 创建及使用卷挂载

OpenStack 可通过 Cinder 提供块存储服务。管理员可根据需要对云主机添加卷。卷是一个块设备，由云主机挂载使用。本案例的环境是一个单机环境，如果启用卷设备，那么 Cinder 将会占用所有的可用空间。

首先创建一个卷，依次打开“项目”→“计算”→“卷”选项卡，在页面右边单击“+创建卷”按钮，如图 3.36 所示。

项目 / 计算 / 卷
卷
卷
卷快照
筛选
+ 创建卷
⇄ 接受转让
名称
描述
大小
状态
类型
连接到
可用域
可启动
加密的
动作
没有要显示的条目。

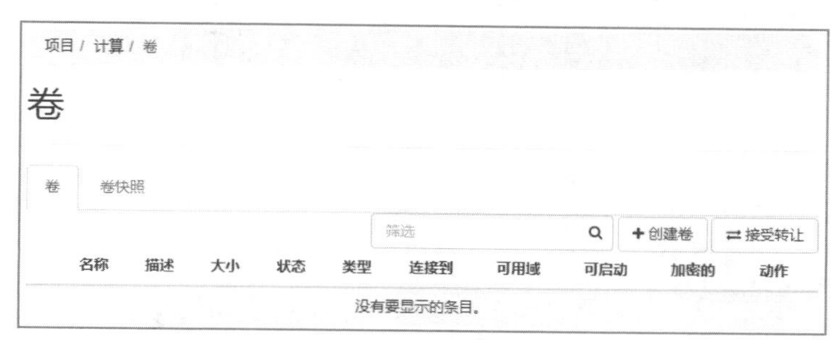

图3.36 查看卷信息

在弹出的“创建卷”页面中，填写卷名称为“test-lv”，大小为“2”，其他选项保持默认。完成后单击“创建卷”按钮，如图 3.37 所示。

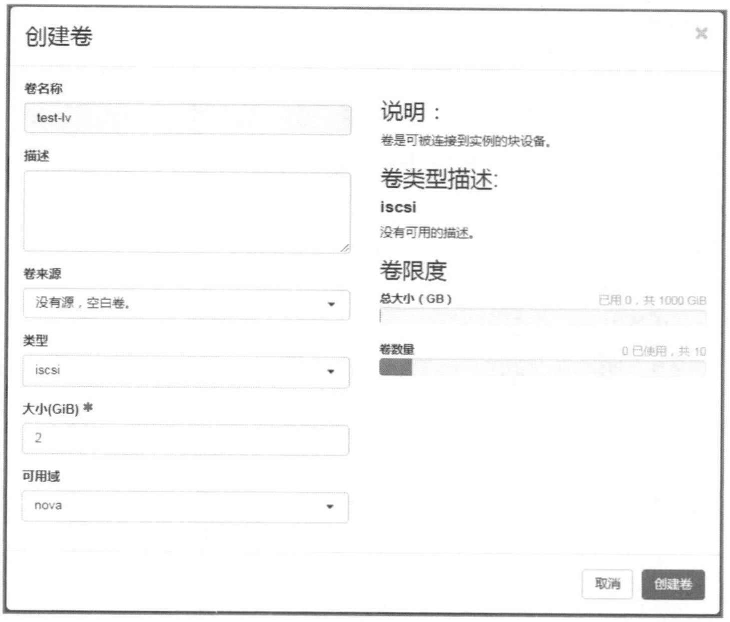

创建卷
卷名称
test-lv
描述
卷来源
没有源，空白卷。
类型
iscsi
大小(GiB) *
2
可用域
nova
说明：
卷是可被连接到实例的块设备。
卷类型描述:
iscsi
没有可用的描述。
卷限度
总大小（GB）
已用 0，共 1000 GiB
卷数量
0 已使用，共 10
取消
创建卷

图3.37 创建卷

返回到卷列表页面，显示当前创建成功的卷信息，如图 3.38 所示。

卷创建好之后，还需要和实例关联才可以使用。从图 3.38 中的“编辑卷”下拉列表框中选择“管理连接”。在弹出的“管理已连接卷”页面中，选择“连接到实例”为之前创建的云主机 test。完成后单击“连接卷”按钮，如图 3.39 所示。

图3.38　查看卷列表

图3.39　管理已连接卷

在随后打开的卷列表页面中，显示当前卷已经连接到云主机 test 上的/dev/vdb 设备中，如图 3.40 所示。

图3.40　卷列表页面

进入到云主机控制台，执行 fdisk 命令查看磁盘情况。如下所示：

```
$ sudo fdisk -l
Disk /dev/vda: 1073 MB, 1073741824 bytes
255 heads, 63 sectors/track, 130 cylinders, total 2097152 sectors
Units = sectors of 1 * 512 = 512 bytes
Sector size (logical/physical): 512 bytes / 512 bytes
I/O size (minimum/optimal): 512 bytes / 512 bytes
Disk identifier: 0x00000000

   Device Boot      Start         End      Blocks   Id  System
/dev/vda1   *       16065     2088449    1036192+  83  Linux

Disk /dev/vdb: 2147 MB, 2147483648 bytes
16 heads, 63 sectors/track, 4161 cylinders, total 4194304 sectors
Units = sectors of 1 * 512 = 512 bytes
Sector size (logical/physical): 512 bytes / 512 bytes
I/O size (minimum/optimal): 512 bytes / 512 bytes
Disk identifier: 0x00000000

Disk /dev/vdb doesn't contain a valid partition table
```

在云主机控制台中，对/dev/vdb 进行分区、格式化，并挂载到/mnt 目录。命令如下：

```
$ sudo fdisk /dev/vdb      //过程略
$ sudo mkfs /dev/vdb1
$ sudo mount /dev/vdb1 /mnt
$ df -h
Filesystem          Size      Used   Available   Use%   Mounted on
/dev                242.3M       0     242.3M      0%     /dev
/dev/vda1            23.2M    18.0M       4.0M    82%     /
tmpfs               245.8M       0     245.8M      0%     /dev/shm
tmpfs               200.0K    68.0K    132.0K     34%     /run
/dev/vdb1            2.0G      3.0M     1.9G       0%     /mnt
```

在/mnt 目录写入一个 test.txt 文件，内容如下：

```
$ sudo vi /mnt/test.txt
2G
$ cat /mnt/test.txt
2G
```

注意

创建卷的时候指定的容量大小并不会立即占用磁盘空间，只有当卷中有数据时才会真正占用。

当云主机的卷空间不足时，需要对卷进行扩容，扩容之前首先对卷进行分离。在卷列表页面选择“编辑卷”下拉列表框中的“管理连接”，在弹出的“管理已连接卷”页面中，单击卷对应的“分离卷”按钮，如图 3.41 所示。

管理已连接卷
分离卷
显示 1 个项
实例
设备
动作
test
/dev/vdb
分离卷
显示 1 个项
取消

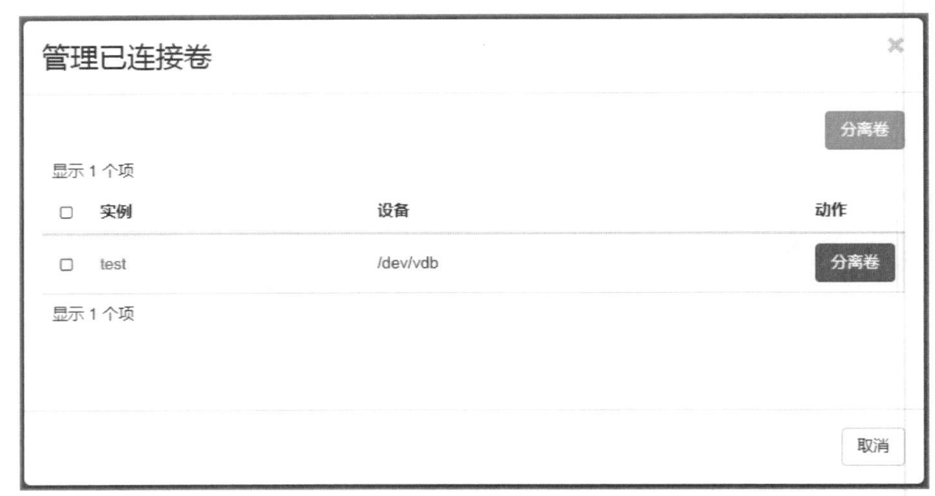

图3.41 “管理已连接卷”页面

在“确认分离卷”页面继续单击“分离卷”按钮，如图 3.42 所示。

确认 分离卷
您已选择了 "实例test的附加卷test-lv"。 请确认您的选择。 数据会保留在卷上，可被其他连接了该卷的实例读取。
取消
分离卷

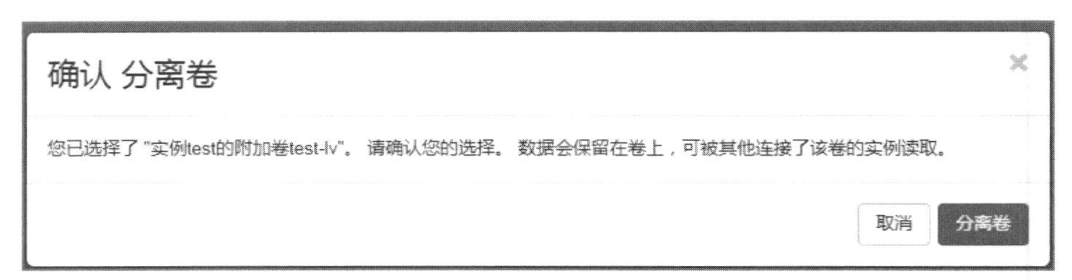

图3.42 确认分离卷

在卷列表页面，显示当前卷没有连接到任何实例，如图 3.43 所示。

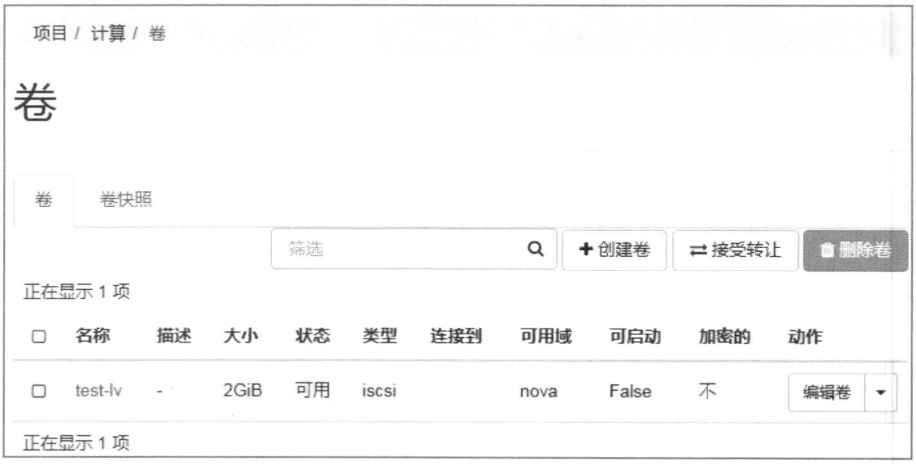

项目 / 计算 / 卷
卷
卷
卷快照
筛选
+ 创建卷
⇄ 接受转让
删除卷
正在显示 1 项
名称 描述 大小 状态 类型 连接到 可用域 可启动 加密的 动作
test-lv - 2GiB 可用 iscsi nova False 不
编辑卷
正在显示 1 项

图3.43 云主机分离卷

在当前卷对应的“编辑卷”下拉列表框中选择“扩展卷”。在弹出的“扩展卷”页面中，填写卷的新大小为“3”。完成后单击“扩展卷”按钮，如图 3.44 所示。

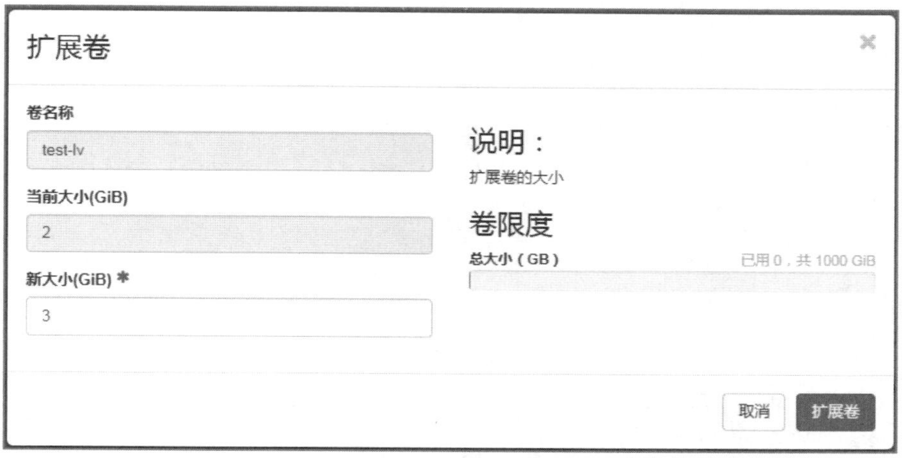

图3.44　“扩展卷”页面

返回到卷列表页面，可见页面中的卷大小信息已经更新为 3GB，如图 3.45 所示。

图3.45　卷列表页面中已更新卷的大小

继续在卷对应的“编辑卷”下拉列表框中选择“管理连接”，重新连接到云主机实例 test，如图 3.46 所示。

登录 test 云主机控制台，尝试访问之前创建的 test.txt 文件，发现 test.txt 文件已经不存在。同时，vdc 分区变成了 3GB，执行命令和结果如下所示：

```
$ ls /mnt/test.txt
ls: /mnt/test.txt: No such file or directory
$ sudo fdisk -l
Disk /dev/vda: 1073 MB, 1073741824 bytes
255 heads, 63 sectors/track, 130 cylinders, total 2097152 sectors
```

图3.46　重新连接实例

```
Units = sectors of 1 * 512 = 512 bytes
Sector size (logical/physical): 512 bytes / 512 bytes
I/O size (minimum/optimal): 512 bytes / 512 bytes
Disk identifier: 0x00000000

Device Boot        Start      End        Blocks     Id   System
/dev/vda1     *    16065      2088449    1036192+   83   Linux

Disk /dev/vdc: 3221 MB, 3221225472 bytes
9 heads, 8 sectors/track, 87381 cylinders, total 6291456 sectors
Units = sectors of 1 * 512 = 512 bytes
Sector size (logical/physical): 512 bytes / 512 bytes
I/O size (minimum/optimal): 512 bytes / 512 bytes
Disk identifier: 0x42fced26

Device Boot        Start      End        Blocks     Id   System
/dev/vdc1          2048       4196351    2097152    83   Linux
```

扩展后多出的 1GB 空间默认没有分区。即只扩展了磁盘大小，并没有改变分区大小。卸载/dev/vdb1 分区，挂载/dev/vdc1 分区。完成后查看 test.txt 内容是否正常。为了使用新扩展的 1GB 空间，需要重启云主机。

```
$ sudo umount /mnt
umount: can't umount /mnt: Device or resource busy
$ sudo umount -l /mnt
$ sudo mount /dev/vdc1 /mnt
$ sudo cat /mnt/test.txt
2G
$ sudo reboot
```

云主机重启后，卷将被重新识别为/dev/vdb，并需要重新挂载使用。新增加的/dev/vdb2 分区还需要格式化才能挂载使用。执行如下命令：

```
$ sudo mkdir /data
```

```
$ sudo mount /dev/vdb1 /mnt
$ sudo mount /dev/vdb2 /data
mount: mounting /dev/vdb2 on /data failed: Invalid argument
$ sudo mkfs /dev/vdb2
mke2fs 1.42.2 (27-Mar-2012)
Filesystem label=
OS type: Linux
Block size=4096 (log=2)
Fragment size=4096 (log=2)
Stride=0 blocks, Stripe width=0 blocks
65536 inodes, 262144 blocks
13107 blocks (5.00%) reserved for the super user
First data block=0
Maximum filesystem blocks=268435456
8 block groups
32768 blocks per group, 32768 fragments per group
8192 inodes per group
Superblock backups stored on blocks:
    32768, 98304, 163840, 229376

Allocating group tables: done
Writing inode tables: done
Writing superblocks and filesystem accounting information: done

$ sudo mount /dev/vdb2 /data
$ df -h
Filesystem              Size      Used      Available   Use% Mounted on
/dev                    242.3M       0      242.3M      0%    /dev
/dev/vda1               23.2M     18.1M       4.0M     82%    /
tmpfs                   245.8M       0      245.8M      0%    /dev/shm
tmpfs                   200.0K    68.0K     132.0K     34%    /run
/dev/vdb1                2.0G      3.0M       1.9G      0%    /mnt
/dev/vdb2             1007.9M      1.3M     955.4M      0%    /data
```

3.2.8　快照管理

快照可以分为基于实例的快照和基于卷的快照两种类型。实例快照保存在 Glance 中，而卷快照保存在本地存储中。

1．基于实例的快照

首先在当前云主机创建一个 test.txt 文件，并且写入如下内容：

```
$ echo test > test.txt
$ cat test.txt
test
$ ifconfig
eth0      Link encap:Ethernet    HWaddr FA:16:3E:3A:97:08
```

```
          inet addr:192.168.1.110  Bcast:192.168.1.255  Mask:255.255.255.0
          inet6 addr: fe80::f816:3eff:fe3a:9708/64 Scope:Link
          UP BROADCAST RUNNING MULTICAST  MTU:1450  Metric:1
          RX packets:185 errors:0 dropped:0 overruns:0 frame:0
          TX packets:195 errors:0 dropped:0 overruns:0 carrier:0
          collisions:0 txqueuelen:1000
          RX bytes:18949 (18.5 KiB)  TX bytes:19056 (18.6 KiB)

lo        Link encap:Local Loopback
          inet addr:127.0.0.1  Mask:255.0.0.0
          inet6 addr: ::1/128 Scope:Host
          UP LOOPBACK RUNNING  MTU:16436  Metric:1
          RX packets:0 errors:0 dropped:0 overruns:0 frame:0
          TX packets:0 errors:0 dropped:0 overruns:0 carrier:0
          collisions:0 txqueuelen:0
          RX bytes:0 (0.0 B)  TX bytes:0 (0.0 B)
```

然后创建一个实例快照，通过该实例快照启动一个全新的云主机。在实例列表页面，单击实例 test 对应的“创建快照”按钮，如图 3.47 所示。

图3.47 实例列表中创建快照

在弹出的“创建快照”页面，输入快照名称“test-snap”，并单击“创建快照”按钮，如图 3.48 所示。

创建快照

快照名称 *

test-snap

说明：

快照是保存了运行中实例的磁盘状态的镜像。

取消 创建快照

图3.48 创建全新快照

进入“镜像”页面，在列表的最后生成一个新的镜像，其状态可能一直处于排队状态，可通过刷新页面解决。完成效果如图 3.49 所示。

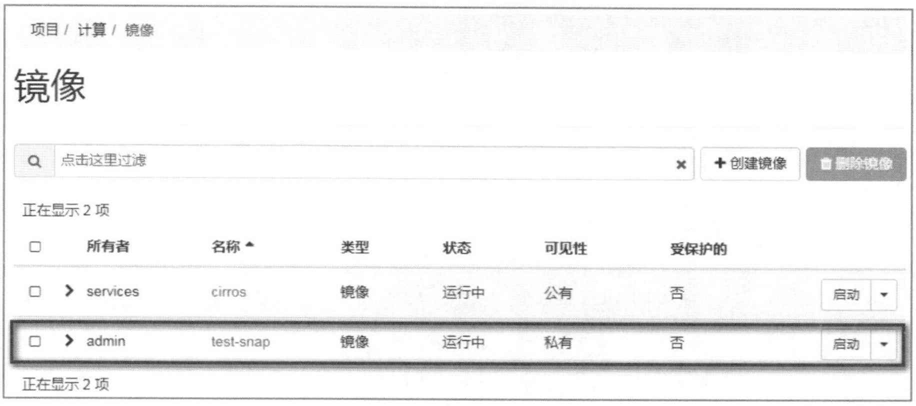

图3.49　查看镜像列表

实例快照创建完成之后，通过该快照可以重新生成云主机。单击镜像后面的“启动”按钮，在弹出的“创建实例”页面，实例名称填写“test01”。在“源”选项卡页面中，从“选择源”下拉列表框中选择“实例快照”，并在下面选择名称为“test-snap”的快照，如图 3.50 所示。其他配置参考前面的步骤。完成后单击“创建实例”按钮。

图3.50　创建实例（一）

创建实例完成后的效果如图 3.51 所示。

图3.51　创建实例（二）

登录 test01 云主机控制台，执行如下命令：

```
$ cat test.txt
test
$ ifconfig
eth0      Link encap:Ethernet   HWaddr FA:16:3E:B1:58:FA
          inet addr:192.168.1.101   Bcast:192.168.1.255   Mask:255.255.255.0
          inet6 addr: fe80::f816:3eff:feb1:58fa/64 Scope:Link
          UP BROADCAST RUNNING MULTICAST   MTU:1450   Metric:1
          RX packets:133 errors:0 dropped:0 overruns:0 frame:0
          TX packets:141 errors:0 dropped:0 overruns:0 carrier:0
          collisions:0 txqueuelen:1000
          RX bytes:15602 (15.2 KiB)   TX bytes:15288 (14.9 KiB)

lo        Link encap:Local Loopback
          inet addr:127.0.0.1   Mask:255.0.0.0
          inet6 addr: ::1/128 Scope:Host
          UP LOOPBACK RUNNING   MTU:16436   Metric:1
          RX packets:0 errors:0 dropped:0 overruns:0 frame:0
          TX packets:0 errors:0 dropped:0 overruns:0 carrier:0
          collisions:0 txqueuelen:0
          RX bytes:0 (0.0 B)   TX bytes:0 (0.0 B)
```

上述命令输出结果显示，通过实例快照创建的云主机 test01 和云主机 test 的配置，除了 IP 地址外，几乎一样。

2. 基于卷的快照

删除之前创建的 test01 云主机，重新创建云主机 test01，此次创建过程中在“源”选项卡页面选择“新建卷”，大小为 1GB。创建完成后在“项目”→“计算”→“卷”页面中出现一个新的卷，实例 test01 将存储在 Cinder 块里，如图 3.52 所示。

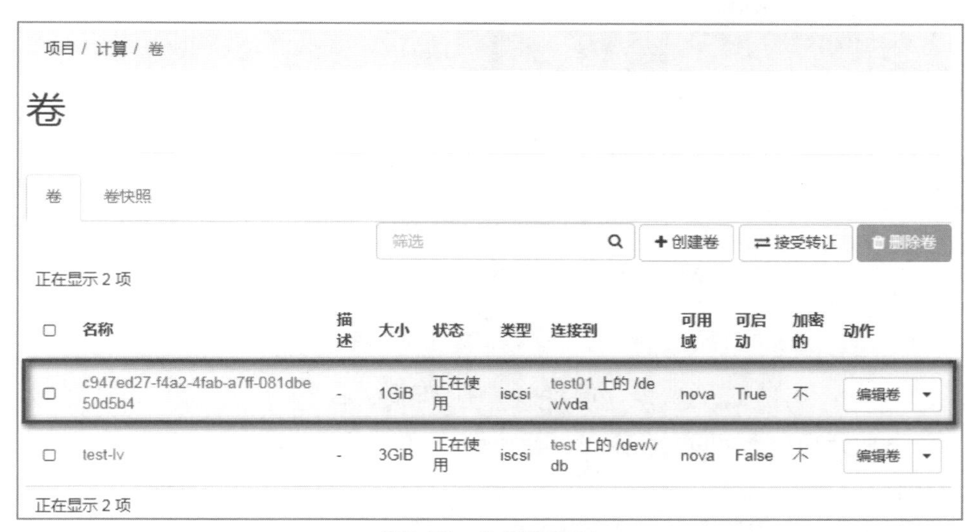

图3.52 查看卷信息

登录 test01 云主机控制台，创建一个 test.txt 文件，写入如下内容：

```
$ echo "test01" > test.txt
$ cat test.txt
test01
```

进入"项目"→"计算"→"卷"页面，对上面的卷做一个快照，名称为"test01-lv-snap"，创建过程中会提示"这个卷已经被连接到某个实例了"。正确的做法是先将卷分离出来，再创建卷快照。因为 test01 云主机是实验环境并且没有应用对卷实时写入文件，所以忽略该提示。直接单击"创建卷快照（强制）"按钮，如图 3.53 所示。

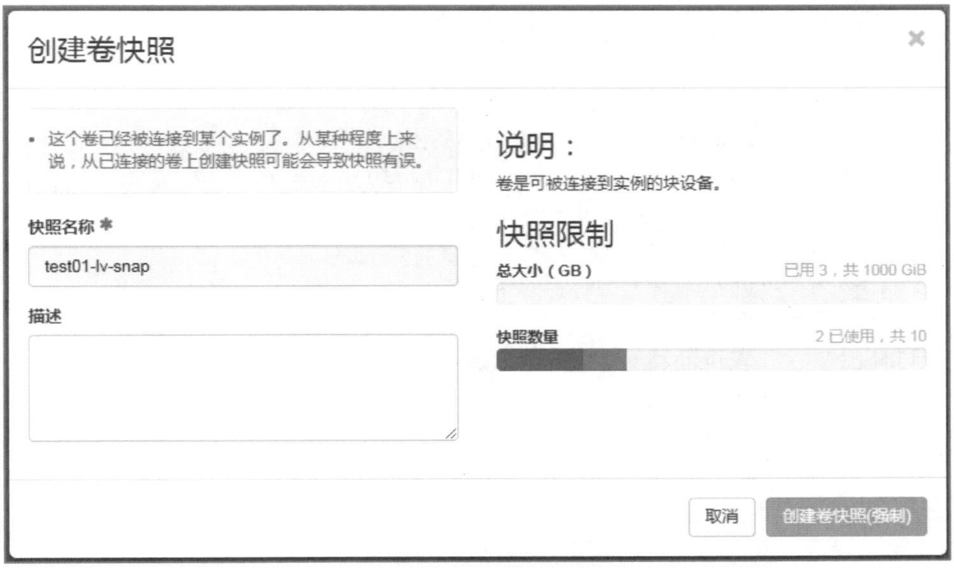

创建卷快照

- 这个卷已经被连接到某个实例了。从某种程度上来说，从已连接的卷上创建快照可能会导致快照有误。

快照名称 *

test01-lv-snap

描述

说明：

卷是可被连接到实例的块设备。

快照限制

总大小（GB） 已用 3，共 1000 GiB

快照数量 2 已使用，共 10

取消 创建卷快照(强制)

图3.53 创建卷快照

在卷列表页面，可以看到创建成功的快照信息，如图 3.54 所示。

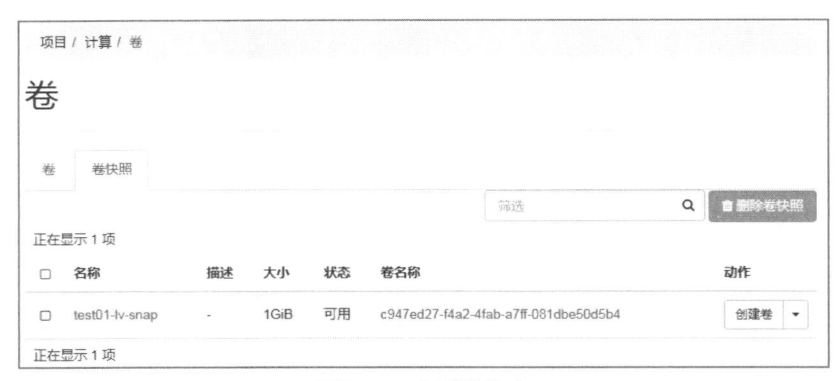

图3.54 查看卷信息

通过卷快照创建云主机 test02，在"源"选项卡页面选择"卷快照"，完成后登录 test02 云主机控制台，执行如下命令：

```
$ cat test.txt
test01
$ ifconfig
eth0      Link encap:Ethernet    HWaddr FA:16:3E:21:4B:0B
          inet addr:192.168.1.112    Bcast:192.168.1.255    Mask:255.255.255.0
          inet6 addr: fe80::f816:3eff:fe21:4b0b/64 Scope:Link
          UP BROADCAST RUNNING MULTICAST    MTU:1450    Metric:1
          RX packets:126 errors:0 dropped:0 overruns:0 frame:0
          TX packets:146 errors:0 dropped:0 overruns:0 carrier:0
          collisions:0 txqueuelen:1000
          RX bytes:16548 (16.1 KiB)    TX bytes:16224 (15.8 KiB)

lo        Link encap:Local Loopback
          inet addr:127.0.0.1    Mask:255.0.0.0
          inet6 addr: ::1/128 Scope:Host
          UP LOOPBACK RUNNING    MTU:16436    Metric:1
          RX packets:0 errors:0 dropped:0 overruns:0 frame:0
          TX packets:0 errors:0 dropped:0 overruns:0 carrier:0
          collisions:0 txqueuelen:0
          RX bytes:0 (0.0 B)    TX bytes:0 (0.0 B)
```

上述命令显示，通过卷快照生成的云主机除了 IP 地址外，和之前的云主机内容完全一致。同时，在卷列表页面将会多出一个 test02 使用的卷，如图 3.55 所示。

无论是实例快照还是卷快照，都可以用来生成全新的云主机。在生产环境中，通常也是通过快照对云主机进行备份或迁移。

3.2.9 创建镜像

本章案例使用的是从官网下载的 CentOS 镜像（CentOS-7-x86_64-GenericCloud-1802.qcow2）。依次打开"管理员"→"系统"→"镜像"选项卡页面，单击"创建镜像"按钮，填写镜像名称，在"文件"位置通过"浏览"按钮选择下载的镜像文件路径，镜像格式选择“QCOW2-QEMU 模拟器”，完成后单击“创建镜像”按钮，如图 3.56 所示。

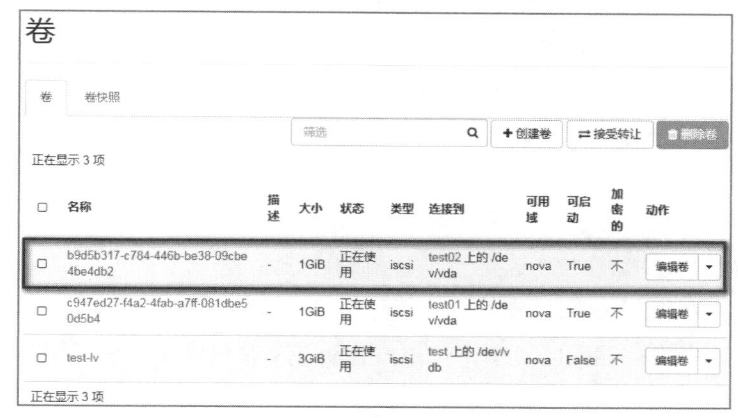

图3.55　查看卷信息

图3.56　创建镜像

创建过程会出现进度条，创建成功页面如图 3.57 所示。

镜像导入成功后，就可以通过该镜像生成基于 CentOS 7 操作系统的云主机了。但要注意，同时要给该镜像选择或创建适合的实例类型，就可以通过密钥对的方式免密码登录基于该镜像的云主机了。可参考 3.2 节中步骤 6 部分操作。

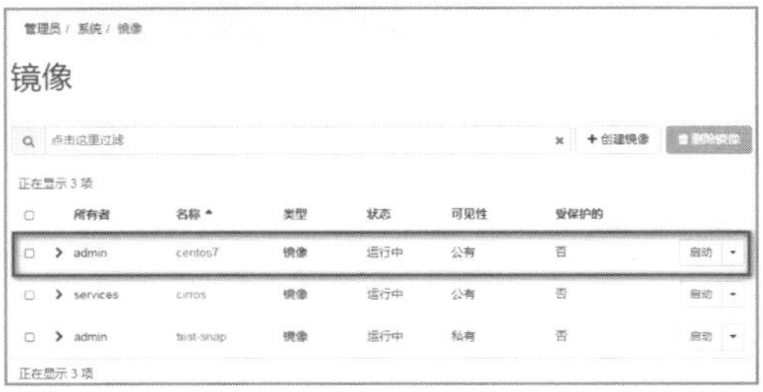

图3.57　创建镜像成功

本章总结

经过本章的学习，读者了解了与云平台管理相关的操作，包括云主机的创建，在Dashboard 中创建网络、路由，分配浮动 IP 地址以及卷和快照的使用等。本章只涵盖了正常的操作流程以及步骤，在实际使用过程中会遇到各种各样的问题，读者需要更多的实践操作来积累自己的云平台管理经验。

本章作业

一、选择题

1．OpenStack 中创建外部网络需要在（　　）操作。

A．“管理员”→“系统”→“网络”　　B．“管理员”→“系统”→“路由”

C．“项目”→“网络”→“网络”　　D．“项目”→“网络”→“路由”

2．OpenStack 中的实例类型的作用是（　　）。

A．限制云主机的操作系统类型　　B．限制云主机的磁盘类型

C．限制云主机资源使用　　D．限制云主机的使用权限

3．下列关于 OpenStack 浮动 IP 地址说法错误的是（　　）。

A．浮动 IP 绑定到云主机，可实现从云外部访问云主机网络

B．浮动 IP 的实现原理是通过 NAT 地址转换实现的

C．浮动 IP 可通过 DHCP 服务分配给云主机

D．浮动 IP 机制为云用户提供了很大的灵活性

二、判断题

1．OpenStack 通过 packstack 一键安装后，在 Dashboard 内默认存在的外部网络可以直接删除。（　　）

2．创建网络时，网关 IP 为空则表示默认使用网络中的最后一个地址。（　　）

3．OpenStack 网络创建后，接着需要创建路由器来实现内部网络和外部网络之间的转发。（　　）

4．packstack 一键部署了 OpenStack 后，默认的实例类型为空，需要手动添加。（　　）

三、简答题

1．简述云主机访问外部网络需要的操作步骤。

2．简述 OpenStack 快照的特点。

3．简述 OpenStack 快照的分类及存储位置。

第 4 章

搭建 OpenStack 多节点的企业私有云平台

技能目标

➢ 掌握搭建 OpenStack 多节点的企业私有云平台

价值目标

搭建 OpenStack 多节点的企业私有云平台是为了避免单节点部署时可能出现的负载过高、效率低下等情况。通过 OpenStack 多节点部署的学习，读者能够在真实生产环境中学习如何处理部署中的问题，切实加强自身的动手能力和解决实际问题的能力。

基于学习和了解 OpenStack 的目的，前面几章介绍的都是 OpenStack 单节点的部署，即所有的服务都运行在一个节点上，这种部署方式在企业中会存在单点故障的风险。本章介绍 OpenStack 多节点部署。

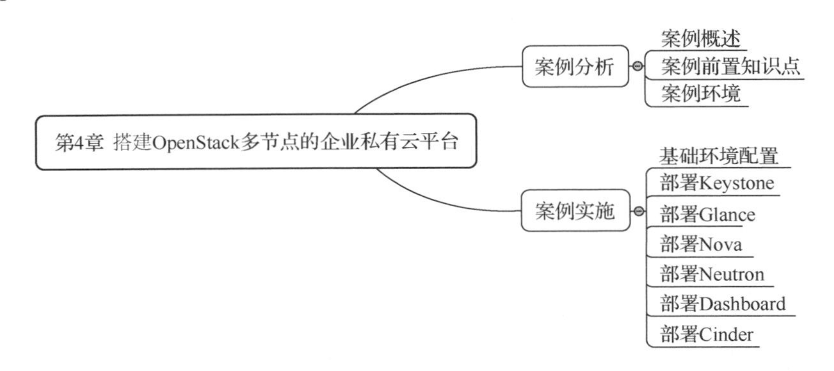

4.1 案例分析

4.1.1 案例概述

在前面几章已经介绍了 OpenStack 的一键安装和工作原理，并详细描述了 OpenStack 各个组件的功能和作用，同时也学习了 OpenStack 管理相关的知识。在部署方案的选择上，除了单节点部署外，还可以选择多节点部署，尤其是在生产环境中。单节点的计算资源远远无法满足企业的真实需求，而 OpenStack 可以通过添加计算节点的方式横向扩展所需的计算资源，也可以将不同的服务部署到多个节点以减轻负载、提高效率。本章案例将围绕 OpenStack 多节点的手工部署，介绍生产环境中的部署方案，由此读者可以更加深入地理解 OpenStack。

4.1.2 案例前置知识点

OpenStack 包含七个核心组件，分别是计算（Compute）、对象存储（Object Storage）、认证（Identity）、用户界面（Dashboard）、块存储（Block Storage）、网络（Neutron）和镜像服务（Image Service）。每个组件都由多个服务组成，并负责指定的功能。每个组件的具体功能如下。

- Compute（项目名称为 Nova）：主要提供虚拟机服务，如创建虚拟机或热迁移虚拟机等。
- Object Storage（项目名称为 Swift）：主要提供分布式存储服务，可以存储无结构数据，允许存储或检索对象。
- Identity（项目名称为 Keystone）：为所有 OpenStack 组件提供身份验证和授权，

跟踪用户的访问权限，提供一个可用服务及 API 列表。

- DashBoard（项目名称为 Horizon）：为所有 OpenStack 的服务提供一个基于 Web 的控制台界面，通过这个界面，运维人员可以对 OpenStack 进行管理。如启动虚拟机、分配 IP 地址以及动态迁移等。
- Block Storage（项目名称为 Cinder）：提供块存储服务，让云主机可以根据需求随时扩展磁盘空间。
- Network（项目名称为 Neutron）：用于提供网络连接服务，具备二层虚拟局域网功能，以隔离内部网络，同时具备路由功能，让云主机访问外部网络。
- Image Service（项目名称为 Glance）：提供虚拟机镜像的存储、查询和检索服务，通过提供一个虚拟磁盘映像的目录和存储库，为 Nova 虚拟机提供镜像服务。

4.1.3　案例环境

1. 案例实验环境

本案例实验环境如表 4-1 所示。注意：控制节点和计算节点需开启 CPU 硬件虚拟化功能。

表 4-1　案例环境

主机	操作系统	IP 地址	主机名	内存	磁盘	用途
服务器	CentOS 7.3	ens33：192.168.9.250 ens37：192.168.16.128	controller	8GB	20GB	控制节点
服务器	CentOS 7.3	ens33：192.168.9.37 ens37：192.168.16.129	compute1	8GB	20GB	计算节点
服务器	CentOS 7.3	ens33：192.168.16.34	block1	4GB	两个磁盘，一个 20GB，一个 40GB	存储节点

2. 案例拓扑

本案例中使用的拓扑如图 4.1 所示。

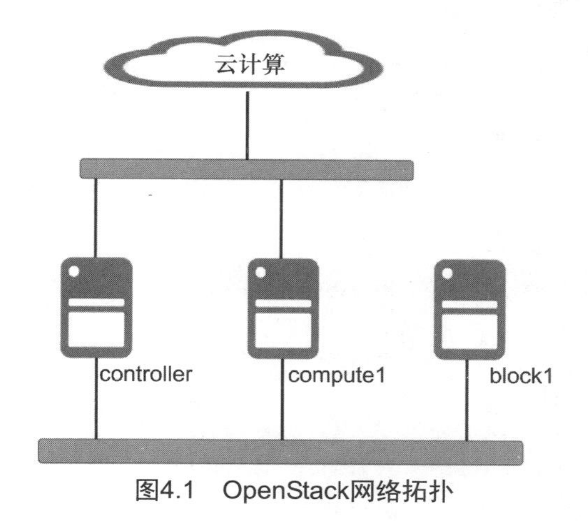

图4.1　OpenStack网络拓扑

3. 安装环境用户名和密码规划

表 4-2 是本案例安装环境中的用户名和密码规划。

表 4-2　安装环境中用户名和密码

类型	用户名	密码
controller 节点数据库管理员用户	root	123456
controller 节点消息队列用户	openstack	openstack
controller 节点身份认证服务数据库用户	keystone	keystone
controller 节点身份认证 default 域中 admin 项目中的用户	admin	123456
controller 节点身份认证 default 域中 demo 项目中的用户	demo	123456
controller 节点镜像服务数据库用户	glance	glance
controller 节点镜像服务 Glance 用户	glance	123456
controller 节点计算服务数据库用户	nova	nova
controller 节点网络服务数据库用户	neutron	neutron
controller 节点网络服务用户	neutron	123456
controller 节点存储服务数据库用户	cinder	cinder

4. 操作系统安装

CentOS 7.3 最小化安装，时区为上海。

安装完操作系统后，管理员可自行规划、配置系统的网络和主机名。

5. 案例需求

实现 OpenStack 多节点部署。

6. 案例实现思路

本案例的实现思路如下所示。

（1）准备 OpenStack 基本环境

（2）部署 OpenStack Keystone 组件

（3）部署 OpenStack Glance 组件

（4）部署 OpenStack Nova 组件

（5）部署 OpenStack Neutron 组件

（6）部署 OpenStack Dashboard 组件

（7）部署 OpenStack Cinder 组件

4.2 案例实施

4.2.1 基础环境配置

1. 配置 YUM 源

所有节点均需要执行以下配置 YUM 源的操作。下面以控制节点为例，执行如下命令：

```
[root@controller ~]# yum clean all
[root@controller ~]# mkdir /etc/yum.repos.d/bak
[root@controller ~]# mv /etc/yum.repos.d/*.repo /etc/yum.repos.d/bak
[root@controller ~]# wget -O /etc/yum.repos.d/CentOS-Base.repo http://mirrors.aliyun.com/repo/Centos-7.repo
[root@controller ~]# wget -O /etc/yum.repos.d/epel.repo http://mirrors.aliyun.com/repo/epel-7.repo
[root@controller ~]# sed -i '/aliyuncs/d' /etc/yum.repos.d/CentOS-Base.repo
[root@controller ~]# sed -i '/aliyuncs/d' /etc/yum.repos.d/epel.repo
[root@controller ~]# sed -i 's/$releasever/7/g' /etc/yum.repos.d/CentOS-Base.repo
[root@controller ~]# vi /etc/yum.repos.d/ceph.repo
[ceph]
name=ceph
baseurl=http://mirrors.163.com/ceph/rpm-jewel/el7/x86_64/
gpgcheck=0
[ceph-noarch]
name=cephnoarch
baseurl=http://mirrors.163.com/ceph/rpm-jewel/el7/noarch/
gpgcheck=0
```

2. 配置名称解析

所有节点均要配置 hosts 文件以实现主机名称解析。下面以控制节点为例，执行如下命令：

```
[root@controller ~]#  vi  /etc/hosts
192.168.16.128 controller
192.168.16.129 compute1
192.168.16.34 block1
```

3. 配置 SSH 免密码认证

所有节点之间都要配置密钥认证，以实现 SSH 免密码验证互联。下面以控制节点为例，执行如下命令：

```
[root@controller ~]# ssh-keygen -t rsa
[root@controller ~]# ssh-copy-id -i controller
[root@controller ~]# ssh-copy-id -i compute1
[root@controller ~]# ssh-copy-id -i block1
```

4. 关闭 Selinux 和 Firewalld

所有节点均要关闭 Selinux 和 Firewalld 功能。下面以控制节点为例，执行如下命令：

```
[root@controller ~]# systemctl stop firewalld.service
[root@controller ~]# systemctl disable firewalld.service
[root@controller ~]# vi /etc/selinux/config //找到 SELINUX 行修改为：
...//省略部分内容
SELINUX=disabled
...//省略部分内容
```

5. 配置时间同步

controller 节点作为时间源服务器，其本身的时间同步自互联网时间服务器。compute1

和 block1 节点的时间从 controller 节点同步。

将 controller 节点配置为时间源服务器的步骤如下。

（1）安装 chrony 组件

执行以下命令安装 chrony 组件。

```
[root@controller ~]# yum install chrony -y
```

（2）修改时间源服务器

在配置文件中，注释掉默认的时间源服务器，添加阿里云时间源服务器。

```
[root@controller ~]# vim /etc/chrony.conf
#server 0.centos.pool.ntp.org iburst
#server 1.centos.pool.ntp.org iburst
#server 2.centos.pool.ntp.org iburst
#server 3.centos.pool.ntp.org iburst
server ntp6.aliyun.com iburst    //添加同步时间源地址
```

在配置文件中，允许其他节点同步 controller 节点的时间。

```
[root@controller ~]# vim /etc/chrony.conf
allow 192.168.16.0/24
```

（3）配置 chronyd 服务

使用 chronyc sources 命令查询时间同步信息。

```
[root@controller ~]# systemctl enable chronyd.service
[root@controller ~]# systemctl restart chronyd.service
[root@controller ~]# chronyc sources
210 Number of sources = 1
MS Name/IP address          Stratum Poll Reach LastRx Last sample
===============================================================================
^* 203.107.6.88                  2   10   377   470   +420us[ +556us] +/-   16ms
```

compute1 和 block1 节点同步 controller 节点时间的操作方法相同。下面以 compute1 节点为例，执行以下操作。

（1）安装 chrony 组件

执行以下命令安装 chrony 组件。

```
[root@compute1 ~]# yum install chrony -y
[root@compute1 ~]# vim /etc/chrony.conf
```

（2）修改时间源服务器的配置文件

在配置文件中，注释掉默认的时间源服务器，添加 controller 节点为时间源服务器。

```
#server 0.centos.pool.ntp.org iburst
#server 1.centos.pool.ntp.org iburst
#server 2.centos.pool.ntp.org iburst
#server 3.centos.pool.ntp.org iburst
server controller iburst
```

（3）配置 chronyd 服务

查询节点时间同步信息，其中“*”代表同步成功。

```
[root@compute1 ~]# systemctl enable chronyd.service
```

```
[root@compute1 ~]# systemctl restart chronyd.service
[root@compute1 ~]# chronyc sources
210 Number of sources = 1
MS Name/IP address         Stratum Poll Reach LastRx Last sample
===============================================================================
^* controller              3   10   377   910   +27us[ +263us] +/-   12ms
```

6. 在 controller 节点和 compute1 节点安装相关软件

在 controller 节点和 compute1 节点安装并修改 OpenStack 的 Ocata 版本的仓库源安装包，同时安装 OpenStack 客户端和 openstack-selinux 安装包。

```
[root@controller ~]# yum install centos-release-openstack-ocata -y
[root@controller ~]# sed -i 's/$contentdir/centos-7/g' /etc/yum.repos.d/CentOS-QEMU-EV.repo
[root@controller ~]# yum upgrade
[root@controller ~]# yum install python-openstackclient -y
[root@controller ~]# yum install openstack-selinux -y
```

7. MySQL 数据库安装配置

在 controller 节点上执行以下操作，安装以及配置 MySQL 数据库。

（1）执行如下命令，安装 MariaDB 数据库。

```
[root@controller ~]# yum install mariadb mariadb-server python2-PyMySQL -y
```

（2）添加 MySQL 配置文件，并增加以下内容。

```
[root@controller ~]# vim /etc/my.cnf.d/openstack.cnf
[mysqld]
bind-address = 192.168.16.128
default-storage-engine = innodb
innodb_file_per_table
collation-server = utf8_general_ci
character-set-server = utf8
```

在 bind-address 中，绑定 controller 节点来管理网络的 IP 地址。

（3）启动 MariaDB 服务，并设置其开机启动。

```
[root@controller ~]# systemctl enable mariadb.service
[root@controller ~]# systemctl start mariadb.service
```

（4）执行 MariaDB 的安全配置脚本，在提示设置 root 密码时，设置密码为 123456。

```
[root@controller ~]# mysql_secure_installation
```

8. RabbitMQ 安装及配置

在 controller 节点上执行以下操作，安装以及配置 RabbitMQ 消息队列服务。

（1）执行如下命令，安装 RabbitMQ 消息队列服务。

```
[root@controller ~]# yum install rabbitmq-server -y
```

（2）配置服务。启动 RabbitMQ 服务，并设置其开机启动。

```
[root@controller ~]# systemctl enable rabbitmq-server.service
[root@controller ~]# systemctl start rabbitmq-server.service
```

（3）创建消息队列用户 openstack，执行以下命令：

```
[root@controller ~]# rabbitmqctl add_user openstack openstack    //密码设置为 openstack
```

```
Creating user "openstack" ...
```

（4）配置 openstack 用户的授权。

下面的命令是配置 openstack 用户的操作权限。

```
[root@controller ~]# rabbitmqctl set_permissions openstack ".*" ".*" ".*"
Setting permissions for user "openstack" in vhost "/" ...
```

9．Memcached 安装配置

在 controller 节点上安装以及配置 Memcached 服务。

（1）执行以下命令安装 Memcached。

```
[root@controller ~]# yum install memcached python-memcached -y
```

（2）执行以下命令修改 Memcached 配置文件。

```
[root@controller ~]# vim /etc/sysconfig/memcached
OPTIONS="-l 127.0.0.1,::1,controller"
```

（3）执行以下命令配置 Memcached 服务。

```
[root@controller ~]# systemctl enable memcached.service
[root@controller ~]# systemctl start memcached.service
```

4.2.2 部署 Keystone

完成基础环境的配置后，应先部署 Keystone 组件，因为它是部署后续组件的基础。只需在 controller 节点上部署 Keystone。

1．创建数据库实例和数据库用户

在 MySQL 中创建数据库 keystone，同时创建数据库用户，并授予权限。

```
[root@controller ~]# mysql -u root -p
MariaDB [(none)]> CREATE DATABASE keystone;
MariaDB [(none)]> GRANT ALL PRIVILEGES ON keystone.* TO 'keystone'@'localhost' IDENTIFIED BY 'keystone';
MariaDB [(none)]> GRANT ALL PRIVILEGES ON keystone.* TO 'keystone'@'controller' IDENTIFIED BY 'keystone';
MariaDB [(none)]> GRANT ALL PRIVILEGES ON keystone.* TO 'keystone'@'%' IDENTIFIED BY 'keystone';
```

2．安装 Keystone 软件包

```
[root@controller ~]# yum install openstack-keystone httpd mod_wsgi -y
```

3．配置 Keystone

编辑 Keystone 配置文件，增加以下配置项。

```
[root@controller ~]# vim /etc/keystone/keystone.conf
[database]
connection = mysql+pymysql://keystone:keystone@controller/keystone
[token]
provider = fernet
```

4．初始化认证服务数据库

```
[root@controller ~]# su -s /bin/sh -c "keystone-manage db_sync" keystone
```

执行上述步骤后，验证 MySQL 中的 Keystone 库是否生成了若干张表。

5. 初始化 Fernet keys

Fernet keys 是用于 API 令牌的安全信息格式。下面是初始化 Fernet keys 的命令：

```
[root@controller ~]# keystone-manage fernet_setup --keystone-user keystone --keystone-group keystone
[root@controller ~]# keystone-manage credential_setup --keystone-user keystone --keystone-group keystone
```

6. 配置 bootstrap 身份认证服务

```
[root@controller ~]# keystone-manage bootstrap --bootstrap-password 123456 --bootstrap-admin-url http://controller:35357/v3/ --bootstrap-internal-url http://controller:5000/v3/ --bootstrap-public-url http://controller:5000/v3/ --bootstrap-region-id RegionOne
```

7. 配置 Apache HTTP 服务器

（1）执行以下命令修改服务器主机名

```
[root@controller ~]# vim /etc/httpd/conf/httpd.conf
ServerName controller
```

（2）执行以下命令创建配置文件

```
[root@controller ~]# ln -s /usr/share/keystone/wsgi-keystone.conf /etc/httpd/conf.d/
```

（3）执行以下命令启动服务并配置开机启动

```
[root@controller ~]# systemctl enable httpd.service
[root@controller ~]# systemctl start httpd.service
```

8. 配置管理员账户的环境变量

```
[root@controller ~]# export OS_USERNAME=admin
[root@controller ~]# export OS_PASSWORD=123456
[root@controller ~]# export OS_PROJECT_NAME=admin
[root@controller ~]# export OS_USER_DOMAIN_NAME=Default
[root@controller ~]# export OS_PROJECT_DOMAIN_NAME=Default
[root@controller ~]# export OS_AUTH_URL=http://controller:35357/v3
[root@controller ~]# export OS_IDENTITY_API_VERSION=3
```

9. 创建 OpenStack 域、项目、用户及角色

```
[root@controller ~]# openstack project create --domain default  --description "Service Project" service    //创建 service 项目
[root@controller ~]# openstack project create --domain default  --description "Demo Project" demo  //创建 demo 项目
//创建 demo 用户，提示输入密码时，输入密码“demo”
[root@controller ~]# openstack user create --domain default  --password-prompt demo
[root@controller ~]# openstack role create user   //创建 user 角色
//添加 demo 用户到 demo 项目和 user 角色
[root@controller ~]# openstack role add --project demo --user demo user
```

10. 验证认证服务

（1）鉴于安全因素，除去临时的令牌认证授权机制。

编辑 /etc/keystone/keystone-paste.ini 配置文件，将 [pipeline:public_api]、pipeline:

admin_api]和[pipeline:api_v3]中的 admin_token_auth 值删除。

（2）执行以下命令取消临时环境变量。

```
[root@controller ~]# unset OS_AUTH_URL OS_PASSWORD
```

（3）执行以下命令以 admin 用户身份请求令牌。

```
[root@controller ~]# openstack --os-auth-url http://controller:35357/v3 --os-project-domain-name default --os-user-domain-name default --os-project-name admin --os-username admin token issue
```

当提示输入密码时，输入管理员密码，如“123456”。

（4）执行以下命令以 demo 用户身份请求令牌。

```
[root@controller ~]# openstack --os-auth-url http://controller:5000/v3 \ --os-project-domain-name default --os-user-domain-name default \ --os-project-name demo --os-username demo token issue
```

当提示输入密码时，输入 demo 用户密码“demo”。

（5）创建环境脚本。

① 创建 admin 用户环境脚本，命令如下：

```
[root@controller ~]# vim admin-openrc
export OS_PROJECT_DOMAIN_NAME=Default
export OS_USER_DOMAIN_NAME=Default
export OS_PROJECT_NAME=admin
export OS_USERNAME=admin
export OS_PASSWORD=123456
export OS_AUTH_URL=http://controller:35357/v3
export OS_IDENTITY_API_VERSION=3
export OS_IMAGE_API_VERSION=2
```

② 创建 demo 用户环境脚本，命令如下：

```
[root@controller ~]# vim demo-openrc
export OS_PROJECT_DOMAIN_NAME=Default
export OS_USER_DOMAIN_NAME=Default
export OS_PROJECT_NAME=demo
export OS_USERNAME=demo
export OS_PASSWORD=123456
export OS_AUTH_URL=http://controller:5000/v3
export OS_IDENTITY_API_VERSION=3
export OS_IMAGE_API_VERSION=2
```

③ 给环境脚本增加可执行权限，命令如下：

```
[root@controller ~]#  chmod +x admin-openrc
[root@controller ~]#  chmod +x demo-openrc
```

（6）验证管理员 admin 环境脚本。

① 执行管理员 admin 的环境脚本，命令如下：

```
[root@controller ~]# . admin-openrc
```

② 基于脚本中的环境变量，直接请求令牌，命令如下：

```
[root@controller ~]# openstack token issue
```

4.2.3 部署 Glance

1. 创建 glance 数据库、用户和表

登录 MySQL 客户端，创建数据库和用户，并授予相应的数据库权限。

```
[root@controller ~]# mysql -u root -p
MariaDB [(none)]> CREATE DATABASE glance;
MariaDB [(none)]> GRANT ALL PRIVILEGES ON glance.* TO 'glance'@'%' IDENTIFIED BY 'glance';
MariaDB [(none)]> GRANT ALL PRIVILEGES ON glance.* TO 'glance'@'controller' IDENTIFIED BY 'glance';
MariaDB [(none)]> GRANT ALL PRIVILEGES ON glance.* TO 'glance'@'localhost' IDENTIFIED BY 'glance';
```

2. 创建 OpenStack 中的 Glance 用户

创建用户前，首先执行管理员环境变量脚本。

```
[root@controller ~]#  . admin-openrc
[root@controller ~]# openstack user create --domain default --password-prompt glance
User Password:      //输入密码“123456”。
[root@controller ~]# openstack role add --project service --user glance admin
[root@controller ~]# openstack service create --name glance --description "OpenStack Image" image
```

3. 创建镜像服务 API 端点

```
[root@controller ~]# openstack endpoint create --region RegionOne image publichttp://controller:9292
[root@controller ~]# openstack endpoint create --region RegionOne image internalhttp://controller:9292
[root@controller ~]# openstack endpoint create --region RegionOne image adminhttp://controller:9292
```

4. 安装 Glance 包

执行以下命令，安装 Glance 软件包。

```
[root@controller ~]# yum install openstack-glance -y
```

5. 配置/etc/glance/glance-api.conf 文件

在配置文件的相关位置增加以下配置。

```
[root@controller ~]# vim /etc/glance/glance-api.conf
[database]
connection = mysql+pymysql://glance:glance@controller/glance
[keystone_authtoken]
auth_uri = http://controller:5000
auth_url = http://controller:35357
memcached_servers = controller:11211
auth_type = password
project_domain_name = default
user_domain_name = default
project_name = service
```

```
username = glance
password = 123456
[paste_deploy]
flavor = keystone
[glance_store]
stores = file,http
default_store = file
filesystem_store_datadir = /var/lib/glance/images/
```

6. 配置/etc/glance/glance-registry.conf 文件

在配置文件中对应的位置增加以下内容。

```
[root@controller ~]# vim /etc/glance/glance-registry.conf
[database]
connection = mysql+pymysql://glance:glance@controller/glance
[keystone_authtoken]
auth_uri = http://controller:5000
auth_url = http://controller:35357
memcached_servers = controller:11211
auth_type = password
project_domain_name = default
user_domain_name = default
project_name = service
username = glance
password = 123456
[paste_deploy]
flavor = keystone
```

7. 初始化 glance 数据库

```
[root@controller ~]# su -s /bin/sh -c "glance-manage db_sync" glance
```

注意

上述命令执行后，请验证 MySQL 的 Glance 库里是否生成了若干张表。

8. 配置 Glance 相关服务

配置 Glance 相关服务，并设置开机启动。

```
[root@controller ~]# systemctl enable openstack-glance-api.service
[root@controller ~]# systemctl enable openstack-glance-registry.service
[root@controller ~]# systemctl start openstack-glance-api.service
[root@controller ~]# systemctl start openstack-glance-registry.service
```

9. 验证操作

执行 admin 环境变量脚本，从互联网下载测试镜像“cirros”并导入 Glance，最后查看是否创建成功。

```
[root@controller ~]#  .admin-openrc
[root@controller ~]#wget
http://download.cirros-cloud.net/0.3.5/cirros-0.3.5-x86_64-disk.img
[root@controller ~]# openstack image create "cirros" --file cirros-0.3.5-x86_64-disk.img --disk-format qcow2 --container-format bare --public
[root@controller ~]#  openstack image list
+--------------------------------------------------+--------+--------+
| ID | Name | Status |
+--------------------------------------------------+--------+--------+
| 38047887-61a7-41ea-9b49-27987d5e8bb9 | cirros | active |
+--------------------------------------------------+--------+--------+
```

4.2.4　部署 Nova

在 controller 节点执行以下操作。

（1）创建 nova 相关数据库，并执行授权操作。

```
[root@controller ~]# mysql -uroot -p123456
MariaDB [(none)]> CREATE DATABASE nova_api;
MariaDB [(none)]> CREATE DATABASE nova;
MariaDB [(none)]> CREATE DATABASE nova_cell0;
MariaDB [(none)]> GRANT ALL PRIVILEGES ON nova_api.* TO 'nova'@'localhost'  IDENTIFIED BY 'nova';
MariaDB [(none)]> GRANT ALL PRIVILEGES ON nova_api.* TO 'nova'@'controller'  IDENTIFIED BY 'nova';
MariaDB [(none)]> GRANT ALL PRIVILEGES ON nova_api.* TO 'nova'@'%'
IDENTIFIED BY 'nova';
MariaDB [(none)]> GRANT ALL PRIVILEGES ON nova.* TO 'nova'@'localhost' IDENTIFIED BY 'nova';
MariaDB [(none)]> GRANT ALL PRIVILEGES ON nova.* TO 'nova'@'controller'  IDENTIFIED BY 'nova';
MariaDB [(none)]> GRANT ALL PRIVILEGES ON nova.* TO 'nova'@'%'  IDENTIFIED BY 'nova';
MariaDB [(none)]> GRANT ALL PRIVILEGES ON nova_cell0.* TO 'nova'@'localhost' IDENTIFIED BY 'nova';
MariaDB [(none)]> GRANT ALL PRIVILEGES ON nova_cell0.* TO 'nova'@'controller' IDENTIFIED BY 'nova';
MariaDB [(none)]> GRANT ALL PRIVILEGES ON nova_cell0.* TO 'nova'@'%' IDENTIFIED BY 'nova';
```

（2）创建 OpenStack 服务凭据。

① 执行管理员环境变量脚本，创建用户。命令如下：

```
[root@controller ~]# . admin-openrc
[root@controller ~]# openstack user create --domain default --password-prompt nova
User Password:      //输入密码“123456”。
```

② 添加 nova 用户到 admin 角色。命令如下：

```
[root@controller ~]# openstack role add --project service --user nova admin
```

③ 创建 Nova 服务实体。命令如下：

[root@controller ~]# openstack service create --name nova --description "OpenStack Compute" compute

（3）执行以下命令创建计算服务的 API 端点。

[root@controller ~]# openstack endpoint create --region RegionOne compute public http://controller:8774/v2.1/%\(tenant_id\)s

[root@controller ~]# openstack endpoint create --region RegionOne compute internal http://controller:8774/v2.1/%\(tenant_id\)s

[root@controller ~]# openstack endpoint create --region RegionOne compute admin http://controller:8774/v2.1/%\(tenant_id\)s

（4）执行以下命令创建 placement 服务用户和 API 实体。

[root@controller ~]# openstack user create --domain default --password-prompt placement

//输入密码"123456"

[root@controller ~]# openstack role add --project service --user placement admin

[root@controller ~]# openstack service create --name placement --description "Placement API" placement

[root@controller ~]# openstack endpoint create --region RegionOne placement public http://controller:8778

[root@controller ~]# openstack endpoint create --region RegionOne placement internal http://controller:8778

[root@controller ~]# openstack endpoint create --region RegionOne placement admin http://controller:8778

（5）执行以下命令安装软件包。

[root@controller ~]# yum install openstack-nova-api openstack-nova-conductor openstack-nova-console openstack-nova-novncproxy openstack-nova-scheduler openstack-nova-placement -api

（6）修改 Nova 配置文件。

根据下面的内容修改 nova.conf 配置文件。

```
[root@controller ~]# vim /etc/nova/nova.conf
[DEFAULT]
enabled_apis = osapi_compute,metadata
transport_url = rabbit://openstack:openstack@controller
my_ip = 192.168.16.128
use_neutron = true
firewall_driver = nova.virt.firewall.NoopFirewallDriver
[api_database]
connection = mysql+pymysql://nova:nova@controller/nova_api
[database]
connection = mysql+pymysql://nova:nova@controller/nova
[api]
auth_strategy = keystone
[keystone_authtoken]
auth_uri = http://controller:5000
auth_url = http://controller:35357
```

```
memcached_servers = controller:11211
auth_type = password
project_domain_name = default
user_domain_name = default
project_name = service
username = nova
password = 123456
[vnc]
enabled = true
vncserver_listen = $my_ip
vncserver_proxyclient_address = $my_ip
[glance]
api_servers = http://controller:9292
[oslo_concurrency]
lock_path = /var/lib/nova/tmp
[placement]
os_region_name = RegionOne
project_domain_name = Default
project_name = service
auth_type = password
user_domain_name = Default
auth_url = http://controller:35357/v3
username = placement
password = 123456
```

根据下面的内容修改 00-nova-placement-api.conf 配置文件。

```
[root@controller ～]#vim /etc/httpd/conf.d/00-nova-placement-api.conf
//在最后加上如下内容
<Directory /usr/bin>
<IfVersion >= 2.4>
Require all granted
</IfVersion>
<IfVersion < 2.4>
Order allow,deny
Allow from all
</IfVersion>
</Directory>
```

修改完配置文件后，重新启动 apache 服务。

```
[root@controller ～]# systemctl restart httpd
```

（7）执行以下命令初始化 Nova 相关数据库。

```
[root@controller ～]# su -s /bin/sh -c "nova-manage api_db sync" nova
[root@controller ～]# su -s /bin/sh -c "nova-manage cell_v2 map_cell0" nova
[root@controller ～]# su -s /bin/sh -c "nova-manage cell_v2 create_cell --name=cell1 --verbose" nova
[root@controller ～]# su -s /bin/sh -c "nova-manage db sync" nova
[root@controller ～]#   nova-manage cell_v2 list_cells //验证 cell0 和 cell1 是否注册
```

```
+-------+--------------------------------------------------+
| Name | UUID |
+-------+--------------------------------------------------+
| cell1 | 109e1d4b-536a-40d0-83c6-5f121b82b650  |
| cell0 | 00000000-0000-0000-0000-000000000000 |
+-------+--------------------------------------------------+
```

（8）启动 Nova 服务并配置开机启动。

```
[root@controller ~]# systemctl enable openstack-nova-api.service openstack-nova-consoleauth.service openstack-nova-scheduler.service openstack-nova-conductor.service openstack-nova-novncproxy.service
[root@controller ~]# systemctl start openstack-nova-api.service openstack-nova-consoleauth.service openstack-nova-scheduler.service openstack-nova-conductor.service openstack-nova-novncproxy.service
```

配置完 controller 节点后，下面开始部署 compute1 节点。

（1）在计算节点安装软件包并修改配置文件。命令如下：

```
[root@compute1 ~]# yum install openstack-nova-compute -y
//根据以下内容修改配置文件
[root@compute1 ~]# vim /etc/nova/nova.conf
[DEFAULT]
enabled_apis = osapi_compute,metadata
transport_url = rabbit://openstack:openstack@controller
my_ip = 192.168.16.129
use_neutron = true
firewall_driver = nova.virt.firewall.NoopFirewallDriver
[api]
auth_strategy = keystone
[keystone_authtoken]
auth_uri = http://controller:5000
auth_url = http://controller:35357
memcached_servers = controller:11211
auth_type = password
project_domain_name = default
user_domain_name = default
project_name = service
username = nova
password = 123456
[vnc]
enabled = true
vncserver_listen = 0.0.0.0
vncserver_proxyclient_address = $my_ip
novncproxy_base_url = http://controller:6080/vnc_auto.html
[glance]
api_servers = http://controller:9292
[oslo_concurrency]
lock_path = /var/lib/nova/tmp
[placement]
```

```
os_region_name = RegionOne
project_domain_name = Default
project_name = service
auth_type = password
user_domain_name = Default
auth_url = http://controller:35357/v3
username = placement
password = 123456
```

（2）判断计算机是否支持虚拟机硬件加速。命令如下：

```
[root@compute1 ~]# egrep -c '(vmx|svm)' /proc/cpuinfo
```

上述命令输出结果如果为 0，表示不支持硬件加速，需要修改配置文件中[libvirt]部分的 virt_type 选项为 qemu；如果输出结果为 1 或者大于 1 的数字，表示支持硬件加速，需要修改[libvirt]部分的 virt_type 选项为 kvm。

```
[root@compute1 ~]# vim /etc/nova/nova.conf
[libvirt]
virt_type = kvm
```

（3）开启计算服务并配置开机启动。命令如下：

```
[root@compute1 ~]# systemctl enable libvirtd.service openstack-nova-compute.service
[root@compute1 ~]# systemctl start libvirtd.service openstack-nova-compute.service
```

注意

当存在多个计算节点，并通过 scp 命令将 compute1 的配置文件复制到其他计算节点时，如果发现无法启动服务，且错误为“Failed to open some config files:/etc/nova/nova.conf”，那么主要原因会是配置文件权限错误，需修改 nova.conf 文件的属主和属组为 root。

返回到 controller 节点并执行以下操作。

（1）添加计算节点到 cell 数据库。命令如下：

```
[root@controller ~]# . admin-openrc              //运行 admin 的环境变量脚本
[root@controller ~]# openstack hypervisor list //确保计算节点在数据库中
+----+------------------------+--------------------+------------+-------+
| ID | Hypervisor Hostname | Hypervisor Type | Host IP | State |
+----+------------------------+--------------------+------------+-------+
| 1 | compute1 | QEMU | 192.168.16.129    | up |
+----+------------------------+--------------------+------------+-------+
//通过以下命令发现计算主机
[root@controller ~]# su -s /bin/sh -c "nova-manage cell_v2 discover_hosts --verbose" nova
Found 2 cell mappings.
Skipping cell0 since it does not contain hosts.
Getting compute nodes from cell 'cell1': ad5a5985-a719-4567-98d8-8d148aaae4bc
Found 1 computes in cell: ad5a5985-a719-4567-98d8-8d148aaae4bc
```

```
Checking host mapping for compute host 'compute1': fe58ddc1-1d65-4f87-9456-bc040dc106b3
Creating host mapping for compute host 'compute1': fe58ddc1-1d65-4f87-9456-bc040dc106b3
```

（2）验证计算服务。命令如下：

```
[root@controller ~]# openstack compute service list      //列出当前的服务组件
+---+---------------------+---------------+------------+---------+-------
| ID | Binary    | Host      | Zone        | Status    | State | Updated At
+---+---------------------+---------------+------------+---------+-------
|   1 | nova-conductor      | controller | internal | enabled | up       | 2018-07-20T09:30:19.000000 |
|   2 | nova-consoleauth | controller | internal | enabled | up       | 2018-07-20T09:30:11.000000 |
|   3 | nova-scheduler      | controller | internal | enabled | up       | 2018-07-20T09:30:20.000000 |
|   6 | nova-compute          | compute1      | nova         | enabled | up       | 2018-07-20T09:30:10.000000 |
+---+---------------------+---------------+------------+---------+-------
[root@controller ~]# nova-status upgrade check
+---------------------------------+
| Upgrade Check Results           |
+---------------------------------+
| Check: Cells v2                 |
| Result: 成功                    |
| Details: None                   |
+---------------------------------+
| Check: Placement API            |
| Result: 成功                    |
| Details: None                   |
+---------------------------------+
| Check: Resource Providers       |
| Result: 成功                    |
| Details: None                   |
+---------------------------------+
```

4.2.5 部署 Neutron

在 controller 节点执行以下操作。

（1）创建数据库 neutron，并授予用户权限。命令如下：

```
[root@controller ~]# mysql -u root -p
MariaDB [(none)]> CREATE DATABASE neutron;
MariaDB [(none)]> GRANT ALL PRIVILEGES ON neutron.* TO 'neutron'@'localhost' IDENTIFIED BY 'neutron';
MariaDB [(none)]> GRANT ALL PRIVILEGES ON neutron.* TO 'neutron'@'controller' IDENTIFIED BY 'neutronS';
MariaDB [(none)]> GRANT ALL PRIVILEGES ON neutron.* TO 'neutron'@'%' IDENTIFIED BY 'neutron';
```

（2）创建 Neutron 用户，并加入 admin 角色。命令如下：

```
[root@controller ~]#  . admin-openrc
[root@controller ~]# openstack user create --domain default --password-prompt neutron
Password:（123456） Repeat User Password:
[root@controller ~]# openstack role add --project service --user neutron admin
```

（3）创建 Neutron 服务实体及 API 端点。命令如下：

```
[root@controller ~]# openstack service create --name neutron --description "OpenStack Networking" network
[root@controller ~]# openstack endpoint create --region RegionOne network public http://controller:9696
[root@controller ~]# openstack endpoint create --region RegionOne network internal http://controller:9696
[root@controller ~]# openstack endpoint create --region RegionOne network admin http://controller:9696
```

（4）安装 Neutron 组件。命令如下：

```
[root@controller ~]# yum install openstack-neutron openstack-neutron-ml2 openstack-neutron-linuxbridge ebtables -y
```

（5）根据下面的内容配置 Neutron 配置文件。命令如下：

```
[root@controller ~]# vim /etc/neutron/neutron.conf
[database]
connection = mysql+pymysql://neutron:neutron@controller/neutron
[DEFAULT]
core_plugin = ml2
service_plugins = router
allow_overlapping_ips = true
transport_url = rabbit://openstack:openstack@controller
auth_strategy = keystone
notify_nova_on_port_status_changes = true
notify_nova_on_port_data_changes = true
[keystone_authtoken]
auth_uri = http://controller:5000
auth_url = http://controller:35357
memcached_servers = controller:11211
auth_type = password
project_domain_name = default
user_domain_name = default
project_name = service
username = neutron
password = 123456
[nova]
auth_url = http://controller:35357
auth_type = password
project_domain_name = default
```

```
user_domain_name = default
region_name = RegionOne
project_name = service
username = nova
password = 123456
[oslo_concurrency]
lock_path = /var/lib/neutron/tmp
[root@controller ~]# vim /etc/neutron/plugins/ml2/ml2_conf.ini
[ml2]
type_drivers = flat,vlan,vxlan
tenant_network_types = vxlan
mechanism_drivers = linuxbridge,l2population
extension_drivers = port_security
[ml2_type_flat]
flat_networks = provider
[ml2_type_vxlan]
vni_ranges = 1:1000
[securitygroup]
enable_ipset = true
[root@controller ~]#  vim /etc/neutron/plugins/ml2/linuxbridge_agent.ini
[linux_bridge]
physical_interface_mappings = provider:ens33    //指定连接外部网络的宿主机网卡名称
[vxlan]
enable_vxlan = true
local_ip = 192.168.16.128   //指定 controller 节点管理网段网卡 IP 地址
l2_population = true
[securitygroup]
enable_security_group = true
firewall_driver = neutron.agent.linux.iptables_firewall.IptablesFirewallDriver
[root@controller ~]#  vim /etc/neutron/l3_agent.ini
[DEFAULT]
interface_driver = linuxbridge
[root@controller ~]# vim   /etc/neutron/dhcp_agent.ini
[DEFAULT]
interface_driver = linuxbridge
dhcp_driver = neutron.agent.linux.dhcp.Dnsmasq
enable_isolated_metadata = true
[root@controller ~]#  vim /etc/neutron/metadata_agent.ini
[DEFAULT]
nova_metadata_ip = controller
metadata_proxy_shared_secret = METADATA_SECRET
[root@controller ~]# vim /etc/nova/nova.conf
[neutron]
```

```
url = http://controller:9696
auth_url = http://controller:35357
auth_type = password
project_domain_name = default
user_domain_name = default
region_name = RegionOne
project_name = service
username = neutron
password = 123456
service_metadata_proxy = true
metadata_proxy_shared_secret = METADATA_SECRET
```

（6）创建 ML2 插件文件符号链接。命令如下：

```
[root@controller ~]# ln -s /etc/neutron/plugins/ml2/ml2_conf.ini /etc/neutron/plugin.ini
```

（7）同步数据库。命令如下：

```
[root@controller ~]# su -s /bin/sh -c "neutron-db-manage --config-file /etc/neutron/neutron.conf --config-file /etc/neutron/plugins/ml2/ml2_conf.ini upgrade head" neutron
```

（8）重启计算 API 服务。命令如下：

```
[root@controller ~]# systemctl restart openstack-nova-api.service
```

（9）开启 Neutron 相关服务并配置开机启动。命令如下：

```
[root@controller ~]# systemctl enable neutron-server.service neutron-linuxbridge-agent.service neutron-dhcp-agent.service neutron-metadata-agent.service neutron-l3-agent.service
[root@controller ~]# systemctl start neutron-server.service neutron-linuxbridge-agent.service neutron-dhcp-agent.service neutron-metadata-agent.service neutron-l3-agent.service
```

在 compute1 节点执行以下操作。

（1）安装所需的 Neutron 软件。命令如下：

```
[root@compute1 ~]# yum install openstack-neutron-linuxbridge ebtables ipset -y
```

（2）配置 Neutron 配置文件。命令如下：

```
[root@compute1 ~]# vim /etc/neutron/neutron.conf
[DEFAULT]
transport_url = rabbit://openstack:openstack@controller
auth_strategy = keystone
[keystone_authtoken]
auth_uri = http://controller:5000
auth_url = http://controller:35357
memcached_servers = controller:11211
auth_type = password
project_domain_name = default
user_domain_name = default
project_name = service
username = neutron
password = 123456
[oslo_concurrency]
```

```
lock_path = /var/lib/neutron/tmp
[root@compute1 ~]# vim /etc/neutron/plugins/ml2/linuxbridge_agent.ini
[linux_bridge]
physical_interface_mappings = provider:ens33
[vxlan]
enable_vxlan = true
local_ip = 192.168.16.129
l2_population = true
[securitygroup]
enable_security_group = true
firewall_driver = neutron.agent.linux.iptables_firewall.IptablesFirewallDriver
[root@compute1 ~]# vim /etc/nova/nova.conf
[neutron]
url = http://controller:9696
auth_url = http://controller:35357
auth_type = password
project_domain_name = default
user_domain_name = default
region_name = RegionOne
project_name = service
username = neutron
password = 123456
```

（3）重启 openstack-nova-compute 服务，配置网络服务。命令如下：

```
[root@compute1 ~]# systemctl restart openstack-nova-compute.service
[root@compute1 ~]# systemctl enable neutron-linuxbridge-agent.service
[root@compute1 ~]# systemctl start neutron-linuxbridge-agent.service
```

（4）执行以下操作，验证 Neutron 组件服务。

```
[root@controller ~]# . admin-openrc
[root@controller ~]# openstack extension list --network
[root@controller ~]# openstack network agent list
```

4.2.6 部署 Dashboard

以下操作在 controller 节点执行。

1. 安装 Dashboard 软件包

执行以下命令安装 Dashboard 软件包。

```
[root@controller ~]# yum install openstack-dashboard -y
```

2. 修改 Dashboard 配置文件

根据以下内容修改 local_settings 文件。

```
[root@controller ~]# vim /etc/openstack-dashboard/local_settings
OPENSTACK_HOST = "controller"
ALLOWED_HOSTS = ['*']
SESSION_ENGINE = 'django.contrib.sessions.backends.cache'
```

```
CACHES = {
'default': {
'BACKEND': 'django.core.cache.backends.memcached.MemcachedCache',
'LOCATION': 'controller:11211',
}
}
OPENSTACK_KEYSTONE_URL = "http://%s:5000/v3" % OPENSTACK_HOST
OPENSTACK_KEYSTONE_MULTIDOMAIN_SUPPORT = True
   OPENSTACK_API_VERSIONS = {
"identity": 3,
"image": 2,
"volume": 2,
}
   OPENSTACK_KEYSTONE_DEFAULT_DOMAIN = “default”
   OPENSTACK_KEYSTONE_DEFAULT_ROLE = “user”
OPENSTACK_NEUTRON_NETWORK = {'enable_router': False,
'enable_quotas': False,
'enable_distributed_router': False,
'enable_ha_router': False,
'enable_lb': False,
'enable_firewall': False,
'enable_vpn': False,
'enable_fip_topology_check': False,
}
TIME_ZONE = “UTC”
```

3. 调整 Apache 配置

为了防止服务器内部 500 错误，需要增加以下配置。

```
vim /etc/httpd/conf.d/openstack-dashboard.conf
WSGIApplicationGroup %{Global}   #增加该行配置
```

4. 重启服务

重启 apache 服务和 memcached 服务。

```
[root@controller ~]# systemctl restart httpd.service memcached.service
```

5. 验证操作

打开浏览器，在地址栏中输入“http://192.168.9.250/dashboard”，进入 Dashboard 登录页面。在登录页面依次填写域：default、用户名：admin、密码：123456。完成后，单击“连接”按钮，页面效果如图 4.2 所示。

4.2.7 部署 Cinder

在 controller 节点执行以下操作。

（1）在 MySQL 中，创建 cinder 数据库，并授予用户权限。命令如下：

```
[root@controller ~]# mysql -uroot -p123456
MariaDB [(none)]> CREATE DATABASE cinder;
MariaDB [(none)]> GRANT ALL PRIVILEGES ON cinder.* TO 'cinder'@'localhost'  IDENTIFIED
```

BY 'cinder';

MariaDB [(none)]> GRANT ALL PRIVILEGES ON cinder.* TO 'cinder'@'controller' IDENTIFIED BY 'cinder';

MariaDB [(none)]> GRANT ALL PRIVILEGES ON cinder.* TO 'cinder'@'%' IDENTIFIED BY 'cinder';

图4.2 Dashboard登录页面

（2）创建 Cinder 服务凭据。命令如下：

[root@controller ～]# . admin-openrc

[root@controller ～]# openstack user create --domain default --password-prompt cinder

User Password: //输入密码“12345”

//配置 OpenStack 中的 cinder 用户。

[root@controller ～]# openstack role add --project service --user cinder admin

[root@controller ～]# openstack service create --name cinderv2 --description "OpenStack Block Storage" volumev2

[root@controller ～]# openstack service create --name cinderv3 --description "OpenStack Block Storage" volumev3

//创建 Cinder 服务的 API 端点

[root@controller ～]# openstack endpoint create --region RegionOne volumev2 public http://controller:8776/v2/%\(project_id\)s

[root@controller ～]# openstack endpoint create --region RegionOne volumev2 internal http://controller:8776/v2/%\(project_id\)s

[root@controller ～]# openstack endpoint create --region RegionOne volumev2 admin http://controller:8776/v2/%\(project_id\)s

[root@controller ~]# openstack endpoint create --region RegionOne volumev3 public http://controller:8776/v3/%\(project_id\)s

[root@controller ~]# openstack endpoint create --region RegionOne volumev3 internal http://controller:8776/v3/%\(project_id\)s

[root@controller ~]# openstack endpoint create --region RegionOne volumev3 admin http://controller:8776/v3/%\(project_id\)s

（3）安装 Cinder 相关软件包。命令如下：

```
[root@controller ~]# yum install openstack-cinder -y
```

（4）配置 Cinder。命令如下：

```
[root@controller ~]# vim /etc/cinder/cinder.conf
[database]
connection = mysql+pymysql://cinder:cinder@controller/cinder
[DEFAULT]
transport_url = rabbit://openstack:openstack@controller
auth_strategy = keystone
my_ip   = 192.168.16.128
[keystone_authtoken]
auth_uri = http://controller:5000
auth_url = http://controller:35357
memcached_servers = controller:11211
auth_type = password
project_domain_name = default
user_domain_name = default
project_name = service
username = cinder
password = 123456
[oslo_concurrency]
lock_path = /var/lib/cinder/tmp
```

（5）同步 cinder 数据库。命令如下：

```
[root@controller ~]# su -s /bin/sh -c "cinder-manage db sync" cinder
```

（6）修改 Nova 配置文件，并重启服务。命令如下：

```
[root@controller ~]# vim /etc/nova/nova.conf
[cinder]
os_region_name = RegionOne
[root@controller ~]# systemctl restart openstack-nova-api.service
```

（7）配置 Cinder 服务。命令如下：

```
[root@controller ~]# systemctl enable openstack-cinder-api.service openstack-cinder-scheduler.service
[root@controller ~]# systemctl start openstack-cinder-api.service openstack-cinder-scheduler.service
```

在 block1 节点执行以下操作。

（1）配置基础环境。配置 block1 节点的 YUM 源，安装 Cinder 相关软件并配置 LVM 服务。命令如下：

```
[root@block1 ~]# yum install centos-release-openstack-ocata –y
```

```
[root@block1 ~]# sed -i 's/$contentdir/centos-7/g' /etc/yum.repos.d/CentOS-QEMU-EV.repo
[root@block1 ~]# yum install lvm2 openstack-cinder targetcli python-keystone -y
[root@block1 ~]# systemctl enable lvm2-lvmetad.service
[root@block1 ~]# systemctl start lvm2-lvmetad.service
```

（2）创建 LVM 物理卷和卷组。命令如下：

```
[root@block1 ~]# pvcreate /dev/sdb
Physical volume "/dev/sdb" successfully created.
[root@block1 ~]# vgcreate cinder-volumes /dev/sdb
Volume group "cinder-volumes" successfully created
```

（3）修改 LVM 配置文件。命令如下：

```
[root@block1 ~]# vim /etc/lvm/lvm.conf
devices {
    ……
filter = [ "a/sdb/", "r/.*/"]
filter = [ "a/sda/", "a/sdb/", "r/.*/"]
[root@compute1 ~]# vim /etc/lvm/lvm.conf
devices {
……
filter  =  [ “a / sda /”, “r /.*/” ]
```

（4）配置 Cinder。命令如下：

```
[root@block1 ~]# vim /etc/cinder/cinder.conf
[database]
connection = mysql+pymysql://cinder:cinder@controller/cinder
[DEFAULT]
transport_url = rabbit://openstack:openstack@controller
auth_strategy = keystone
my_ip = 192.168.16.34
enabled_backends = lvm
glance_api_servers = http://controller:9292
[keystone_authtoken]
auth_uri = http://controller:5000
auth_url = http://controller:35357
memcached_servers = controller:11211
auth_type = password
project_domain_name = default
user_domain_name = default
project_name = service
username = cinder
password = 123456
[lvm]
volume_driver = cinder.volume.drivers.lvm.LVMVolumeDriver
volume_group = cinder-volumes
iscsi_protocol = iscsi
```

```
iscsi_helper = lioadm
[oslo_concurrency]
lock_path = /var/lib/cinder/tmp
```

（5）配置 Cinder 服务。命令如下：

```
[root@block1 ~]# systemctl enable openstack-cinder-volume.service
[root@block1 ~]# systemctl start openstack-cinder-volume.service
```

（6）验证 Cinder 配置。命令如下：

```
[root@controller ~]# . admin-openrc
[root@controller ~]#  openstack volume service list
+-----------------------+------------+------+---------+-------+-----------------
| Binary   | Host       | Zone | Status   | State | Updated At                  |
+-----------------------+------------+------+---------+-------+-----------------
| cinder-scheduler     | controller | nova | enabled | up | 2018-07-20T11:41:23.000000 |
| cinder-volume        | block1@lvm | nova | enabled | up | 2018-07-20T11:41:15.000000 |
+-----------------------+------------+------+---------+-------+-----------------
```

至此，完成了 OpenStack 核心组件的安装。

本章总结

通过本章的学习，读者了解了 OpenStack 多节点的核心组件部署，相对单节点一键部署，多节点部署要复杂得多。在完成基本的环境部署后，应首先部署 Keystone 组件，Keystone 为整个 OpenStack 提供认证服务。其他组件的部署包含创建数据库、创建 OpenStack 用户、授权、配置服务访问点以及修改配置文件等。需要注意的是，Nova 和 Neutron 的部署需要同时在控制节点和计算节点执行。

本章作业

一、选择题

1．配置 Nova 组件需要在（　　）上操作。

A．控制节点　　B．计算节点

C．存储节点　　D．对象存储节点

2．访问 Dashboard 页面的正确地址格式是（　　）。

A．http://控制节点 IP/dashboard　　B．https://控制节点 IP/dashboard

C．http://计算节点 IP/dashboard　　D．https://计算节点 IP/dashboard

3．在 OpenStack 中，添加用户 A 到项目 B 和角色 C 的命令正确的是（　　）。

A．openstack role add --project A --user B C

B．openstack role add --project B --user A C

C．openstack role add --project C --user A B

D．openstack role add --project A --user C A

二、判断题

1．出于安全考虑，Keystone 认证服务在生产环境中要去除临时的 Token 认证授权

机制。（　　）

2．Ceilometer 组件负责提供认证机制。（　　）

3．Keystone 只为 Swift、Glance、Nova 提供认证和访问策略服务，它依赖自身的 REST 系统进行工作。（　　）

4．Swift 是一种分布式、持续虚拟化对象存储，具有对大数据和大容量多对象数量的高效测度。（　　）

三、简答题

1．OpenStack Keystone 的部署流程有哪些？

2．简述 OpenStack 的核心组件及其作用。

3．简述 Glance 和 Cinder 组件的区别。

第 5 章

OpenStack HA 部署

技能目标

- 了解 OpenStack HA 部署方案
- 掌握 Corosync 的安装和配置
- 掌握 Pacemaker 的安装和配置
- 掌握 RabbitMQ 的安装和配置
- 掌握 MariaDB 的安装和配置
- 掌握 Keystone 的安装和配置
- 掌握 Dashboard 的安装和配置
- 会配置 OpenStack API

价值目标

为了确保 OpenStack 在实际生产过程中能够持续运行，需要学习 OpenStack 的 HA 部署功能，确保 OpenStack 系统核心业务不中断，这对于各类重要系统都非常重要。通过这部分内容的学习，读者能够提升对于云平台的安全和防范意识。

OpenStack 自问世以来，得到越来越多运维人员的关注，历经多个版本的更新，其功能已经相当完善，并兼容主流的云计算产品，同时也被越来越多的企业使用。在企业部署了一套完整的 OpenStack 产品后，除了关心硬件性能以及 OpenStack 产品功能外，还需保证云产品的可用性。即使在今天，人们依然不能保证电路、硬件、软件不出现任何问题，而出现问题所带来的损失仍是无法承受的。本章主要介绍有关 OpenStack 高可用方面的知识。

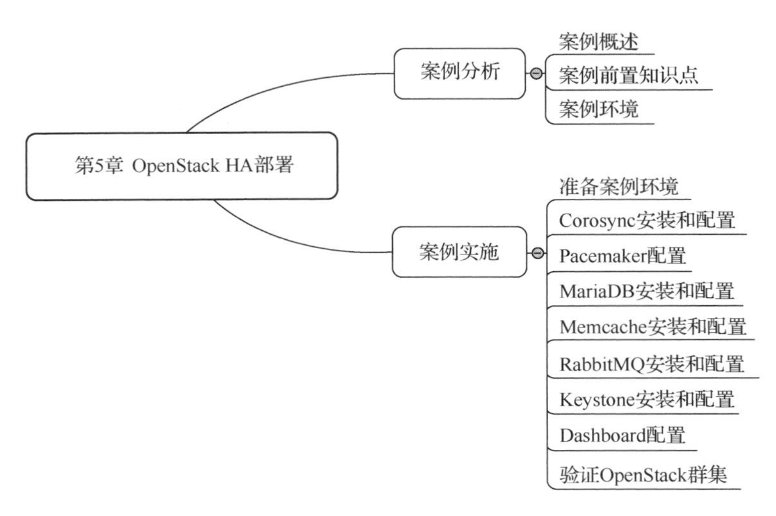

5.1 案例分析

5.1.1 案例概述

高可用（High Available，HA）是保证系统核心业务不中断的一种技术，也是保证业务连续性的有效解决方案，其通过给核心主节点增加一个或多个可用节点实现。多个节点可以同时工作以保证负载均衡效果，也可以由一个节点工作，该节点称为主节点或活动节点，其他节点实时监测主节点的状态，这些节点称为备用节点或非活动节点。当监测到主节点出现异常或者宕机时，从备用节点中选择一个节点接替主节点提供服务。实施 HA 解决方案至少需要两个物理节点，这无疑增加了成本，但却可以带来业务的持续运营。本章主要介绍 OpenStack 高可用群集的实现方案——HA 部署。

5.1.2 案例前置知识点

1. HA 的分类

根据对状态是否具有依赖，HA 将服务分为两类。

- 有状态服务：后续对服务的请求依赖于之前对服务的请求。
- 无状态服务：对服务的请求没有依赖关系，是完全独立的。

根据提供服务的方式不同，HA 可分为两类。

- Active/Passive HA：主备模式。同一时间只有一个主节点提供服务，其他节点保持备用状态并时刻监测主节点的工作状态。当主节点出现故障时，备用节点上的服务被启动从而替代主节点提供服务。
- Active/Active HA：双活模式。同一时间有多个节点提供服务，当一个节点出现故障时，由其他节点承担额外的负载。

2. HA 的计算公式

不管使用哪种 HA 模式，都要求所有节点的数据一致。在实际生产环境中，数据时刻在发生变化。最简单高效的保证数据同步的方式是使用共享存储，此时恢复点目标（Recovery Point Objective，RPO，反映数据完整性的指标）为零。而使用 Active/Active 模式的 HA 可以使恢复时间目标（Recovery Time Objective，RTO，反映业务恢复及时性的指标）几乎为零。使用 Active/Passive 模式的 HA，则需要将恢复时间目标减少到最低限度。

通常来说，衡量高可用技术的一个非常重要的指标是非宕机时间率，其计算公式为：

非宕机时间率=1-（宕机时间）/（宕机时间+运行时间）

通常使用若干个 9 来表示不同的可用性指标。

- 99%（2 个 9）：对应的年宕机时间为 87.6 小时。
- 99.99%（4 个 9）：对应的年宕机时间为 52.56 分钟。
- 99.999%（5 个 9）：对应的年宕机时间为 5.265 分钟，意味着每次停机时间在 1～2 分钟。
- 99.999999999（11 个 9）：意味着几年才宕机几分钟。

3. OpenStack 的 HA

在实际的生产环境中，OpenStack 往往涉及多个节点。根据每个节点部署软件的特点及要求，使用的 HA 模式也不尽相同。面对众多的 HA 选择方案，遵循的原则应该是尽量优先使用 Active/Active 模式，其次再考虑使用 Active/Passive 模式。在一些比较严格的生产环境下，Active/Passive 模式还被认为是非高可用的。有原生（内在实现的）HA 方案应尽量选用原生方案，否则应使用额外的 HA 软件，如 Pacemaker 等。

注意

选择模式时需要考虑负载均衡，方案应尽可能简单，不要太复杂。

4. HA 方案

Corosync 是一个通过应用实施高可用的组通信系统，需要配合其他资源管理器一起使用，主要用于实现 HA 心跳信息传输。Pacemaker 是一个群集资源管理器（Cluster

Resource Manager，CRM）。DRBD（Distributed Replicated Block Device，分布式复制块设备）则是用软件实现的、无共享的、服务器之间镜像块设备内容的存储复制解决方案，它可以解决磁盘单点故障，一般只支持两个节点，其中一个节点数据发生变动后，DRBD将数据变化自动同步到另外一个节点。DRBD+Corosync+Pacemaker 是当今最流行的高可用群集的套件。

5.1.3 案例环境

1．案例实验环境

本案例实验环境如表 5-1 所示。

表 5-1 案例环境

主机	操作系统	主机名/IP 地址	主要软件
服务器	CentOS 7.3	Controller01/192.168.0.3	OpenStack+DRBD+Pacemaker+Corosync
服务器	CentOS 7.3	Controller02/192.168.0.4	OpenStack+DRBD+Pacemaker+Corosync
虚拟 IP 地址		Controller/192.168.0.100	

2．案例需求

本案例的需求如下：使用 DRBD+Pacemaker+Corosync 部署 OpenStack HA，并实现故障切换。

3．案例实现思路

本案例的实现思路如下。

（1）准备基础环境

（2）Corosync 安装和配置

（3）Pacemaker 配置

（4）MariaDB 安装和配置

（5）Memcache 安装和配置

（6）RabbitMQ 基本安装与操作

（7）OpenStack 控制节点的安装

（8）配置及验证 OpenStack HA 基本功能

5.2 案例实施

本案例采用 DRBD+Pacemaker+Corosync 部署 OpenStack HA。Corosync 提供心跳同步功能，Pacemaker 提供群集管理功能，DRBD 提供磁盘数据同步功能，以保证两个节点的数据一致。以下是具体的实施方法。

5.2.1　准备案例环境

在两个节点执行以下操作。

1．配置之前先修改 hostname

在主机 192.168.0.3 上执行如下命令。

```
[root@localhost ~]# hostnamectl set-hostname controller01
```

在主机 192.168.0.4 上执行如下命令。

```
[root@localhost ~]# hostnamectl set-hostname controller02
```

2．安装 DRBD

首先配置 YUM 源，然后完成 DRBD 的安装，命令如下：

```
[root@controller01 ~]# rpm -ivh
http://www.elrepo.org/elrepo-release-7.0-2.el7.elrepo.noarch.rpm
[root@controller01 ~]# yum install -y drbd84-utils kmod-drbd84 kernel*
```

安装完 DRBD 之后，需要重新启动系统，然后加载模块。命令如下：

```
[root@controller01 ~]# modprobe drbd
[root@controller01 ~]# lsmod | grep drbd
drbd                    397041  0
libcrc32c               12644   4 xfs,drbd,nf_nat,nf_conntrack
[root@controller01 ~]# echo drbd >/etc/modules-load.d/drbd.conf
```

3．配置时间同步

OpenStack HA 需要保证各节点时间同步。首先关闭 NTP 服务，然后执行如下命令。

```
[root@controller01 ~]# yum install ntpdate
[root@controller01 ~]# ntpdate ntp1.aliyun.com
```

4．关闭防火墙

在两个节点上都要执行关闭防火墙和 SeLinux 的操作，命令如下：

```
[root@controller01 ~]# setenforce 0
[root@controller01 ~]# sed -i.bak
"s/SELINUX=enforcing/SELINUX=permissive/g" /etc/selinux/config
[root@controller01 ~]# systemctl disable firewalld.service
[root@controller01 ~]# systemctl stop firewalld.service
```

5．配置 hosts 文件

在两个节点上分别配置 hosts 文件，配置内容如下：

```
[root@controller01 ~]# vim /etc/hosts
192.168.9.3     controller01
192.168.0.4     controller02
192.168.0.100   controller
```

6．配置 DRBD

在 controller01 节点上，修改配置文件内容如下：

```
[root@controller01 ~]# vi /etc/drbd.conf
include "drbd.d/global_common.conf";
include "drbd.d/*.res";
```

```
[root@controller01 ~]#cp /etc/drbd.d/global_common.conf
/etc/drbd.d/global_common.conf.bak     //备份 global_common.conf 文件
[root@controller01 ~]# vi /etc/drbd.d/global_common.conf //替换配置文件
global {
usage-count no;
udev-always-use-vnr; # treat implicit the same as explicit volumes
}
    common {
            protocol C;
            handlers {
                        pri-on-incon-degr "/usr/lib/drbd/notify-pri-on-incon-degr.sh;
/usr/lib/drbd/notify-emergency-reboot.sh; echo b > /proc/sysrq-trigger ; reboot -f";
                        pri-lost-after-sb "/usr/lib/drbd/notify-pri-lost-after-sb.sh; /usr/lib/drbd/notify-
emergency-reboot.sh; echo b > /proc/sysrq-trigger ; reboot -f";
                        local-io-error "/usr/lib/drbd/notify-io-error.sh;
/usr/lib/drbd/notify-emergency-shutdown.sh; echo o > /proc/sysrq-trigger ; halt -f";
}

startup {
        }

options {
        }

disk {
        on-io-error detach;
    }

net {
        cram-hmac-alg "sha1";
        shared-secret "123456";
    }
}
[root@controller01 ~]# vi /etc/drbd.d/mydrbd.res //配置 mydrbd.res 文件
resource mydrbd {

on controller01 {

        device /dev/drbd0;

        disk /dev/sdb;

        address 192.168.0.3:7789;

        meta-disk internal;
```

```
    }

    on controller02 {

        device /dev/drbd0;

        disk /dev/sdb;

        address 192.168.0.4:7789;

        meta-disk internal;

    }

}
```

将 controller01 节点上配置好的三个文件通过 SSH 工具复制到 controller02 节点相同文件路径，命令如下：

```
[root@controller01 ~]#scp /etc/drbd.conf controller02:/etc/
[root@controller01 ~]#scp /etc/drbd.d/{global_common.conf,mydrbd.res}
controller02:/etc/drbd.d
```

在两个节点上分别添加硬盘，如果是虚拟环境，则添加虚拟硬盘，如图 5.1 所示。

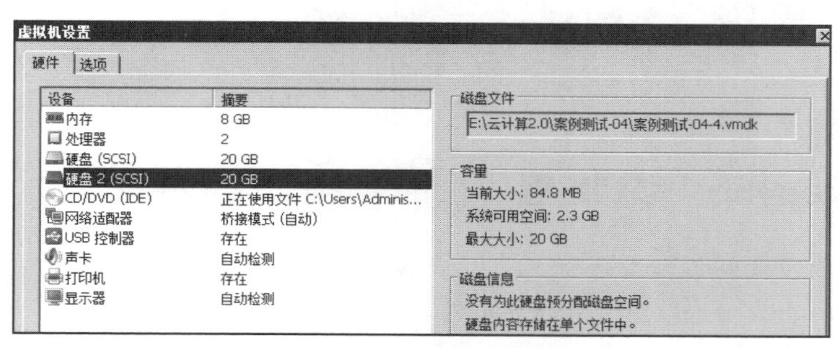

图5.1　添加虚拟硬盘

分别在两个节点上创建初始化 DRBD 设备元数据，命令如下：

```
[root@controller01 ~]# dd if=/dev/zero of=/dev/sdb bs=1M count=100
```

分别在两个节点上创建元数据设备，命令如下：

```
[root@controller01 ~]# drbdadm create-md mydrbd
[root@controller01 ~]# drbdadm up mydrbd
```

在 controller01 节点执行以下命令，将该节点设置为主节点。

```
[root@controller01 ~]# drbdadm -- --overwrite-data-of-peer primary mydrbd
```

使用 drbd-overview 或 drbdadm status 工具查看 DRBD 状态，前者输出结果显示正在同步数据，如下所示。

```
[root@controller01 ~]# drbd-overview
NOTE: drbd-overview will be deprecated soon.
```

```
Please consider using drbdtop.
 0:mydrbd/0    SyncSource Primary/Secondary UpToDate/Inconsistent
      [=================>..] sync'ed: 93.3% (1376/20476)M
```

等待数据同步完成后，在 controller01 节点创建文件系统，命令如下：

```
[root@controller01  ~]# mke2fs -j /dev/drbd0
mke2fs 1.42.9 (28-Dec-2013)
文件系统标签=
OS type: Linux
块大小=4096 (log=2)
分块大小=4096 (log=2)
Stride=0 blocks, Stripe width=0 blocks
1310720 inodes, 5242711 blocks
262135 blocks (5.00%) reserved for the super user
第一个数据块=0
Maximum filesystem blocks=4294967296
160 block groups
32768 blocks per group, 32768 fragments per group
8192 inodes per group
Superblock backups stored on blocks:
      32768, 98304, 163840, 229376, 294912, 819200, 884736, 1605632, 2654208,
      4096000
Allocating group tables: 完成
正在写入 inode 表: 完成
Creating journal (32768 blocks): 完成
Writing superblocks and filesystem accounting information: 完成
```

至此，DRBD 配置完成。

5.2.2 Corosync 安装和配置

以下操作需要在两个节点进行。下面仅以 controller01 节点为例介绍。

1．安装 Pacemaker、Corosync 软件

下载安装 Pacemaker、Corosync 两个套件。安装 Pacemaker 时，Corosync 会自动安装，因此只需要执行以下命令。

```
[root@controller01  ~]# yum install -y pacemaker pcs psmisc policycoreutils-python
[root@controller01  ~]# systemctl start pcsd.service
[root@controller01  ~]# systemctl enable pcsd.service
```

在两个节点上分别创建群集用户，其中，hacluster 用户在安装 pcs 时自动创建。创建命令如下：

```
[root@controller01  ~]# passwd hacluster
更改用户 hacluster 的密码
新的 密码：123456
```

授权群集节点，执行如下命令：

```
[root@controller01  ~]# pcs cluster auth controller01 controller02
```

```
Username: hacluster
Password:
controller01: Authorized
controller02: Authorized
```

设置群集名称，同时添加节点，执行如下命令：

```
[root@controller01 ~]# pcs cluster setup --name openstack-HA controller01 controller02
Destroying cluster on nodes: controller01, controller02...
controller01: Stopping Cluster (pacemaker)...
controller02: Stopping Cluster (pacemaker)...
controller02: Successfully destroyed cluster
controller01: Successfully destroyed cluster

Sending 'pacemaker_remote authkey' to 'controller01', 'controller02'
controller01: successful distribution of the file 'pacemaker_remote authkey'
controller02: successful distribution of the file 'pacemaker_remote authkey'
Sending cluster config files to the nodes...
controller01: Succeeded
controller02: Succeeded

Synchronizing pcsd certificates on nodes controller01, controller02...
controller01: Success
controller02: Success
Restarting pcsd on the nodes in order to reload the certificates...
controller02: Success
controller01: Success
```

启动群集，执行如下命令：

```
[root@controller01 ~]# pcs cluster start --all
controller01: Starting Cluster...
controller02: Starting Cluster...
```

检查 Corosync 服务状态，执行如下命令：

```
[root@controller01 ~]# pcs status corosync
Membership information
----------------------
    Nodeid      Votes Name
         2          1 controller02
         1          1 controller01 (local)
```

2. 配置 Corosync

配置 Corosync，编辑/etc/corosync/corosync.conf 文件，内容如下：

```
[root@controller01 ~]# vi /etc/corosync/corosync.conf
totem {
  version: 2
  cluster_name: openstack-HA
  secauth: off
  transport: udpu
```

```
}
nodelist {
    node {
        ring0_addr: controller01
        nodeid: 1
    }
    node {
        ring0_addr: controller02
        nodeid: 2
    }
}
quorum {
    provider: corosync_votequorum
    two_node: 1
}
logging {
    to_logfile: yes
    logfile: /var/log/cluster/corosync.log
    to_syslog: yes
}
```

配置加密认证，将会在/etc/corosync/目录下生成 authkey 文件，执行如下命令。

```
[root@controller01 corosync]# corosync-keygen
Corosync Cluster Engine Authentication key generator.
Gathering 1024 bits for key from /dev/random.
Press keys on your keyboard to generate entropy.
Press keys on your keyboard to generate entropy (bits = 920).
Press keys on your keyboard to generate entropy (bits = 1000).
Writing corosync key to /etc/corosync/authkey.
```

将两个文件复制到 controller02 节点的同样目录下，执行如下命令。

```
[root@controller01 corosync]# scp authkey corosync.conf controller02:/etc/corosync/
```

至此，完成 Corosync 的配置任务。

5.2.3 Pacemaker 配置

下面开始对 Pacemaker 进行配置，确保 HA 环境资源可以使用。以下操作只需在 controller01 节点执行。

1. 配置群集初始属性

配置群集可以在两个节点之一操作，推荐使用主节点。如果不能确定主节点，可以执行 pcs cluster status 命令，通过关键字“Current DC: controller01”来确定。执行以下命令：

```
[root@controller01 ~]# pcs property set no-quorum-policy=ignore
```

其中，no-quorum-policy=ignore 表示忽略投票属性。

设置群集故障时进行服务迁移，执行以下命令：

```
[root@controller01 ~]# pcs resource defaults migration-threshold=1
```

由于两个节点都没有 stonith 设备，因此需要设置 stonith 属性，否则将无法启动 pcs 服务。执行如下命令：

```
[root@controller01 ~]# pcs property set stonith-enabled=false
```

当有故障的主节点恢复后，为防止备用资源迁回原有主节点，从而带来不必要的影响。建议执行命令设置以下参数。

```
[root@controller01 ~]# pcs resource defaults resource-stickiness=100
[root@controller01 ~]# pcs resource defaults
[root@controller01 ~]# pcs resource op defaults timeout=90s
[root@controller01 ~]# pcs resource op defaults
[root@controller01 ~]# pcs property set pe-warn-series-max=1000  pe-input-series-max=1000
pe-error-series-max=1000  cluster-recheck-interval=5min
```

使用 crm_verify 工具验证 Pacemaker 配置。如果命令输出信息为空，说明配置正确，如下所示。

```
[root@controller02 ~]# crm_verify -L -V
```

2．配置群集详细属性

群集对外提供服务需要使用浮动 IP 地址（又称虚拟 IP 地址，简称 VIP）。执行以下命令配置 VIP 和监测时间间隔。

```
[root@controller01 ~]# pcs resource create vip ocf:heartbeat:IPaddr2 ip=192.168.0.100 cidr_netmask=
24 op monitor interval=30s
[root@controller01 ~]# ip a
1: lo: <LOOPBACK,UP,LOWER_UP> mtu 65536 qdisc noqueue state UNKNOWN group default qlen
1000
    link/loopback 00:00:00:00:00:00 brd 00:00:00:00:00:00
    inet 127.0.0.1/8 scope host lo
       valid_lft forever preferred_lft forever
    inet6 ::1/128 scope host
       valid_lft forever preferred_lft forever
2: eno16777736: <BROADCAST,MULTICAST,UP,LOWER_UP> mtu 1500 qdisc pfifo_fast state UP
group default qlen 1000
    link/ether 00:0c:29:a4:1f:74 brd ff:ff:ff:ff:ff:ff
    inet 192.168.0.3/24 brd 192.168.9.255 scope global noprefixroute dynamic eno16777736
       valid_lft 5655sec preferred_lft 5655sec
    inet 192.168.0.100/24 brd 192.168.9.255 scope global secondary eno16777736
       valid_lft forever preferred_lft forever
    inet6 fe80::20c:29ff:fea4:1f74/64 scope link noprefixroute
       valid_lft forever preferred_lft forever
```

在 controller01 节点上通过 pcs property 工具，查看当前群集的属性信息，如下所示。

```
[root@controller01 ~]# pcs property
cluster Properties:
```

```
cluster-infrastructure: corosync
cluster-name: openstack-HA
cluster-recheck-interval: 5min
dc-version: 1.1.18-11.el7_5.3-2b07d5c5a9
have-watchdog: false
no-quorum-policy: ignore
pe-error-series-max: 1000
pe-input-series-max: 1000
pe-warn-series-max: 1000
stonith-enabled: false
```

至此，完成 Pacemaker 的配置任务。

5.2.4 MariaDB 安装和配置

MariaDB 的安装和配置在两个节点都要执行。

1. 安装 MariaDB

添加阿里云的 YUN 源，并执行以下命令安装 MariaDB。

```
[root@controller01 ~]#  yum –y install mariadb mariadb-server python2-PyMySQL
```

2. 配置 MariaDB

创建 MariaDB 配置文件，并设置为如下内容。其中，bind-address 值为每个节点配置的 IP 地址。

```
[root@controller01 ~]# vim /etc/my.cnf.d/openstack.cnf
[mysqld]
bind-address = 192.168.0.3
default-storage-engine = innodb
innodb_file_per_table = on
max_connections = 4096
collation-server = utf8_general_ci
character-set-server = utf8
```

在两个节点上分别启动数据库服务，并将其配置为开机启动。

```
[root@controller01 ~]# systemctl enable mariadb.service
[root@controller01 ~]# systemctl start mariadb.service
```

为了提高数据库服务的安全性，建议运行 mysql_secure_installation 脚本。同时，为数据库的 root 用户设置密码。

```
[root@controller01 ~]# mysql_secure_installation
#Enter current password for root (enter for none):    //初次运行直接回车
Set root password? [Y/n]        //是否设置 root 用户密码，输入 y 并回车或直接回车
#New password:                  //设置 root 用户的密码
#Re-enter new password:   //再输入一次你设置的密码
#Remove anonymous users? [Y/n] //是否删除匿名用户,生产环境建议删除
#Disallow root login remotely? [Y/n]    //是否禁止 root 远程登录
#Remove test database and access to it? [Y/n] //是否删除 test 数据库
```

```
#Reload privilege tables now? [Y/n] //是否重新加载权限表
[root@controller01 ~]# mysql -u root -p123456   //以新密码登录数据库
```

至此，完成 MariaDB 的安装和配置任务。

5.2.5 Memcache 安装和配置

在两个节点上分别安装 Memcache，命令如下：

```
[root@controller01 ~]# yum install memcached python-memcached -y
```

在两个节点上分别编辑 memcached 文件，将 OPTIONS 值修改为节点的管理 IP 地址。如下所示：

```
[root@controller01 ~]# vim /etc/sysconfig/memcached
PORT="11211"
USER="memcached"
MAXCONN="1024"
CACHESIZE="64"
OPTIONS="-l 192.168.0.3,::1"
```

在两个节点上分别设置 Memcache 开机启动，并重新启动机器。

```
[root@controller01 ~]# systemctl enable memcached.service
[root@controller01 ~]# reboot
```

至此，完成 Memcache 的安装和配置任务。

5.2.6 RabbitMQ 安装和配置

在两个节点上分别完成 RabbitMQ 的安装和配置。

1．安装 RabbitMQ

使用 CentOS 7 默认提供的 YUM 官方源 OpenStack-ocata 安装，命令如下：

```
[root@controller01 ~]# yum install centos-release-openstack-ocata -y
```

设置好 ocata 源之后，安装 RabbitMQ 软件包，命令如下：

```
[root@controller01 ~]# yum install rabbitmq-server –y
```

启动消息队列服务并将其配置为开机启动，命令如下：

```
[root@controller01 ~]# systemctl enable rabbitmq-server.service
[root@controller01 ~]# systemctl start rabbitmq-server.service
```

2．配置 RabbitMQ

使用 rabbitmqctl 工具添加 openstack 用户，并设置密码为 admin，命令如下：

```
[root@controller01 ~]# rabbitmqctl add_user openstack admin
```

给 openstack 用户授予权限，命令如下：

```
[root@controller01 ~]# rabbitmqctl set_permissions openstack ".*" ".*" ".*"
```

RabbitMQ 自带了 Web 管理界面，只需要使用以下命令启动插件便可以使用。

```
[root@controller01 ~]# rabbitmq-plugins enable rabbitmq_management
```

在两个节点上分别打开浏览器并在地址栏输入“http://节点 IP 地址:15672/”，使用用户名“guest”、密码“guest”登录页面。如果出现如图 5.2 所示的控制台页面，说明 RabbitMQ 安装且配置成功。

图5.2　RabbitMQ控制台

5.2.7　Keystone 安装和配置

在两个节点分别执行以下操作来安装配置 Keystone。下面仅以 controller01 节点为例进行介绍，controller02 节点根据对应主机名和 IP 地址进行修改即可。

1. 创建数据库

```
mysql -u root –p123456
```

在 MySQL 上创建 keystone 数据库，同时创建用户、设置密码，并授予该用户对数据库 keystone 的权限。

```
MariaDB [(none)]> CREATE DATABASE keystone;
MariaDB [(none)]> GRANT ALL PRIVILEGES ON keystone.* TO 'keystone'@'controller01'
IDENTIFIED BY 'admin';
MariaDB [(none)]> GRANT ALL PRIVILEGES ON keystone.* TO 'keystone'@'%' IDENTIFIED BY
'admin';
```

2. 安装 Keystone 和 Apache 软件

```
[root@controller01 ~]# yum install openstack-keystone httpd mod_wsgi -y
```

3. 配置 keystone

编辑/etc/keystone/keystone.conf 文件并添加如下内容。

```
[database]
  # ...
connection = mysql+pymysql://keystone:admin@192.168.0.3/keystone
[token]
  # ...
provider = fernet
```

4. 初始化身份认证服务的数据库

```
[root@controller01 ~]# su -s /bin/sh -c "keystone-manage db_sync" keystone
```

5. 初始化 Fernet keys

Fernet keys 是用于 API 令牌的安全信息格式。

```
[root@controller01 ~]# keystone-manage fernet_setup --keystone-user keystone --keystone-group
keystone
[root@controller01 ~]# keystone-manage credential_setup --keystone-user keystone --keystone-group
```

keystone

6. 配置 Bootstrap 身份认证服务

```
[root@controller01 ~]# keystone-manage bootstrap --bootstrap-password admin --bootstrap-admin-url http://controller01:35357/v3/ --bootstrap-internal-url http://controller01:5000/v3/ --bootstrap-public-url http://controller01:5000/v3/ --bootstrap-region-id RegionOne
```

7. 配置 Apache HTTP 服务

修改 Apache 配置文件，设置服务名，将 Keystone 提供的配置文件链接到 Apache 配置文件路径。

```
[root@controller01 ~]# vi /etc/httpd/conf/httpd.conf
...//省略部分内容
ServerName controller01
...//省略部分内容
[root@controller01 ~]# ln -s /usr/share/keystone/wsgi-keystone.conf /etc/httpd/conf.d/
```

8. 启动 Apache HTTP 服务

启动 Apache HTTP 服务并配置其开机启动。

```
[root@controller01 ~]# systemctl enable httpd.service
[root@acontroller01 ~]# systemctl start httpd.service
```

9. 创建脚本文件

创建用于认证的 admin 用户环境变量脚本文件。

```
[root@controller01 ~]# vim admin-openrc
export OS_USERNAME=admin
export OS_PASSWORD=admin
export OS_PROJECT_NAME=admin
export OS_USER_DOMAIN_NAME=Default
export OS_PROJECT_DOMAIN_NAME=Default
export OS_AUTH_URL=http://controller01:35357/v3
export OS_IDENTITY_API_VERSION=3
[root@controller01 ~]# chmod +x admin-openrc
[root@controller01 ~]# . admin-openrc
```

10. 创建域、项目、用户和角色

（1）创建 service 项目

```
[root@controller01 ~]# yum -y install python-openstackclient
[root@controller01 ~]# openstack project create --domain default --description "Service Project" service
```

（2）创建 demo 项目

```
[root@controller01 ~]# openstack project create --domain default --description "Demo Project" demo
```

（3）创建 demo 用户

```
[root@controller01 ~]# openstack user create --domain default --password-prompt demo
```

当提示输入密码时，输入密码“demo”。

（4）创建 user 角色

```
[root@controller01 ~]# openstack role create user
```

（5）添加 demo 用户到 demo 项目和角色

```
[root@controller01 ~]# openstack role add --project demo --user demo user
```

（6）关闭临时认证令牌机制

基于安全性的考虑，关闭临时认证令牌机制。编辑/etc/keystone/keystone-paste.ini 文件，在[pipeline:public_api]、[pipeline:admin_api]和[pipeline:api_v3]位置处分别删除 admin_token_auth 关键字。

（7）验证 keystone 服务

首先，释放环境变量 OS_TOKEN 和 OS_URL。

```
[root@controller01 ~]# unset OS_TOKEN OS_URL
```

然后，分别以 admin 和 demo 用户请求认证令牌。

① 作为 admin 用户，请求认证令牌。

```
[root@controller01 ~]# openstack --os-auth-url http://controller01:35357/v3 --os-project-domain-name default --os-user-domain-name default --os-project-name admin --os-username admin token issue
```

当提示输入密码时，输入密码“admin”。

② 作为 demo 用户，请求认证令牌。

```
[root@controller01 ~]# openstack --os-auth-url http://controller01:5000/v3 --os-project-domain-name default --os-user-domain-name default --os-project-name demo --os-username demo token issue
```

当提示输入密码时，输入密码“demo”。

11. 创建 demo 用户环境变量脚本文件

（1）创建文件 demo-openrc 并添加如下内容。

```
[root@controller01 ~]# vim demo-openrc
export OS_PROJECT_DOMAIN_NAME=Default
export OS_USER_DOMAIN_NAME=Default
export OS_PROJECT_NAME=demo
export OS_USERNAME=demo
export OS_PASSWORD=demo
export OS_AUTH_URL=http://controller01:5000/v3
export OS_IDENTITY_API_VERSION=3
export OS_IMAGE_API_VERSION=2
[root@controller01 ~]#  chmod +x demo-openrc
```

（2）验证 admin 用户获取令牌。

```
[root@controller01 ~]# . admin-openrc
[root@controller01 ~]# openstack token issue
```

（3）验证 demo 用户获取令牌。

```
[root@controller01 ~]# . demo-openrc
[root@controller01 ~]# openstack token issue
```

5.2.8 Dashboard 配置

在两个节点上分别安装和配置 Dashboard。下面仅以 controller01 节点进行演示，配置 controller02 节点时要注意主机名和 IP 地址的变化。执行命令如下。

```
[root@controller01 ~]# yum install openstack-dashboard python-openstackclient –y
[root@controller01 ~]# vim /etc/openstack-dashboard/local_settings
OPENSTACK_HOST = "192.168.0.3"
```

```
ALLOWED_HOSTS = ['*']
SESSION_ENGINE = 'django.contrib.sessions.backends.cache'
CACHES = {
'default': {
'BACKEND': 'django.core.cache.backends.memcached.MemcachedCache',
'LOCATION': '192.168.0.3:11211',
}
}
//启用第 3 版认证 API
OPENSTACK_KEYSTONE_URL = "http://%s:5000/v3" % OPENSTACK_HOST   OPENSTACK_
KEYSTONE_MULTIDOMAIN_SUPPORT = True
 OPENSTACK_API_VERSIONS = {
"identity" : 3,
"image" : 2,
"volume" : 2,
}
 OPENSTACK_KEYSTONE_DEFAULT_DOMAIN =  "default"
 OPENSTACK_KEYSTONE_DEFAULT_ROLE =  "user"
OPENSTACK_NEUTRON_NETWORK = {
...
'enable_router': False,
'enable_quotas': False,
'enable_distributed_router': False,
'enable_ha_router': False,
'enable_lb': False,
'enable_firewall': False,
'enable_vpn': False,
'enable_fip_topology_check': False,
}
TIME_ZONE =  "UTC"
//复制配置文件到 controller02 节点，需要更新 controller02 节点的 IP 地址配置
[root@controller01  ~]# scp /etc/openstack-dashboard/local_settings 192.168.0.4:/etc/openstack-
dashboard/
```

配置 Apache 以及 Memcache 服务开启以及开机启动的命令如下。

```
[root@controller01  ~]# systemctl restart httpd.service memcached.service
[root@controller01  ~]# systemctl enable httpd.service memcached.service
```

5.2.9　验证 OpenStack 群集

1．检查群集状态

执行以下命令，查看当前群集状态。

```
[root@controller01  ~]# pcs cluster status
Cluster Status:
 Stack: corosync
 Current DC: controller01 (version 1.1.18-11.el7_5.3-2b07d5c5a9) - partition with quorum
```

```
  Last updated: Mon Jul 30 11:33:19 2018
  Last change: Fri Jul 27 17:14:56 2018 by root via cibadmin on controller01
  2 nodes configured
  1 resource configured
PCSD Status:
    controller01: Online
    controller02: Online
```

2. 使用 VIP 登录 Dashboard

打开浏览器，输入网址：http://192.168.0.100/dashboard，在弹出的认证页面分别输入域名为“default”，账号为“admin”，密码为“admin”。登录后的界面如图 5.3 所示。

图5.3　使用VIP登录群集页面

3. 验证 HA 切换

关闭群集中的 controller01 节点，并查看群集状态，执行如下命令：

```
[root@controller01 ~]# pcs cluster stop controller01
controller01: Stopping Cluster (pacemaker)...
controller01: Stopping Cluster (corosync)...
[root@controller01 ~]# pcs cluster status
Error: cluster is not currently running on this node
```

切换到 controller02 节点，并查看当前的群集状态，如下所示。

```
[root@controller02 ~]# pcs cluster status
Cluster Status:
  Stack: corosync
  Current DC: controller02 (version 1.1.18-11.el7_5.3-2b07d5c5a9) - partition with quorum
  Last updated: Mon Jul 30 11:43:15 2018
  Last change: Fri Jul 27 17:14:56 2018 by root via cibadmin on controller01
  2 nodes configured
```

```
  1 resource configured

PCSD Status:
   controller01: Online
   controller02: Online
[root@controller02 ~]# ip a
1: lo: <LOOPBACK,UP,LOWER_UP> mtu 65536 qdisc noqueue state UNKNOWN group default qlen 1000
   link/loopback 00:00:00:00:00:00 brd 00:00:00:00:00:00
   inet 127.0.0.1/8 scope host lo
      valid_lft forever preferred_lft forever
   inet6 ::1/128 scope host
      valid_lft forever preferred_lft forever
2: eno16777736: <BROADCAST,MULTICAST,UP,LOWER_UP> mtu 1500 qdisc pfifo_fast state UP group default qlen 1000
   link/ether 00:0c:29:dd:ac:1b brd ff:ff:ff:ff:ff:ff
   inet 192.168.0.4/24 brd 192.168.9.255 scope global eno16777736
      valid_lft forever preferred_lft forever
   inet 192.168.0.100/24 brd 192.168.9.255 scope global secondary eno16777736
      valid_lft forever preferred_lft forever
   inet6 fe80::20c:29ff:fedd:ac1b/64 scope link
      valid_lft forever preferred_lft forever
```

从上述命令输出结果可知，当前的 VIP 地址已经切换至 controller02 节点。同时可以继续访问 Dashboard 页面。

本章总结

通过本章的学习，读者掌握了 OpenStack 群集的配置方法。本章只是简单地演示了控制节点的群集配置以及故障切换效果，在实际生产环境中，可能还会涉及其他节点。读者要能熟练操作本章实验，了解其中的原理，从而可以举一反三。

本章作业

一、选择题

1．OpenStack HA 中 DRBD 组件的作用是（　　）。

A．心跳信息的传输　　B．群集管理　　C．磁盘信息同步　　D．群集认证

2．以下命令中，可以查看群集状态的是（　　）。

A．openstack status　　B．openstack ha status

C．cluster pcs status　　D．pcs cluster status

3．命令“pcs property set no-quorum-policy=ignore”中，no-quorum-policy=ignore 关键字的作用是（　　）。

A．开启投票属性　　B．忽略投票属性

C．开启磁盘配额　　D．关闭磁盘配额

二、判断题

1．高可用是保证核心业务不中断的一种技术，要将 HA 用于生产实施至少需要三个物理节点，这会造成成本的提高。(　　)

2．高可用主备模式同一时间有多个节点提供服务，当一个节点出故障时，其他节点承担额外的负载工作。(　　)

3．非宕机时间率达到 99.99%，对应的年宕机时间为 5.265 分钟。(　　)

4．DRBD 是用软件实现的无共享的、服务器之间镜像块设备内容的存储复制解决方案。(　　)

三、简答题

1．OpenStack HA 的分类有哪些？

2．简述组件 DRBD、Corosync 和 Pacemaker 在 OpenStack 群集中的作用。

3．简述 OpenStack 群集的部署流程。

第 6 章

Hadoop 基础

技能目标

- 了解 Hadoop 体系结构
- 会安装 Hadoop 运行环境
- 掌握 HDFS 体系结构
- 掌握 HDFS 命令行操作
- 理解 MapReduce 计算模型
- 掌握常用的 HDFS 命令行工具

价值目标

Hadoop 是大数据的核心技术代表。对于运维人员来说，熟悉 Hadoop 技术至关重要，因为在大数据时代，互联网的各种服务时时刻刻都在产生大量的交互数据。因此，通过学习 Hadoop 技术，读者能够认识到数据的重要性和确保数据安全的重要性。

前面几章介绍了 OpenStack 的相关知识，并使用 OpenStack 技术解决了新时代背景下按需获取云中资源的问题。但随着互联网的发展，人们迫切需要一种对大量数据进行分析处理的技术，大数据技术便应运而生。在大数据背景下，Hadoop 是其核心代表。本章围绕 Hadoop 介绍大数据技术。首先，介绍 Hadoop 的体系结构，Hadoop 运行环境与开发环境的安装，以及 Hadoop 程序的运行；然后，介绍 HDFS 基本原理、常用的 HDFS 管理操作和 MapReduce 编程框架。

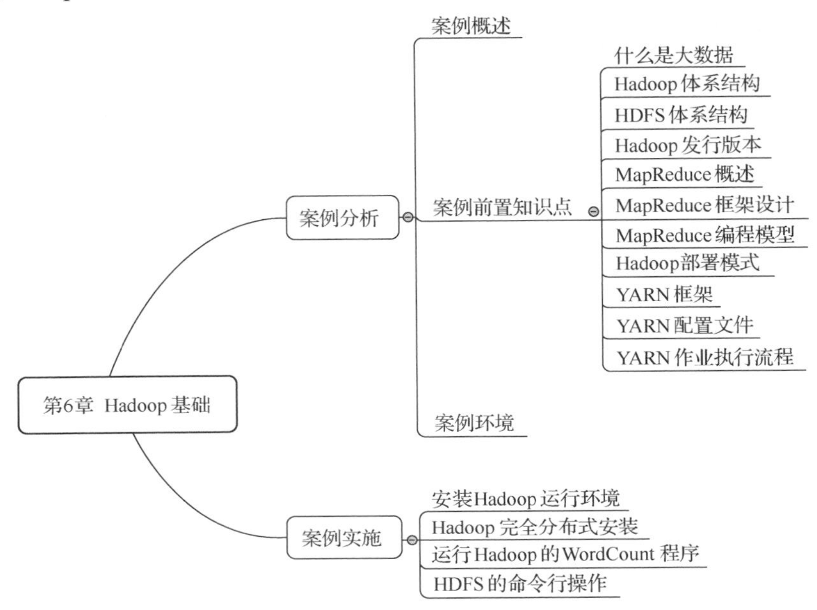

6.1 案例分析

6.1.1 案例概述

如今已经进入了大数据（Big Data）时代，互联网服务时时刻刻都在产生大量的交互数据，需要处理的数据量以指数量级增长；同时，用户对数据分析和处理的响应时间也有较高的要求。使用传统的数据库技术已经无法满足数据处理对实时性、有效性的需求。HDFS 顺应时代需求，在解决大数据存储和计算方面具备强大的优势。

6.1.2 案例前置知识点

1. 什么是大数据

大数据是指数量庞大的数据集合，是无法在一定时间范围内用常规软件工具进行分析处理的数据，需要采取新的处理模式才能使其具备更强的决策能力、洞察发现能力和流程优化能力的数据，这些数据通常都是海量、高增长率和多样化的信息。面对如此庞大的数据量，传统的关系型数据库、数据仓库等工具无法满足数据处理要求。因为关系型数据库是为表、行、字段等可使用二维表格表示的结构化数据而设计的，而大数据通常是文本等非结构化数据。数据量大是大数据的显著特点，如阿里巴巴每天要处理的交易数据达到 20PB（即 20971520GB）。大数据的其他特点如下。

（1）数据量巨大，数据规模已经达到 PB 甚至 EB 量级。

（2）数据类型多样，以非结构化数据为主。如图片、音频、视频、网络日志、地理位置信息、交易数据、社交数据等。

（3）价值密度低，有价值的数据占比较小。如在大量的日志文件中，真正有价值的数据往往只有几条。所以，如何在大量的数据中迅速地完成数据提取是目前大数据背景下急需解决的难题。

（4）数据处理速度快，要求在短时间内完成数据的分析和处理。

大数据是一种新的思维方式，其原则是“一切都被记录，一切都被数字化，从数字里寻找需求、寻找知识、发掘价值”。大数据也不同于以往的处理方式，它是通过数据分析获得结论，这是大数据时代的一个显著特征。表 6-1 中列出了目前主流的大数据处理应用软件。

表 6-1　常见的大数据处理应用软件

名称	类型	说明
Hadoop	开源	Apache 基金会开发的分布式系统基础架构。用户可以在不了解分布式底层细节的情况下，开发分布式程序，Hadoop 是本书重点讲解的系统
Spark	开源	分布式的并行框架
Strom	开源	实时的、分布式的以及具备高容错的计算系统
MongoDB	开源	面向文档的 NoSQL 数据库
IBM PureData	商用	基于 Hadoop，属于 IBM 专家集成系统 PureSystem 家族中的组成部分，主要面向大数据应用
Oracle Exadata	商用	Oracle 的新一代数据库云服务器
SAP Hana	商用	提供高性能的数据查询功能，用户可以直接对大量实时业务数据进行查询和分析
Teradata Aster Data	商用	非结构化数据解决方案
EMC GreenPlum	商用	采用大规模并行处理技术，支持 50PB 量级海量数据的存储与管理
HP Vertica	商用	列存储式大数据分析数据库

Hadoop 是一款开源软件，实现了分布式文件系统（Hadoop Distributed File System，HDFS）功能。分布式文件系统是运行在多个主机上的软件存储系统，能够自动保存多个数据副本，并能自动将失败的任务重新分配，具有高容错的特点。Hadoop 被设计用来部署在低廉的通用硬件平台上组成群集，通过热插拔方式在群集中扩展新的节点，并将计算任务动态分配到群集中的各个节点，从而保证各节点的动态平衡。Hadoop 具有低成本、高扩展性、高效性、高容错性等特点，同时也得到了众多公司的支持或采用，包括

阿里巴巴、腾讯、百度、微软、Intel、IBM、雅虎等。

2. Hadoop 体系结构

Hadoop 的创始人是 Doug Cutting，其设计灵感源自于 Google 在 2003 到 2004 年发表的关于 GFS（Google File System）、MapReduce 和 BigTable 的三篇论文。目前，Hadoop 是 Apache 基金会的顶级项目。

（1）Hadoop 的核心构成

HDFS 和 MapReduce 是 Hadoop 的两大核心。HDFS 实现了对分布式存储的底层支持，可以高速读写数据，并根据需求水平扩展。

MapReduce 是并行编程模型，而 YARN 是下一代的 MapReduce 框架，即 MapReduce 的升级版本。从 Hadoop 0.23.01 版本之后，MapReduce 被重构。通常 YARN 被称为 MapReduce V2，老版本的 MapReduce 称为 MapReduce V1。MapReduce 实现了对分布式并行任务处理程序的支持，从而能够保证高速分析处理数据。

HDFS 和 MapReduce 相互协作共同完成了 Hadoop 分布式群集的主要任务。HDFS 在 MapReduce 任务处理过程中提供了对文件操作和存储的支持，MapReduce 则在 HDFS 的基础上实现了任务的分发、跟踪、执行等工作，并收集结果。

（2）Hadoop 子项目

除了两个核心子项目外，Hadoop 还包括 Hive、Pig、HBase、ZooKeeper 等子项目。比较完整的 Hadoop 项目结构如图 6.1 所示。

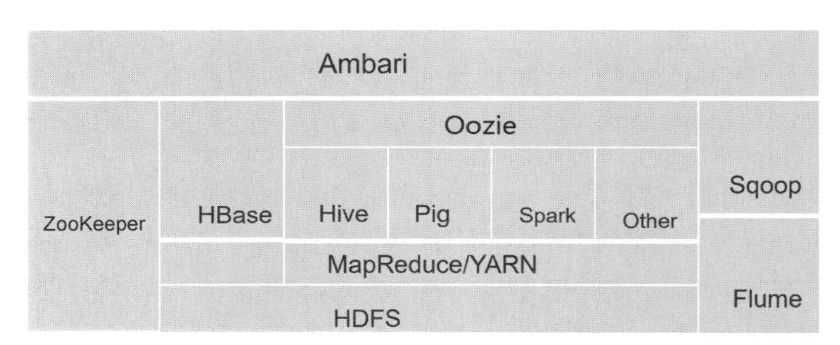

图6.1 Hadoop项目结构

下面分别对它们进行简单介绍。

- Hive：是建立在 Hadoop 上的数据仓库，提供类似 SQL 的语言查询 Hadoop 中的数据。
- Pig：是一个对大型数据集进行分析、评估的平台，主要作用类似于数据库里的存储过程。
- HBase：全称 Hadoop Database，是 Hadoop 分布式的、面向列的数据库，起源于 Google 的关于 BigTable 的论文。主要用于需要随机访问、实时读写的大数据。
- ZooKeeper：是一个为分布式应用设计的协调服务。主要为用户提供同步、配置管理、分组和命名等服务，减轻分布式应用程序承担的协调任务。

当然还有大量其他项目不断加入到 Hadoop 生态圈。

- Sqoop：主要用于 Hadoop 与传统数据库（MySQL 等）间的数据传递。
- Flume：是一个分布式、高可靠和高可用的海量日志采集、聚合和传输系统。
- Spark：是一个相对独立于 Hadoop 的大数据处理系统，可单独进行分布式处理。
- Oozie：可以将多个 MapReduce 作业组合到一个逻辑工作单元中，进行工作计划的安排，类似于工作流管理引擎。
- Ambari：支持 Hadoop 群集的管理、监控的 Web 工具。

经过近十多年的发展，已经有越来越多的项目加入到了 Hadoop 中，在本章主要介绍三个模块，分别是 HDFS、MapReduce 和 Hbase，它们也是 Hadoop 最基本的模块。

3．HDFS 体系结构

大数据的特点是体积大、类型多、价值密度低、产生和处理速度快。仅仅依靠一台物理计算机很难对大数据进行分析处理，所以有必要将这些数据集进行分区并存储到若干台单独的计算机上，通过网络连接多个计算机节点，并通过指定的服务器对网络中的文件系统进行集中管理，由此便构成了分布式文件系统。HDFS 便是分布式文件系统中的代表，HDFS 的优势包含如下。

- 可以存储超大文件，文件大小可达 MB、TB、PB 量级。
- 对数据采用“一次写入，多次读取”的思路，以此来加快整个数据集的访问速度。
- 对硬件的要求相对较低。

HDFS 也存在缺点，包含如下。

- HDFS 可以处理大量数据，具有高吞吐量等特点，但以提高时间延迟为代价。HDFS 不适合低延迟数据访问场景，如几十毫秒范围，但是通过 HBase 可以解决延迟问题。
- 存储大量小文件的成本过高。HDFS 被设计用于在大数据环境中对数据进行分析处理，但处理大量小文件，会使得 NameNode 存储的整个文件系统的目录树及索引目录变大。
- HDFS 基于流式访问，同一时间只支持一个用户写入，且写操作只能在文件末尾完成，不适合并发写入。

HDFS 的体系结构如图 6.2 所示。

（1）基本概念

① 数据块（Block）

图 6.2 中的标记数字的方框代表 HDFS 中的数据块。HDFS 将文件分成数据块进行存储，数据块是文件存储的最小逻辑单元，默认块大小为 64MB。使用数据块的好处如下。

- 同一个文件分解的数据块不需要存储在同一个磁盘中。通过将数据块存储在多个节点上可以提高文件的访问速度。
- 简化存储管理。对于 HDFS 来说，数据块大小相对固定，计算存储资源较容易。

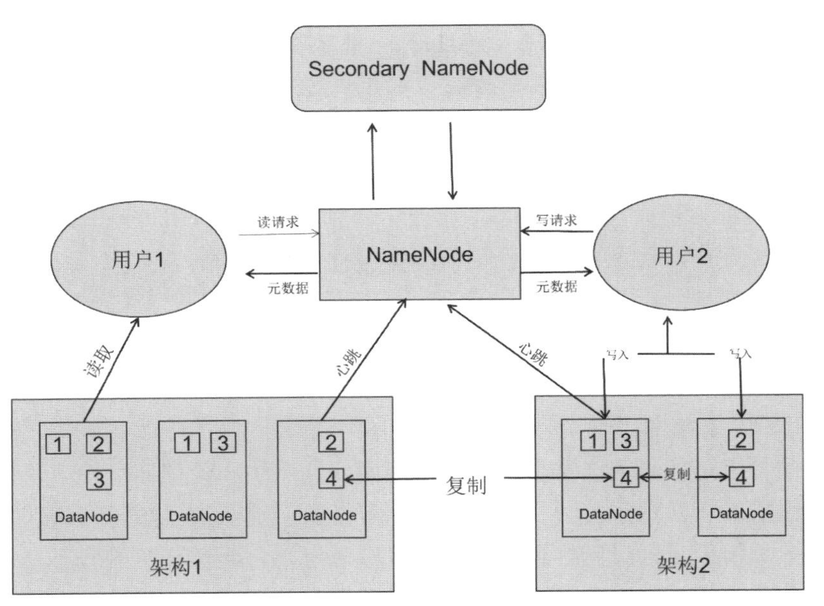

图6.2 HDFS的体系结构

- 提高可用性。通过将每个数据块根据设置分别部署在多台计算机中，确保在某一节点发生故障时数据不丢失。

② NameNode

NameNode 负责管理文件系统的命名空间，存储元数据，在群集中属于管理者角色。它负责维护文件系统树内的所有文件和目录索引，记录每个文件的存放位置和副本信息。当客户端发起对文件的访问请求时，由 NameNode 负责定位文件。NameNode 的元数据存放在 hadoop/dfs/name/current 目录（由 hdfs-site.xml 中的 dfs.namenode.name.dir 属性指定）下，如图 6.3 所示。该目录下除了元数据外，还包括“VERSION”和“seen_txid”两个文件。其具体作用如下。

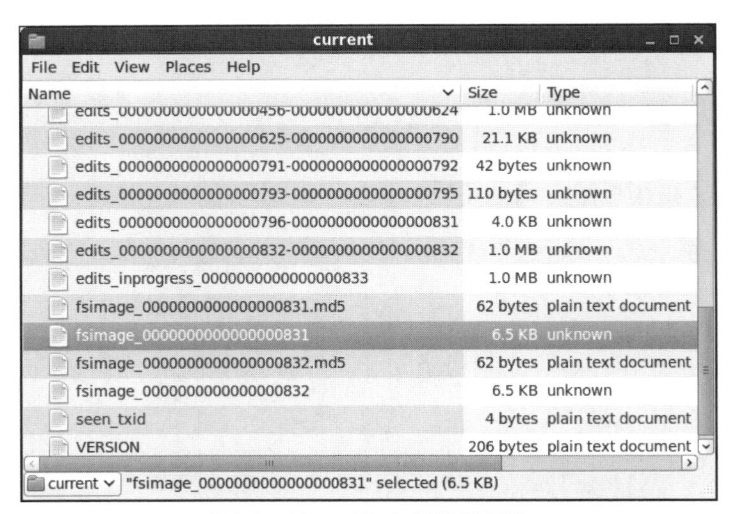

图6.3 NameNode元数据目录

- VERSION：保存版本信息，存储了当前文件系统的唯一标识符。
- seen_txid：用于事务管理。通过记录 edits_*文件的尾数，当 NameNode 重新启动时，系统会根据 edits_0000001 到 seen_txid 数字之间的事务日志恢复数据；当故障发生时，需确保 seen_txid 文件中的数据是当前 edits 文件的最后尾数。

③ DataNode

DataNode 承担实际的存储任务，负责物理节点的存储管理，包括存储并检索数据块、定期向 NameNode 发送所存储的块的列表等，属于工作者角色。DataNode 以块为单位存储数据，并根据配置复制每个块的多个副本。DataNode 的数据存储目录为/home/hduser/hadoop/dfs/data（由 hdfs-site.xml 中的 dfs.datanode.data.dir 属性指定），如“/home/hduser/hadoop/dfs/data/current/BP-367303913-192.168.70.130-1463549699942/current/finalized/subdir0/subdir0”，该目录的文件内容如图 6.4 所示。主要包括两类文件。

- blk_<id>：HDFS 的数据块，保存二进制数据。
- blk_<id>.meta：数据块的属性信息，包括版本信息、类型信息等。

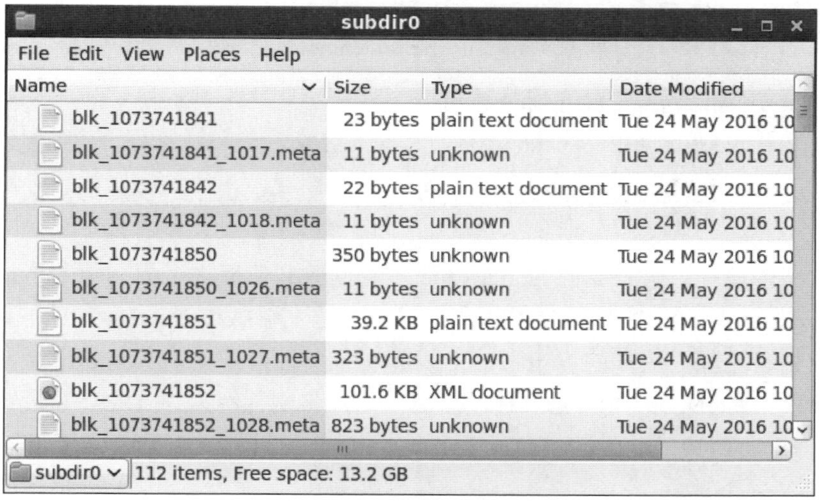

subdir0

File　Edit　View　Places　Help

Name	Size	Type	Date Modified
blk_1073741841	23 bytes	plain text document	Tue 24 May 2016 10
blk_1073741841_1017.meta	11 bytes	unknown	Tue 24 May 2016 10
blk_1073741842	22 bytes	plain text document	Tue 24 May 2016 10
blk_1073741842_1018.meta	11 bytes	unknown	Tue 24 May 2016 10
blk_1073741850	350 bytes	unknown	Tue 24 May 2016 10
blk_1073741850_1026.meta	11 bytes	unknown	Tue 24 May 2016 10
blk_1073741851	39.2 KB	plain text document	Tue 24 May 2016 10
blk_1073741851_1027.meta	323 bytes	unknown	Tue 24 May 2016 10
blk_1073741852	101.6 KB	XML document	Tue 24 May 2016 10
blk_1073741852_1028.meta	823 bytes	unknown	Tue 24 May 2016 10

subdir0　112 items, Free space: 13.2 GB

图6.4　DataNode数据块目录

④ SecondaryNameNode

在 HDFS 架构中，用户发起的请求首先到达 NameNode，并在 NameNode 的协调下由 DataNode 负责实际文件的读写请求，如文件的创建、删除和复制等。如果存放在 NameNode 上的元数据损坏，HDFS 中所有的文件将不能访问，所以 NameNode 在群集中扮演了非常重要的角色。为了避免由于 NameNode 的单点故障引发的问题，Hadoop 对 NameNode 进行了补充，增加了 Secondary NameNode。Secondary NameNode 负责周期性地备份 NameNode 中的数据，包括元数据。在 NameNode 出现故障时，可以通过 Secondary NameNode 来恢复 NameNode。在配置文件 hdfs-site.xml 中设置 dfs.namenode.secondary.http-address 的属性值可以配置 Secondary NameNode，通过浏览器查看 Secondary NameNode 的运行状态，如图 6.5 所示。

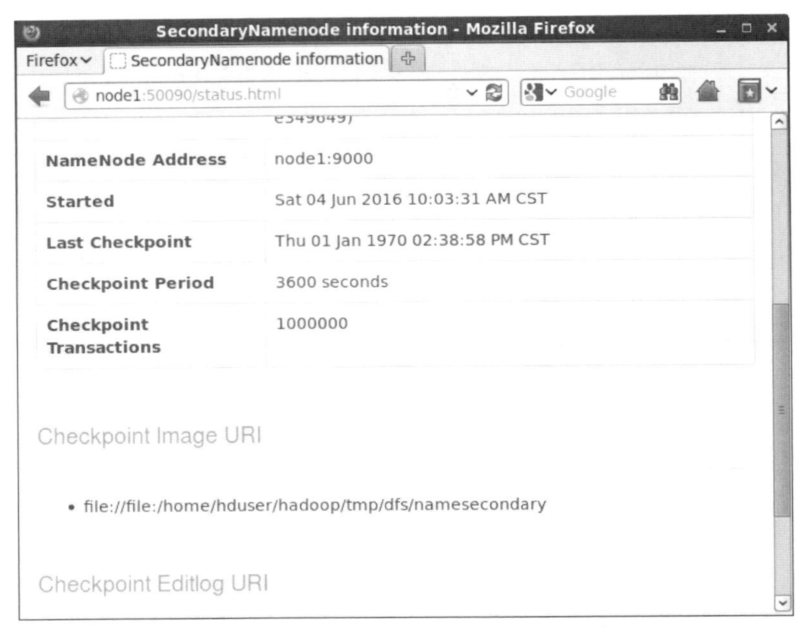

图6.5　查看Secondary NameNode状态

（2）HDFS 群集（Master/Slave 架构）

典型的 HDFS 群集是由一个 NameNode、一个 Secondary NameNode 和多个 DataNode 组成的，属于典型的 Master/Slave 模式。如图 6.2 所示，由用户发起的对文件的读写流程如下。

- 数据读流程：客户端向 NameNode 发起读取文件请求，由 NameNode 向用户返回该文件在 DataNode 中所处的位置信息。然后由客户端从该 DataNode 读取数据。
- 数据写流程：用户向 NameNode 发起写入文件请求，由 NameNode 向用户返回具体写入哪个 DataNode 节点的信息，然后由用户将文件写入该 DataNode 中，最后该 DataNode 自动将用户写入的数据复制到其他 DataNode 上，复制的副本数量由用户配置决定，默认是三个副本。

4. Hadoop 发行版本

Hadoop 的发行版本比较多，为了方便读者选择合适的 Hadoop 版本，表 6-2 列出了各版本之间的差异。

表 6-2　Hadoop 版本说明

Apache Hadoop	大版本	说明
第二代 Hadoop 2.0	2.x.x	下一代 Hadoop 由 0.23.x 演化而来
	0.23.x	下一代 Hadoop
第一代 Hadoop 1.0	1.0.x	稳定版，由 0.20.x 演化而来
	0.22.x	非稳定版
	0.21.x	非稳定版
	0.20.x	经典版本，最后演化成 1.0.x

由表 6-2 可知，通常所说的第一代 Hadoop 产品，指的是 0.20.x、0.21.x、0.22.x 和 1.0.x 版本，第二代 Hadoop 产品指的是 0.23.x 和 2.x.x 版本。在本书中，选择使用 Hadoop 2.6.0 版本进行讲解演示。

5．MapReduce 概述

Hadoop 的 MapReduce 框架源起于 Google 的 MapReduce 论文。因其强大的计算能力，MapReduce 被普遍应用于日志分析、海量数据排序、在海量数据中查找特定模式等生产场景中。MapReduce 被设计用来解决并行计算问题。对于大量数据的计算，仅仅依靠单个节点，因其计算能力有限，往往难以胜任，而 MapReduce 采用并行计算将大而复杂的计算任务分解为多个子任务，并将这些任务分配到由上千台商用机器组成的群集上，充分利用 Hadoop 的并行任务处理功能。如此一来，多节点的 MapReduce 框架的计算能力将远远高于单个计算资源。MapReduce 由 map（映射）和 reduce（归约）组成，其中，map 负责把任务分解成多个子任务，而 reduce 则负责把分解后的多个子任务的处理结果进行汇总。这个过程相对复杂，且对于多数开发人员来说比较陌生，特别是涉及分布式计算的问题，将会更加棘手。MapReduce 实现了并行计算的编程模型，它向用户提供统一接口，屏蔽了并行计算特别是分布式处理的诸多细节，让那些没有并行计算经验的开发人员也可以很方便地开发并行应用。

6．MapReduce 框架设计

在第一代 MapReduce 产品中，用于执行 MapReduce 作业的机器包含两种角色。

- JobTracker：执行作业的管理和调度工作。JobTracker 负责创建、调度作业中的子任务，并监控它们，当发现有失败的任务时重新选择运行子任务。JobTracker 是一个 Master 服务，一个 Hadoop 群集中通常只有一台 JobTracker 角色，建议将它部署在单独的机器上。

- TaskTracker：执行具体的子任务。TaskTracker 是一个运行在多个节点上的 Slave 服务，需要部署在 HDFS 的 DataNode 上。

在 YARN 中，JobTracker+TaskTracker 的架构模式已经被新的架构替代，关于 YARN 的内容会在稍后进行讲解。无论是 MapReduce 还是 YARN，都不会影响用户编写 MapReduce 程序，因为运行 MapReduce 作业的过程对开发人员是透明的。

7．MapReduce 编程模型

当用户编写完一个 MapReduce 程序并将其配置为一个 MapReduce 作业（Job），准备在 MapReduce 编程模型中运行时，其经历的流程大概包含 Input、Splitting、Mapping、Shuffling、Reducing 和 Final result 等。作业是指为了执行一次分布式计算任务，通过编写 MapReduce 程序并将其提交到 MapReduce 执行框架中执行的全过程。当客户端提交作业到 JobTracker 后，数据流如图 6.6 所示。

在图 6.6 中，待处理数据从输入到最后输出依次经历五个阶段。

（1）Input：由 JobTracker 创建该作业，并根据作业的输入计算所需输入分片。分片的数量取决于输入目录中的文件数量。如果单个文件超过 HDFS 默认块大小（64MB），将按照块大小进行分割。

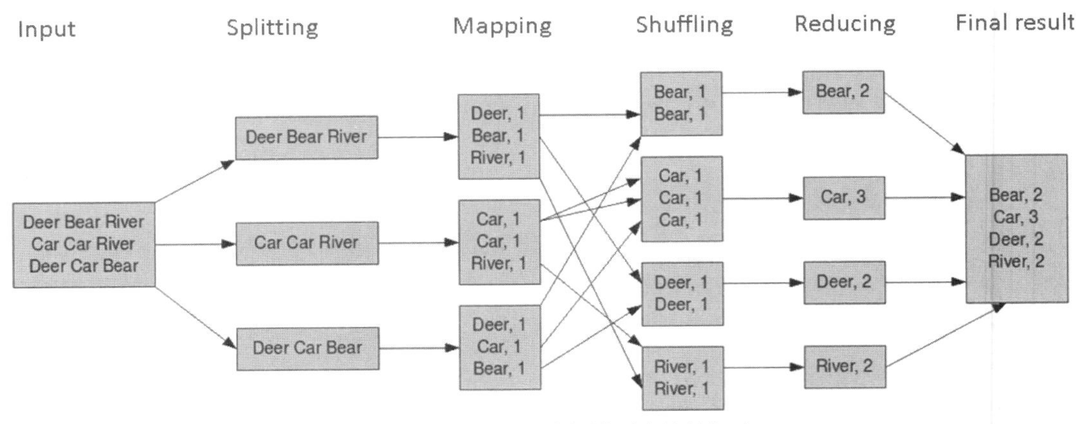

图6.6 MapReduce编程模型中的数据流

（2）Splitting：由作业调度器获取作业的输入分片信息，并按照指定的规则将输入分片中的记录转换成键值对。其中，“键”对应每一行的起始位置，以字节为单位；“值”对应本行具体的文本内容。最终为每个分片创建一个 MapTask 并分配到某个 TaskTracker。

（3）Mapping：TaskTracker 执行 MapTask 并根据该阶段的程序代码，处理输入的每一个键值对并产生新的键值对，保存在本地。

（4）Shuffling：在各 TaskTracker 之间进行数据交换，根据键进行分组，并将 MapTask 的输出作为 ReduceTask 的输入。

（5）Reducing：根据 Shuffling 阶段的输出信息执行 ReduceTask。即根据该阶段的代码处理输入的每一个键值对，并输出最终结果。

综上所述，Hadoop 将每个 MapReduce 计算任务初始化为一个作业。其处理流程中包括两个主要处理阶段，分别是 map 阶段和 reduce 阶段。两个阶段均以键值对作为输入，经过处理后再同样以键值对的形式输出。整个 MapReduce 编程模型的主要任务是通过输入键值对集合来产生全新的键值对集合。

从 MapReduce 框架中的角度来看，一个 MapReduce 作业的工作流程如图 6.7 所示。一个完整的 MapReduce 作业的运行过程包括以下 10 个步骤。

（1）编写 MapReduce 程序并运行一个作业。

（2）向 JobTracker 获取一个新的作业 ID。

（3）复制作业资源到 HDFS。

（4）向 JobTracker 提交作业。

（5）JobTracker 初始化作业。

（6）检索输入分片。

（7）心跳通信。TaskTracker 循环程序定期向 JobTracker 发送心跳信息，JobTracker 通过该信息判断 TaskTracker 是否存活，同时也充当二者之间的消息通道。

（8）获取作业资源。

（9）分配任务。

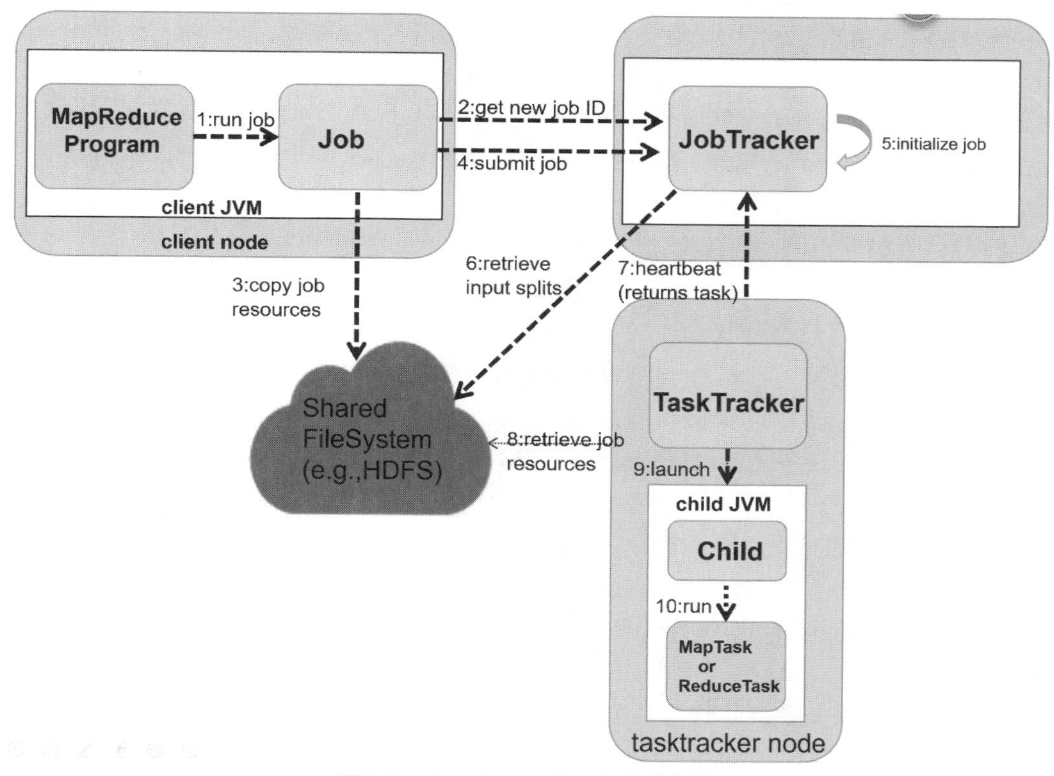

图6.7 MapReduce框架工作流程图

（10）运行 MapTask 或 ReduceTask，最后输出 MapReduce 处理结果。

MapReduce 是一个框架，用于运行用户的程序并自动输出所需结果。所以一个 MapReduce 作业的执行还需要用户编写程序。通过图 6.7 所示的流程图可知，一个用户程序主要包含以下部分。

MapReduce 工作原理

- MapTask 程序：Mapper 的实现。
- ReduceTask 程序：Reducer 的实现。
- Job：用户的具体作业。

请扫描二维码观看视频讲解。

8. Hadoop 部署模式

出于不同的目的可以选择不同的 Hadoop 部署方式。Hadoop 主要有 3 种安装部署方式。

- 单机模式：无须特殊配置，Hadoop 被视为一个独立的 Java 进程，属于非分布式模式。
- 伪分布式：Hadoop 群集由一台物理节点运行不同的 Java 进程来模拟多个节点操作，包括主节点和从节点。该模式通过软件实现群集功能，一般用于测试目的。
- 完全分布式：根据不同的规划，由物理节点承担相应的角色。即 NameNode 和 DataNode 分别部署在不同的物理节点上。其中，NameNode 只有一个，DataNode 可以有多个。部署 NameNode 的机器是 Master，其余的机器是 Slave。

在生产环境中，应该选择使用完全分布式部署方式，以充分发挥 Hadoop 的优势。

9. YARN **框架**

对于超过 4000 个节点的大型群集，第一代 MapReduce 框架开始面临扩展性的瓶颈问题。主要表现在以下几个方面。

（1）JobTracker 单点瓶颈。MapReduce 中的 JobTracker 任务量比较大，容易成为群集中的瓶颈，因为它不仅要负责作业的分发、管理和调度，同时还必须和群集中所有的节点保持“心跳”通信，跟踪机器的运行状态。

（2）TaskTracker 端的任务分配机制设计过于简单，可能会将多个资源消耗过多或运行时间过长的任务分配到同一个节点上，导致作业的等待时间过长。

（3）作业延迟高。在运行一个 MapReduce 作业之前，JobTracker 首先需要等待 TaskTracker 汇报自己的资源运行情况，之后 JobTracker 根据获取的资源信息分配任务，TaskTracker 在获取任务之后再开始运行，从而导致小作业启动时间过长。

（4）编程框架不够灵活。MapReduce V1 框架限制了编程的模式及资源的分配。

基于以上存在的问题，下一代 MapReduce 框架 YARN 应运而生。YARN 将 JobTracker 的职能进行了拆分，从而改善了 MapReduce V1 面临的扩展性瓶颈问题。YARH 将原 JobTracker 负责的任务拆分为群集资源管理器（Resource Manager）和应用主体（Application Master，AM），原 TaskTracker 演变成节点管理器（Node Manager），如图 6.8 所示。其中，群集资源管理器负责管理群集上的资源使用，并监控应用主体；应用主体负责与群集资源管理器通信获取资源，并与节点管理器配合完成节点的任务，还负责管理和监控群集上运行的任务，并在任务运行失败时重新为任务申请资源以重启任务。

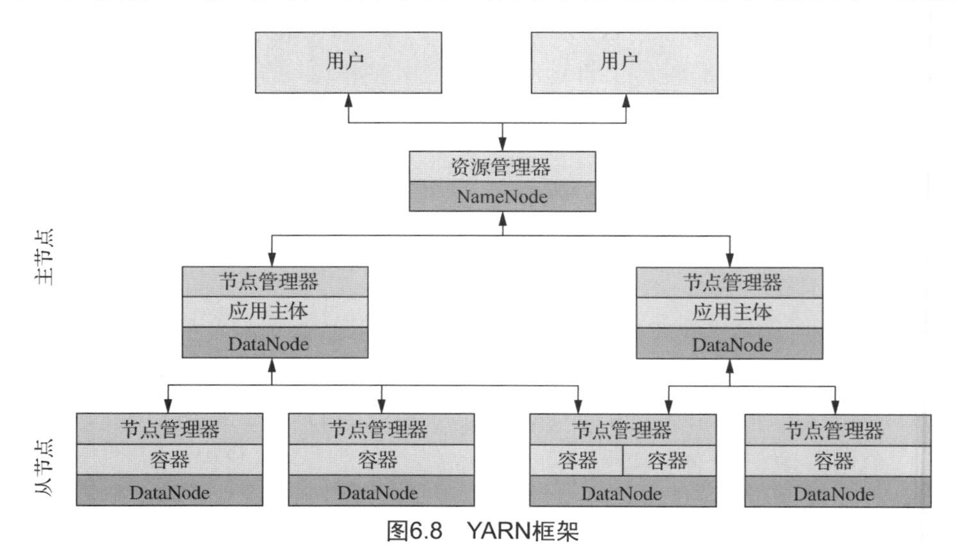

图6.8 YARN框架

YARN 仍然采用 Master/Slave 结构，整个架构由资源管理器、节点管理器、应用主体和资源容器组成。各组件的职责如下。

（1）资源管理器：包括调度器（Scheduler）和应用管理器（Applications Manager，ASM）两个功能组件。调度器仅负责协调群集上计算资源的分配，不负责监控各个应用的执行情况。应用管理器负责接收作业并与调度器协商获取第一个资源容器，用于启动作业所属的应用主体并监控应用主体的存在情况。

（2）节点管理器：负责定时向资源管理器报告本节点资源使用情况和容器运行情况，同时还负责启动和监视本节点的计算资源容器。

（3）应用主体：通过和调度器协商获取资源，并进行任务的二次分配。

（4）资源容器（Container）：负责对节点自身内存、CPU、磁盘、网络带宽等资源进行抽象封装，由资源管理器分配并由节点管理器管理。主要职责是运行、保存或传输应用主体提交的作业或需要存储和传输的数据。

10. YARN 配置文件

YARN 兼容 MapReduce V1，所以基于 MapReduce V1 编写的程序无须修改即可运行在 YARN 中。配置 YARN 涉及以下配置文件。

（1）yarn-env.sh：需要加入 JDK 路径。

（2）mapred-site.xml：需要配置 mapreduce.framework.name 值为 yarn。

（3）yarn-site.xml：YARN 具体配置信息，详见表 6-3。

表 6-3　YARN 配置信息

属性	默认值	说明
yarn.reourcemanager.address	hostname:8032	ResourceManager 对客户端提供的地址。客户端通过该地址向 ResourceManager 提交、终止应用程序
yarn.resourcemanager.scheduler.address.	hostname:8030	ResourceManager 对 ApplicationMaster 提供的地址。ApplicationMaster 通过该地址向 ResourceManager 申请、释放资源
yarn.resourcemanager.resource-tracker.address	hostname:8031	ResourceManager 对 NodeManager 提供的地址。NodeManager 通过该地址向 ResourceManager 汇报心跳，领取任务
yarn.resourcemanager.admin.address	hostname:8033	ResourceManager 对管理员提供的地址。管理员通过该地址向 ResourceManager 发送管理命令
yarn.resourcemanager.webapp.address	hostname:8088	ResourceManager 对外的 Web 访问地址。用户可通过该地址在浏览器中查看群集的各类信息

通过工具 sbin/start-yarn.sh 可以启动 YARN。执行命令后，在 DataNode 和 NameNode 上分别执行 jps 命令，可以查看 ResourceManager 或 NodeManager 进程是否成功启动。

11. YARN 作业执行流程

在 YARN 框架中，用户执行一个作业的完整流程如图 6.9 所示。

（1）用户提交的作业由 MapReduce 框架为其分配一个新的应用 ID，并将应用的定义打包上传到 HDFS 上用户的应用缓存目录中，然后提交此应用给应用管理器。

（2）应用管理器和调度器进行协商，最终获取运行应用主体所需的第一个资源容器。

（3）应用管理器在获取的资源容器上执行应用主体。

（4）应用主体计算应用所需资源并发送资源请求到调度器。

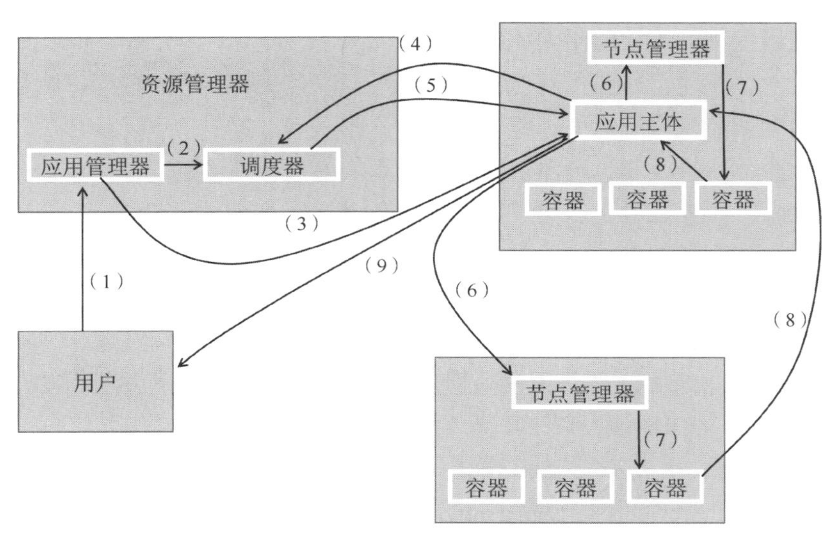

图6.9　YARN作业执行流程

（5）调度器根据自身统计的可用资源状态和应用主体的资源请求，分配合适的资源容器给应用主体。

（6）应用主体与所分配容器的节点管理器通信，提交作业情况和资源使用说明。

（7）节点管理器启用容器并运行任务。

（8）应用主体监控容器上任务的执行情况。

（9）应用主体反馈作业的执行状态和完成状态。

12. YARN 优势

（1）拆分了 JobTracker 的任务，避免了 JobTracker 的瓶颈问题，提高了群集的可扩展性。

（2）增加了灵活性，应用主体可以由用户通过编写程序自行定义，扩展了 YARN 的适用范围。

（3）群集资源通过资源容器组织，提高了群集资源的利用率。

6.1.3　案例环境

1. 案例实验环境

本案例介绍 Hadoop 分布式安装，物理节点采用 3 台 CentOS 7.3（64 位）主机，并且都已经关闭 Firewalld 和 SeLinux。具体环境如表 6-4 所示。

表 6-4　案例实验环境

主机名	IP 地址	所分配的角色
node1	192.168.9.233	Master，NameNode
node2	192.168.9.234	Slave，DataNode
node3	192.168.9.235	Slave，DataNode

本案例拓扑如图 6.10 所示。

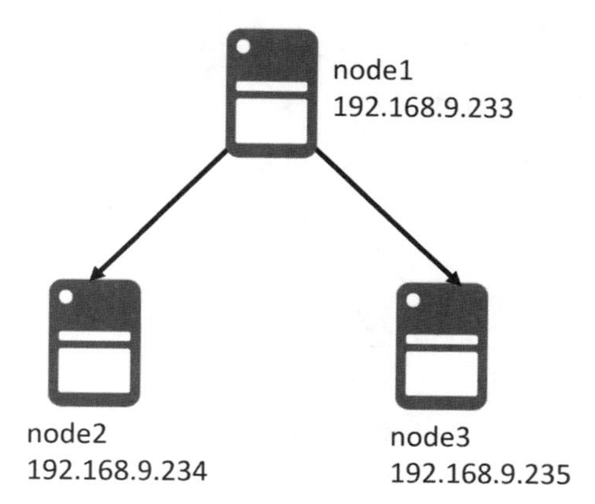

图6.10　案例拓扑

2. **案例需求**

通过 CentOS 7.3 部署 Hadoop 群集，并执行示例程序以验证群集是否正常工作。

3. **案例实现思路**

（1）安装 Hadoop 运行环境

（2）部署 Hadoop

（3）运行 Hadoop 的 WordCount 程序

（4）使用 HDFS 命令行工具操作 Hadoop

6.2 案例实施

在正式开始部署之前，需要提前在 3 台主机上配置 hosts 名称解析。以 node1 为例，配置 hosts 文件并增加以下内容。

```
[root@node1  ~]# cat /etc/hosts
... //省略部分内容
192.168.9.233    node1
192.168.9.234    node2
192.168.9.235    node3
```

6.2.1 安装 Hadoop 运行环境

1. **创建用户**

（1）配置用户

首先在三台服务器上创建用户 hduser 和组 hadoop，分别在主机终端执行以下命令。

```
[root@node1  ~]# groupadd hadoop
[root@node1  ~]# useradd -g hadoop hduser
[root@node1  ~]# passwd hduser
```

```
//根据提示输入密码
```

（2）配置用户 sudo 权限

编辑/etc/sudoers 文件，在文本编辑窗口中查找行“root ALL=(ALL)ALL”，并追加如下内容，将 hduser 添加到 sudoers 中。

```
[root@node1 ~]# vim /etc/sudoers
... //省略部分内容
hduser ALL=(ALL) ALL
... //省略部分内容
```

注意

通过 vim 编辑器保存时必须使用 “wq!”。

2. 安装 JDK

上传 JDK 软件到 3 台 CentOS 主机并配置 Java 环境，依次执行以下操作。

```
[hduser@node1 ~]$ sudo rpm -ivh jdk-8u171-linux-x64.rpm
[hduser@node1 ~]$ sudo gedit /etc/profile
... //省略部分内容
export JAVA_HOME=/usr/java/jdk1.8.0_171-amd64
export CLASSPATH=$JAVA_HOME/lib:$CLASSPATH
export PATH=$JAVA_HOME/bin:$PATH
[hduser@node1 ~]$ source /etc/profile
[hduser@node1 ~]$ java –version        //若输出包含版本号信息，表示安装成功
```

3. SSH 免密码登录

本案例中，node1 节点充当主节点，即管理者角色，node2 和 node3 是从节点。需要配置 node1 可以免密码管理 node2 和 node3，通过在 node1 节点上生成 SSH 密钥对，并将公钥复制到 node2 和 node3 节点实现在 node1 节点执行以下命令配置 SSH。其中，ssh-copy-id 命令用来复制公钥文件到指定节点。

```
[hduser@node1 ~]$ ssh-keygen -t rsa         //连续输入回车键
[hduser@node1 ~]$ ssh-copy-id node1         //第一次输入 yes 和 hduser 的密码
[hduser@node1 ~]$ ssh-copy-id node2
[hduser@node1 ~]$ ssh-copy-id node3
```

配置完成后，尝试在 node1 主机上测试到 node2 和 node3 的远程 SSH 访问，已经不需要输入密码信息。

6.2.2 Hadoop 完全分布式安装

1. 安装 Hadoop

在 node1、node2 和 node3 节点上分别执行以下操作，安装 Hadoop 软件。

（1）Hadoop 软件无须执行 make 编译以及后续操作，通过解压软件便已经完成了安装过程。首先复制软件到用户的 hduser 目录，并执行以下操作。

```
[hduser@node1 ~]$ tar zxvf hadoop-2.6.5.tar.gz
[hduser@node1 ~]$ mv hadoop-2.6.5 hadoop
```

hadoop 的目录结构如下所示。

- bin：可执行文件目录。包含 hadoop、dfs、yarn 等命令，所有用户均可执行。
- etc：Hadoop 配置文件目录。
- include：包含 C 语言接口开发所需的头文件。
- lib：包含 C 语言接口开发所需的链接库文件。
- libexec：运行 sbin 目录中的脚本会调用此目录下的脚本。
- logs：日志目录。
- sbin：仅超级用户能够执行的脚本，包括启动和停止 dfs、yarn 等。
- share：包括 doc 和 hadoop 两个目录。其中，doc 目录包含大量的 Hadoop 帮助文档；hadoop 目录包含运行 Hadoop 所需的所有 jar 文件，在开发中用到的 jar 文件也可在此目录找到。

（2）执行以下命令，配置 hadoop 环境变量。

```
[hduser@node1 hadoop]$ sudo vim /etc/profile
//在文件末尾追加以下内容
#hadoop
export HADOOP_HOME=/home/hduser/hadoop
export PATH=$HADOOP_HOME/bin:$PATH
[hduser@node1 hadoop]$ source /etc/profile
```

2. 配置 Hadoop

配置 Hadoop 需要在 3 个节点上操作。因每个节点的配置内容相同，所以只针对 node1 进行配置，然后将配置文件复制到 node2、node3，即可完成 3 个节点的配置。

配置 Hadoop 主要涉及到 7 个配置文件，全部位于 hadoop/etc/hadoop 文件夹下，包括 hadoop-env.sh、yarn-env.sh、slaves、core-site.xml、hdfs-site.xml、mapred-site.xml、yarn-site.xml。具体配置如下。

（1）配置/home/hduser/hadoop/etc/hadoop/hadoop-env.sh 文件，并增加以下内容，指定 JDK 路径。

```
[hduser@node1 ~]$ cd ~/hadoop/etc/hadoop
[hduser@node1 hadoop]$ vim hadoop-env.sh
... //省略部分内容
export JAVA_HOME=/usr/java/jdk1.8.0_171-amd64
```

（2）配置/home/hduser/hadoop/etc/hadoop/yarn-env.sh 文件。执行以下命令，指定 JDK 路径。

```
[hduser@node1 ~]$ cd ~/hadoop/etc/hadoop
[hduser@node1 ~]$ vim yarn-env.sh
... //省略部分内容
export JAVA_HOME=/usr/java/jdk1.8.0_171-amd64
```

（3）配置/home/hduser/hadoop/etc/hadoop/slaves 文件。打开文件并清空原有内容，增加如下内容。

```
[hduser@node1 ~]$ vim slaves
node2
node3
```

（4）配置/home/hduser/hadoop/etc/hadoop/core-site.xml 文件，该文件是 Hadoop 全局配置文件。打开文件并在<configuration>元素中增加如下配置属性。

```
[hduser@node1 ~]$ vim core-site.xml
... //省略部分内容
<configuration>
    <property>
        <name>fs.defaultFS</name>
        <value>hdfs://node1:9000</value>
    </property>
    <property>
        <name>hadoop.tmp.dir</name>
        <value>file:/home/hduser/hadoop/tmp</value>
    </property>
</configuration>
... //省略部分内容
```

其中，fs.defaultFS 表示客户端连接 HDFS 时的默认路径的前缀，9000 是 HDFS 工作的端口。hadoop.tmp.dir 指定临时目录，如不指定会保存到系统的默认临时文件目录/tmp 中。

（5）配置/home/hduser/hadoop/etc/hadoop/hdfs-site.xml 文件。该文件是 HDFS 的配置文件，打开并在<configuration>元素中增加如下配置属性。

```
[hduser@node1 ~]$ vim hdfs-site.xml
... //省略部分内容
<configuration>
    <property>
        <name>dfs.namenode.secondary.http-address</name>
        <value>node1:50090</value>
    </property>
    <property>
        <name>dfs.namenode.name.dir</name>
        <value>file:/home/hduser/hadoop/dfs/name</value>
    </property>
    <property>
        <name>dfs.datanode.data.dir</name>
        <value> file:/home/hduser/hadoop/dfs/data</value>
    </property>
    <property>
        <name>dfs.replication</name>
        <value>2</value>
    </property>
    <property>
```

```
        <name>dfs.webhdfs.enabled</name>
        <value>true</value>
    </property>
</configuration>
... //省略部分内容
```

hdfs-site.xml 文件中的参数含义如表 6-5 所示。

表 6-5　hdfs-site.xml 中的参数

参数名（name）	描述
dfs.namenode.secondary.http-address	Secondary NameNode 服务器的 HTTP 地址和端口
dfs.namenode.name.dir	NameNode 存储命名空间及汇报日志的位置
dfs.datanode.data.dir	DataNode 存放数据块的目录列表
dfs.replication	冗余备份数量，一份数据可设置多个副本
dfs.webhdfs.enabled	在 NameNode 和 DataNode 中启用 WebHDFS

（6）配置/home/hduser/hadoop/etc/hadoop/mapred-site.xml 文件。该文件是 MapReduce 的配置文件，可从模板文件 mapred-site.xml.template 复制。打开文件并在<configuration>元素中增加如下配置属性。

```
[hduser@node1 ~]$ vim mapred-site.xml
... //省略部分内容
    <configuration>
    <property>
        <name>mapreduce.framework.name</name>
        <value>yarn</value>
    </property>
    <property>
        <name>mapreduce.jobhistory.address</name>
        <value>node1:10020</value>
    </property>
    <property>
        <name>mapreduce.jobhistory.webapp.address</name>
        <value>node1:19888</value>
    </property>
</configuration>
... //省略部分内容
```

其中，mapreduce.framework.name 属性指定了运行 MapReduce 程序的框架程序。

（7）配置/home/hduser/hadoop/etc/hadoop/yarn-site.xml 文件。如果在 mapred-site.xml 中选择使用 YARN 框架，那么 YARN 框架将使用此文件中的配置。打开文件并在<configuration>元素中增加如下配置属性。

```
[hduser@node1 ~]$ vim yarn-site.xml
... //省略部分内容
```

```
<configuration>
<property>
    <name>yarn.nodemanager.aux-services</name>
    <value>mapreduce_shuffle</value>
</property>
<property>
<name>yarn.nodemanager.aux-services.mapreduce.shuffle.class</name>
    <value>org.apache.hadoop.mapred.ShuffleHandler</value>
</property>
<property>
    <name>yarn.resourcemanager.address</name>
    <value>node1:8032</value>
</property>
<property>
    <name>yarn.resourcemanager.scheduler.address</name>
    <value>node1:8030</value>
</property>
<property>
    <name>yarn.resourcemanager.resource-tracker.address</name>
    <value>node1:8035</value>
</property>
<property>
    <name>yarn.resourcemanager.admin.address</name>
    <value>node1:8033</value>
</property>
<property>
    <name>yarn.resourcemanager.webapp.address</name>
    <value>node1:8088</value>
</property>
</configuration>
... //省略部分内容
```

（8）复制 node1 节点中已经配置好的七个文件到 node2、node3 的相同目录下。使用 scp 命令，在 node1 节点上执行以下操作。

```
[hduser@node1 ~]$ scp -r /home/hduser/hadoop node3:/home/hduser
[hduser@node1 ~]$ scp -r /home/hduser/hadoop node2:/home/hduser
```

至此，完成 Hadoop 的配置任务。

3. 验证安装配置

以下操作用于验证 Hadoop 配置是否正确。

（1）格式化 NameNode

在 Master 节点执行以下操作。

```
[hduser@node1 ~]$ cd ~/hadoop/
[hduser@node1 hadoop]$ bin/hdfs namenode -format
[hduser@node1 hadoop]$ sbin/start-dfs.sh
```

```
Starting namenodes on [node1]
node1: starting namenode, logging to /home/hduser/hadoop/logs/hadoop-hduser-namenode-node1.out
node2: starting datanode, logging to /home/hduser/hadoop/logs/hadoop-hduser-datanode-node2.out
node3: starting datanode, logging to /home/hduser/hadoop/logs/hadoop-hduser-datanode-node3.out
Starting secondary namenodes [node1]
node1: starting secondarynamenode, logging to /home/hduser/hadoop/logs/hadoop-hduser-secondarynamenode-node1.out
```

（2）查看 Java 进程

通过 jps 命令查看 Java 进程，如下所示。

```
[hduser@node1 hadoop]$ jps
657 SecondaryNameNode
455 NameNode
824 Jps
```

（3）启动 YARN

执行以下命令，启动 YARN。

```
[hduser@node1 hadoop]$ sbin/start-yarn.sh
```

另一种启动 YARN 的方式是执行 start-all.sh 脚本，它将同时启动 HDFS 和 YARN。

（4）查看群集状态

执行以下命令查看群集当前的运行状态。

```
[hduser@node1 hadoop]$ bin/hdfs dfsadmin -report
Configured Capacity: 55798931456 (51.97 GB)
Present Capacity: 43985825792 (40.96 GB)
DFS Remaining: 43985817600 (40.96 GB)
DFS Used: 8192 (8 KB)
DFS Used%: 0.00%
Under replicated blocks: 0
Blocks with corrupt replicas: 0
Missing blocks: 0

-------------------------------------------------
Live datanodes (2):

Name: 192.168.9.234:50010 (node2)
Hostname: node2
Decommission Status : Normal
Configured Capacity: 27899465728 (25.98 GB)
DFS Used: 4096 (4 KB)
Non DFS Used: 5899321344 (5.49 GB)
DFS Remaining: 22000140288 (20.49 GB)
DFS Used%: 0.00%
DFS Remaining%: 78.86%
Configured Cache Capacity: 0 (0 B)
Cache Used: 0 (0 B)
```

```
Cache Remaining: 0 (0 B)
Cache Used%: 100.00%
Cache Remaining%: 0.00%
Xceivers: 1
Last contact: Sun Jun 03 12:18:59 CST 2018


Name: 192.168.9.235:50010 (node3)
Hostname: node3
Decommission Status : Normal
Configured Capacity: 27899465728 (25.98 GB)
DFS Used: 4096 (4 KB)
Non DFS Used: 5913784320 (5.51 GB)
DFS Remaining: 21985677312 (20.48 GB)
DFS Used%: 0.00%
DFS Remaining%: 78.80%
Configured Cache Capacity: 0 (0 B)
Cache Used: 0 (0 B)
Cache Remaining: 0 (0 B)
Cache Used%: 100.00%
Cache Remaining%: 0.00%
Xceivers: 1
Last contact: Sun Jun 03 12:18:59 CST 2018
```

至此，完成 Hadoop 完全分布式安装。在浏览器地址栏中输入“http://192.168.9.233:50070”，打开控制台页面，如图 6.11 所示。

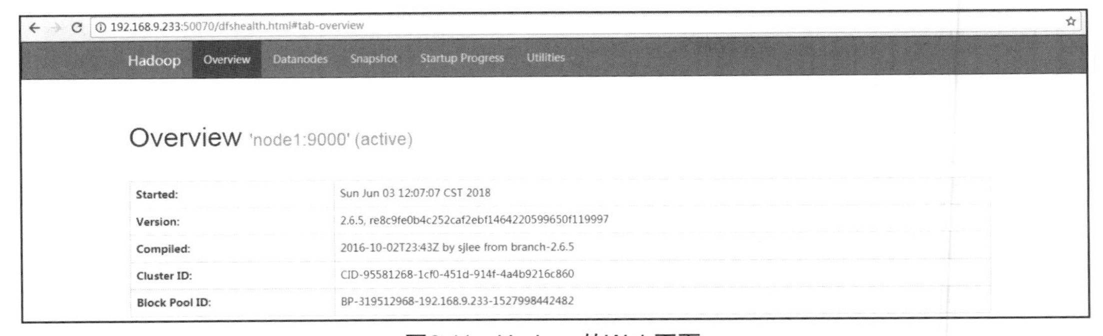

图6.11　Hadoop的Web页面

通过以下脚本命令可以停止 Hadoop。

```
[hduser@node1 hadoop]$ sbin/stop-all.sh
```

4．节点操作

本案例涉及三个 Hadoop 节点，在生产环境中还可根据需要扩展节点。

（1）节点添加

可扩展性是 HDFS 的一个重要特性，向 HDFS 群集中添加 DataNode 的步骤如下。

① 对新节点进行系统配置，包括 hostname、hosts 文件、JDK 环境、防火墙等；

② 在新增节点上安装好 Hadoop 并配置 NameNode 节点，可以从 NameNode 复制配置文件；

③ 在 NameNode 上修改$HADOOP_HOME/conf/slaves 文件，增加新节点主机名；

④ 运行启动 hdfs 命令：bin/start-all.sh。

（2）负载均衡

当节点变多、数据量增大时，HDFS 的数据在多个 DataNode 中的分布可能不均匀，特别是在 DataNode 出现故障或新增一个 DataNode 时。使用以下命令可重新平衡 DataNode 上的数据块的分布。

```
[hduser@node1 ~]$ sbin/start-balancer.sh
```

6.2.3 运行 Hadoop 的 WordCount 程序

WordCount 程序是 Hadoop 自带的使用 MapReduce 框架编写的入门程序，类似于初学编程语言时常见的 Hello World 程序。WordCount 用于实现对文本中的单词计数的功能，并根据单词首字母排序输出结果。

本章通过在 MapReduce 运行 WordCount 程序来测试 Hadoop 的运行情况。Hadoop 的示例程序位于 share/hadoop/mapreduce/hadoop-mapreduce-examples-2.6.5.jar 中，其中包含了 WordCount 程序。

（1）创建测试文件

创建用户需要 WordCount 程序处理的文本文件。在 home/hduser/file 目录下创建 file1.txt、file2.txt 两个文件，并输入以下内容。

```
[hduser@node1 ~]$ mkdir file
[hduser@node1 ~]$ cd file/
[hduser@node1 file]$ ll
[hduser@node1 file]$ echo "Hello World hi HADOOP" > file1.txt
[hduser@node1 file]$ echo "Hello hadoop hi CHINA" > file2.txt
```

（2）创建 HDFS 目录

首先启动 HDFS，然后创建 HDFS 目录“/input2”。注意：创建 HDFS 目录需要使用“bin/hadoop fs-命令参数”语法。

```
[hduser@node1 hadoop]$ sbin/start-all.sh
[hduser@node1 hadoop]$ bin/hadoop fs -mkdir /input2
```

（3）上传测试文本

将 file1.txt、file2.txt 文件通过 put 选项上传到 HDFS 中。

```
[hduser@node1 file]$ ../hadoop/bin/hadoop fs -put file* /input2/
[hduser@node1 file]$ ../hadoop/bin/hadoop fs -ls /input2
Found 2 items
-rw-r--r--    2 hduser supergroup            22 2018-06-03 12:41 /input2/file1.txt
-rw-r--r--    2 hduser supergroup            22 2018-06-03 12:41 /input2/file2.txt
```

（4）执行 WordCount 程序

通过运行包命令“hadoop jar xxx.jar”执行 WordCount 程序。进入 node1 主机上的

Hadoop 安装目录，执行以下命令。

```
[hduser@node1 hadoop]$ bin/hadoop jar share/hadoop/mapreduce/hadoop-mapreduce-examples-2.6.5.
jar wordcount /input2/ /output2/wordcount1
```

上述命令中，通过选项“wordcount”指定执行示例包中的 WordCount 程序，除此之外还提供了其他程序；“/input2/”参数指定处理文本所在的目录；“/output2/wordcount1”参数指定程序处理后的输出目录。

程序执行完成后，通过如下命令来查看输出目录中的结果。

```
[hduser@node1 hadoop]$ bin/hadoop fs -cat /output2/wordcount1/*
CHINA   1
HADOOP 1
Hello   2
World   1
hadoop  1
hi      2
```

以上测试结果表明 Hadoop 已经成功安装。

6.2.4 HDFS 的命令行操作

HDFS 部署完成之后，可以使用 HDFS 提供的命令行工具对文件执行相关操作。对文件的操作是通过调用 Hadoop 的文件系统 Shell 实现的。具体的命令格式如下。

```
hadoop fs <args>
```

其中，“hadoop”命令位于$HADOOP_HOME/bin 目录下，“fs”表示 HDFS 文件系统的 shell 程序，“<args>”表示 fs 中的子命令，且功能和作用类似于 Linux Shell 命令。如查看本地/home/hduser 目录下的文件列表可以使用如下命令。

```
hadoop fs -ls file:///home/hduser
```

该命令中，“-ls”表示使用 ls 子命令，作用是列出目录下的文件列表，“file://”表示本地文件系统，“/home/hduser”表示具体目录结构。

Hadoop 的文件系统支持对多种文件系统的访问，如本地文件系统和 HDFS，通过 URI 前缀加以区分，如“file://path”和“hdfs://NameNodeIP:NameNodePort/path”。其中，“file://”表示本地文件系统，“hdfs://NameNodeIP:NameNodePort/”表示 HDFS。如果省略 URL 前缀，则使用 Hadoop 配置（core-site.xml 属性 fs.defaultFS）中指定的文件系统，fs.defaultFS 的默认值为“file:///”。由于在前面配置时将其指定为“hdfs://node1:9000”，所以在上面的命令中要访问本地文件系统必须加上“file://”前缀。

查看 HDFS 文件系统中“/home/hduser”目录下的文件列表可以使用如下命令。

```
hadoop fs -ls /home/hduser
```

下面介绍 HDFS 中常用的子命令。

（1）创建目录子命令：mkdir

创建目录子命令的语法如下。

```
hadoop fs -mkdir <目录名/路径>
```

例如：执行以下命令可以创建 HDFS 中的目录。

```
hadoop fs -mkdir /user                    //在 HDFS 中创建“/user”目录
hadoop fs -mkdir /user/hadoop             //在 HDFS 中创建“/user/hadoop”目录
hadoop fs -mkdir /user/hadoop/dir1 /user/hadoop/dir2 //同时创建多个目录
```

（2）查看列表文件子命令：ls

查看列表文件子命令的语法如下。

hadoop fs -ls <参数>

上述命令中，如果参数是一个文件，则输出结果包含文件名、文件大小、修改日期、修改时间、权限用户 ID 和组 ID；如果参数是一个目录，则返回该目录子文件列表。

（3）查看文件子命令：cat

查看文件子命令的语法如下。

hadoop fs －cat URI [URI…]

URI 代表指定文件的路径。例如：执行以下命令查看具体文件。

```
hadoop fs -cat /input2/file1.txt /input2/file2.txt     //查看 HDFS 文件 file1.txt 和 file2.txt
hadoop fs -cat file:///file3       //查看本地系统文件/file3
```

（4）转移文件类子命令：put、get、mv、cp

① put 子命令

put 子命令用于从本地文件系统复制文件至 HDFS 中。具体的语法如下。

hadoop fs －put <localsrc>...<dst>

其中，localsrc 代表本地文件，dst 代表 HDFS 文件。注意：该命令中的路径参数不受 fs.defaultFS 属性的影响。

例如：通过以下命令将本地文件系统的文件复制至 HDFS 中。

```
//将本地文件复制到 HDFS 目录“/input2”。
hadoop fs -put /home/hduser/file/file1.txt /input2
//将多个本地文件复制到 HDFS 目录“/input2”。
hadoop fs -put /home/hduser/file/file1.txt /home/hduser/file/file2.txt /input2
//从标准输入中读取输入，按 Ctrl+C 组合键退出并保存到“file3”。
hadoop fs -put - /input2/file3
```

② get 子命令

get 子命令用于从 HDFS 中复制文件至本地文件系统，属于 put 子命令的逆操作。具体的语法如下。

hadoop fs -get <src> <localdst>

其中，src 代表 HDFS 文件，localdst 代表本地文件系统中的文件，同样不受 fs.defaultFS 属性影响。

例如：执行以下命令，从 HDFS 中复制文件到本地文件系统。

```
hadoop fs -get /input2/file1 $HOME/file
```

③ mv 子命令

mv 子命令用于从源路径移动文件到目标路径，允许有多个源路径，但目标路径必须是一个。要求所有路径都必须是同一文件系统 URI 格式。具体语法如下。

```
hadoop fs -mv URI[URI…] <dest>
```

其中，URI 代表源路径，dest 代表目标路径。

例如：执行以下命令在 HDFS 中移动文件到新位置。

```
hadoop fs -mv /input2/file1.txt /input2/file2.txt /user/hadoop/dir1
```

④ cp 子命令

cp 子命令用于从源路径复制文件到目标路径，允许有多个源路径，但目标路径必须是一个。要求所有路径都必须是同一文件系统 URI 格式。具体语法如下。

```
hadoop fs -cp URI [URI…] <dest>
```

其中，URI 代表源路径，dest 代表目标路径。

例如：执行以下命令在 HDFS 中复制文件。

```
//在 HDFS 中复制多个文件到"/user/hadoop/dir1"。
hadoop fs -cp /input2/file1.txt /input2/file2.txt /user/hadoop/dir1
//在本地文件系统中复制多个文件到目录"file:///tmp"。
hadoop fs -cp file:///file1.txt file:///file2.txt file:///tmp
```

（5）删除文件子命令：rm、rmr

① rm 子命令

rm 子命令用于删除指定的文件。具体语法如下。

```
hadoop fs -rm URI [URI…]
```

其中，URI 代表要删除的文件及路径，可以同时删除多个文件。

例如：执行以下命令删除 HDFS 中的文件。

```
hadoop fs -rm /intpu2/file1.txt          //删除非空文件
```

② rmr 子命令

rmr 子命令用于删除指定目录及该目录下的所有子文件和目录，属于递归删除。具体语法如下。

```
hadoop fs -rmr URI [URI…]
```

其中，URI 代表要删除的目录。

例如：执行以下命令递归删除目录。

```
hadoop fs -rmr /user/hadoop/dir1          #递归删除
```

（6）管理子命令：test、du、expunge

① test 子命令

test 子命令用于检查文件或目录属性，会根据不同的选项返回不同的结果。具体语法如下。

```
hadoop fs -test -[选项] URI
```

其中，URI 代表待测试的文件或目录。常用选项作用如下。

- -e：检查文件是否存在。如果存在，则返回 0；否则返回 1。
- -z：检查文件是否为 0 字节。如果是，则返回 0；否则返回 1。
- -d：检查路径是否为目录。如果是，则返回 0；否则返回 1。

例如：执行以下命令检查文件是否存在，并通过 Linux 的系统变量查看结果。

```
hadoop fs -test -e /input2/file3.txt          //检查文件是否存在
```

```
echo $?                //"$?"是 Linux 变量，判断上一条命令是否执行成功
```

② du 子命令

du 子命令用于显示目录中所有文件的大小。具体语法如下。

hadoop fs -du URI [URI …]

其中，URI 代表需要统计的目录。

例如：执行以下命令统计目录和文件大小。

```
hadoop fs -du /input2               #显示文件的大小，如果是目录，则列出所有文件及其大小
hadoop fs -du -s /input2/file1.txt  #显示文件的大小，如果是目录，则统计总大小
```

③ expunge 子命令

expunge 子命令用于清空回收站。具体语法如下。

hadoop fs -expunge

通过前面的介绍，读者了解了 HDFS 常用的命令及其用法。更多的命令读者可自行查阅 Hadoop 帮助文档。

本章总结

通过本章的学习，读者掌握了 Hadoop 完全分布式安装，以及常用的 HDFS 命令行工具。在掌握了常用命令后，读者就可以基于搭建好的 Hadoop 进行管理操作。在学习 HDFS 命令时，读者可以结合 Linux 系统命令掌握，学习效果可以事半功倍。

本章作业

一、选择题

1．不属于 HDFS 优势的是（　　）。

A．可以存储大文件　　B．查询数据方便

C．加快数据集的访问速度　　D．对硬件要求低

2．YARN 架构的组件包含（　　）。

A．资源管理器　　B．节点管理器

C．调度管理器　　D．容器管理器

3．HDFS 命令行工具中，可以清空回收站的命令是（　　）。

A．hadoop -flush fs　　B．hadoop fs -flush

C．hadoop -expunge fs　　D．hadoop fs -expunge

二、判断题

1．MapReduce 是并行编程模型，而 YARN 是下一代的 MapReduce，是 MapReduce 的升级版本。（　　）

2．HDFS 将文件分成数据块进行存储，数据块是文件存储的最小逻辑单元，默认块大小为 32MB。（　　）

3．Hadoop 项目 Ambari 主要用于与传统数据库（MySQL 等）间的数据传递。（　　）

4．大数据的特点是体积大、类型多，存储容量超 TB、PB 量级，所以对硬件的要求非常高。（　　）

三、简答题

1．简述 HDFS 的缺点。

2．简述 HDFS 完全分布式安装的部署流程。

3．写出至少五个 HDFS 的命令行工具及其语法。

第 7 章

HBase 部署与使用

技能目标

- 了解 HBase 体系结构
- 理解 HBase 数据模型
- 掌握 HBase 的安装
- 会使用 HBase Shell 操作 HBase

价值目标

HBase 是一个基于 Hadoop 的分部式数据库，它主要解决在实际生产过程中超大规模数据集的实时随机访问的问题。如果数据访问的速度或安全性达不到要求，将会影响企业的发展甚至国家信息的安全。因此，读者通过对 HBase 的深入学习和研究，既能提高对这类超大规模数据集的处理能力，又能为将来数字中国的发展提供必要的技术支撑。

在传统的数据库技术中，一般使用的是关系型数据库，如 SQL Server、MySQL、Oracle 等，其内部通过表的形式进行数据的逻辑存储，但是在大数据环境中，不仅数据的类型复杂，而且数据量大，使用传统的数据库技术很难实现。本章将围绕 Hadoop 环境，介绍一款非结构化的、基于列存储的数据库产品——HBase。

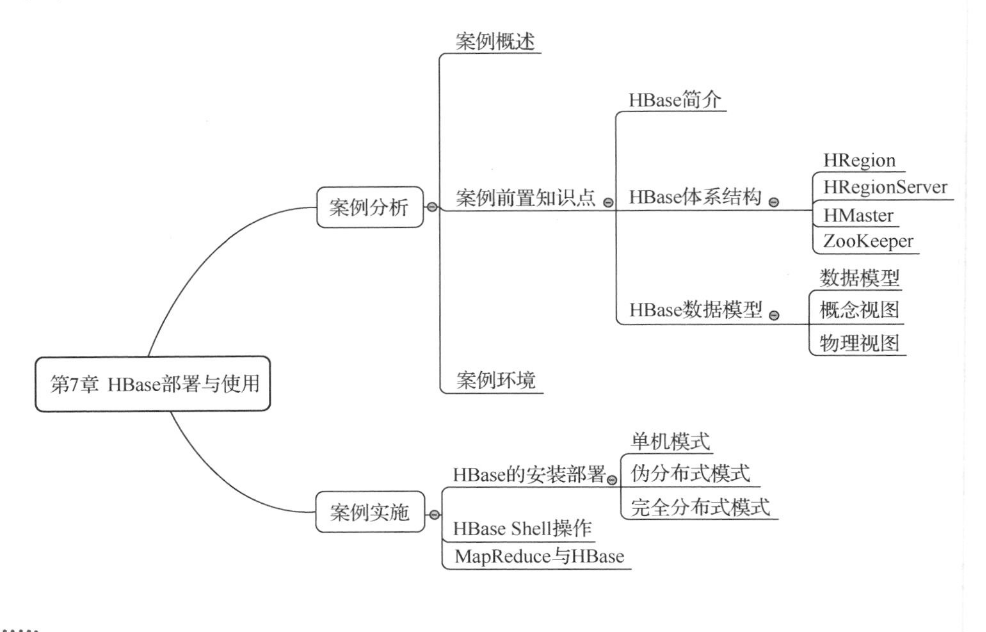

7.1 案例分析

7.1.1 案例概述

本案例介绍 Hadoop 中的 HBase 组件及其相关的概念，同时介绍 HBase 的安装部署，并在部署后的环境中执行 HBase Shell 的常见操作。

7.1.2 案例前置知识点

1. HBase 简介

HBase 是一个基于 HDFS 的面向列的分布式数据库，源于 Google 的 BigTable 论文。前面提过，HDFS 基于流式数据访问，对于非实时的数据访问并不适合在 HDFS 上运行。所以，如果需要实时地随机访问超大规模数据集，使用 Hbase 将是更好的选择。

HBase（Hadoop DataBase，Hadoop 的数据库）是基于 Hadoop 的一个分布式数据库，它利用 HDFS 作为文件存储系统。HBase 是一种 NoSQL（Not Only SQL）数据库，既不是 RDBMS，也不以 SQL 作为主要访问手段。HBase 不同于传统的关系型数据库，如 Oracle、SQL Server、MySQL 等，这些关系型数据库本身并不是为了可扩展的分布式处理而设计的。HBase 不支持关系型数据库的 SQL，也不使用以行存储的关系型结构存储数据，而是以键值对的方式按列存储，故认为 HBase 是非关系型数据库 NoSQL 的一个重要代表。

NoSQL 的概念在 2009 年提出，通常用于大规模数据的存储，既没有预定义的模式（如表结构），表和表之间也没有复杂的关系。总体上可将 NoSQL 数据库分为以下四类。

- 基于列存储的类型
- 基于文档存储的类型
- 基于键值对存储的类型
- 基于图形数据存储的类型

HBase 属于基于列存储的类型，在众多的 NoSQL 产品中，HBase 并不是最优秀的，但它的优势在于可以更好地与 Hadoop 进行整合，拥有广阔的发展前景。HBase 是基于 HDFS 设计的，底层 HDFS 基于流式的访问特性，即一次写入、多次读取，这也导致 HBase 只有插入操作，更新和删除操作都是通过插入的方式完成的，更新操作需要插入一个带时间戳的新行，而删除操作则需要插入一个带有删除标记的新行。HBase 的每次插入操作都带有时间戳标记，用于标记这是一个新的版本。根据用户的设置，HBase 会保留一定数量的版本。可以根据时间戳对 HBase 数据库进行查询，将返回距离该时间戳最近的版本，也可以不携带时间戳，将返回离当前时间最近的版本。

2. HBase 体系结构

HBase 的体系结构是主从服务器结构，包含一个 HMaster 和多个 HRegionServer。HMaster 负责管理所有的 HRegionServer，而 HRegionServer 负责存储多个 HRegion，HRegion 是 HBase 中逻辑表的分块。图 7.1 描述了 HBase 群集中的所有成员。

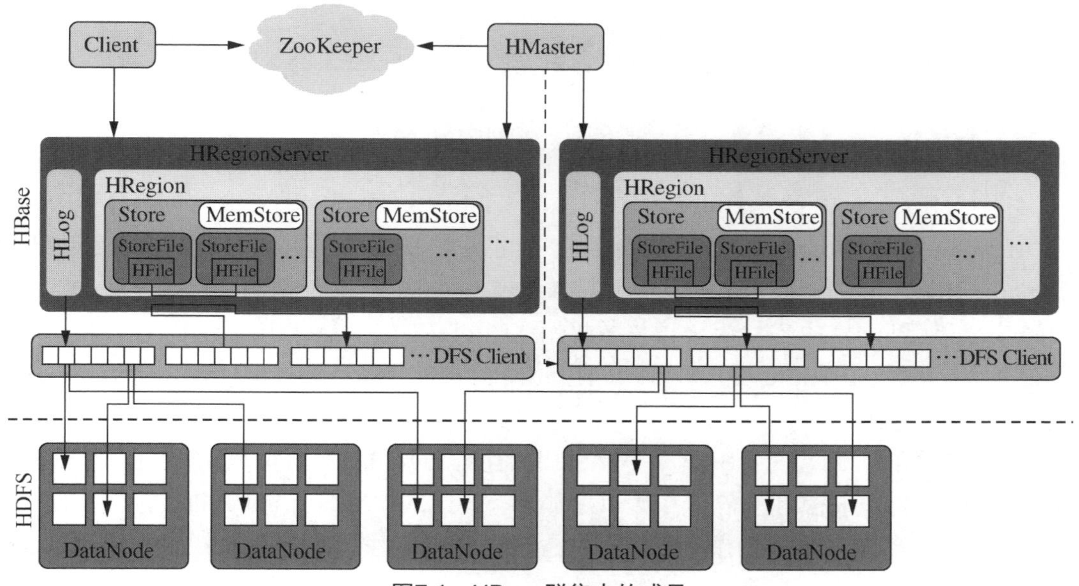

图7.1 HBase群集中的成员

下面针对主要成员进行介绍。

（1）HRegion

HBase 使用表存储数据集，表由行和列组成，这与关系型数据库类似。在 HBase 中，当表的大小超过设定值时，会自动将表划分为多个 HRegion。一个 HRegion 代表一个区域，表和 HRegion 的关系类似于 HDFS 中的文件与文件块。HRegion 是 HBase 群集上分布式存储和负载均衡的最小单位，每个 HRegion 保存一个表中一段连续的数据，不同的 HRegion 通过表名和主键范围加以区分，主键范围包含开始主键和结束主键。当一个 HRegion 的容量超出设定值时，会在某行的边界把表分成两个大小基本相同的 HRegion，称为 HRegion 分裂，如图 7.2 所示。

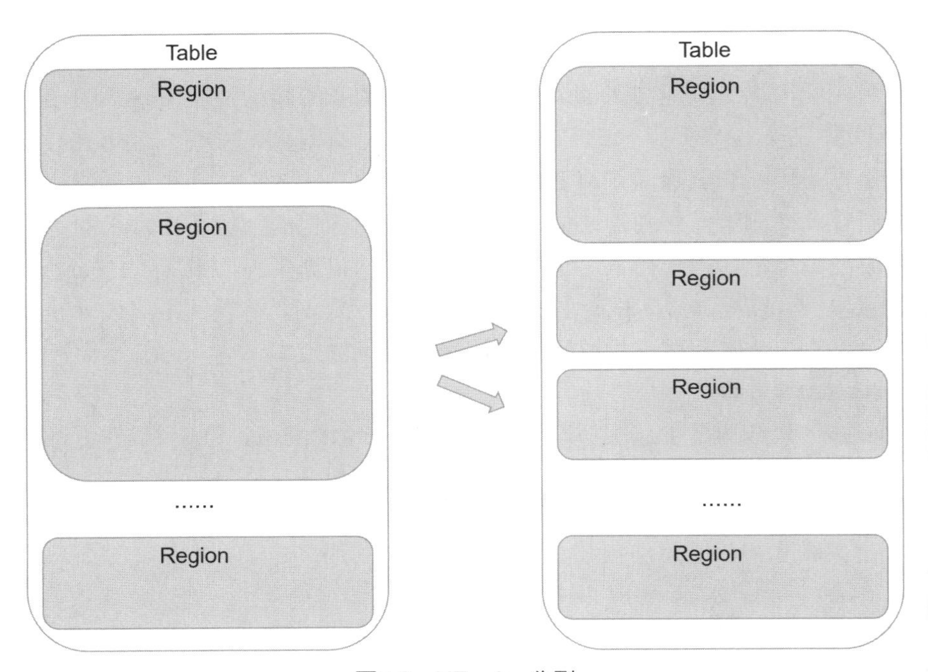

图7.2　HRegion分裂

每个 HRegion 由多个 HStore 组成，每个 HStore 对应表中的一个列族。HStore 包含 MemStore 和 StoreFile 两个组成部分，其中，MemStore 存储在内存中，StoreFile 存储在 HDFS 中。当用户执行一个写入操作时，首先将数据写入 MemStore，当 MemStore 达到一定的容量后，再将数据写入 StoreFile。StoreFile 是 HBase 中的最小存储单元，底层由 HFile 实现，HFile 是 HDFS 中的二进制格式文件，内部以键值对的格式进行存储。

根据前面的介绍，在 HBase 中不能直接执行更新或删除数据操作，所有的更新或删除均通过插入的方式实现，在表中则以追加新行的形式体现。当 StoreFile 的数量超过设定的阈值时，将触发合并操作，即将多个 StoreFile 合并为一个 StoreFile，在 StoreFile 合并的同时进行数据的更新和删除操作。

（2）HRegionServer

在 HBase 中，HRegionServer 负责响应用户的 I/O 请求，并向 HDFS 中读写数据。一台机器上只运行一个 HRegionServer。HRegionServer 包含 HLog 和 HRegion 两部分，其中，HLog 用于故障恢复，通过 Hregion 进行的写操作会首先被追加到 HLog 日志中，之后才被加入到内存的 MemStore 中。当某台 HRegionServer 发生故障时，它所维护的 HRegion 将会被重新分配到新的主机上，该主机上的 HRegionServer 在加载 HRegion 的同时通过 HLog 对丢失的数据进行恢复。而 HRegion 则对应逻辑表中的分块，并且每个 HRegion 只会被一个 HRegionServer 管理。

（3）HMaster

HMaster 负责管理 HRegionServer，所有的 HRegionServer 都通过和 HMaster 服务器通信来确定需要维护哪些 HRegion。在 HBase 中，可以存在多个 HMaster，这些 HMaster 通过 ZooKeeper 的选举机制最终确定一个 Active Master，并保证其正常工作。而其他 HMaster 成为 Backup Master，当 Active Master 出现故障时，Backup Master 将自动接管 HBase 群集。HMaster 具体包括以下功能。

- 管理用户对表的增、删、改、查操作；
- 管理 HRegionServer 的负载均衡，调整 HRegion 分布；
- 在 HRegion 分裂后，负责新 HRegion 的分配；
- 在 HRegionServer 停机后，负责失效 HRegionServer 上的 HRegion 迁移。

（4）ZooKeeper

在 HBase 中，存在两个特殊的表，即元数据表（META）和根数据表（ROOT）。其中，META 表用于记录普通用户表的 HRegion 标识符信息，格式是“表名+开始主键+唯一 ID”。HRegion 的分裂会产生更多的 HRegion，所以 META 表的信息会不断增长，HBase 通过 ROOT 表保存 META 表的 HRegion 信息。需要注意的是，ROOT 表是不能被分割的，且其中只有一个 HRegion。

ZooKeeper 用于存储 HBase 中的 ROOT 表和 META 表的位置，客户端在访问用户数据时首先访问 ZooKeeper，然后访问 ROOT 表，最后访问 META 表，并确定用户数据的位置，完成数据访问。ZooKeeper 数据访问流程如图 7.3 所示。

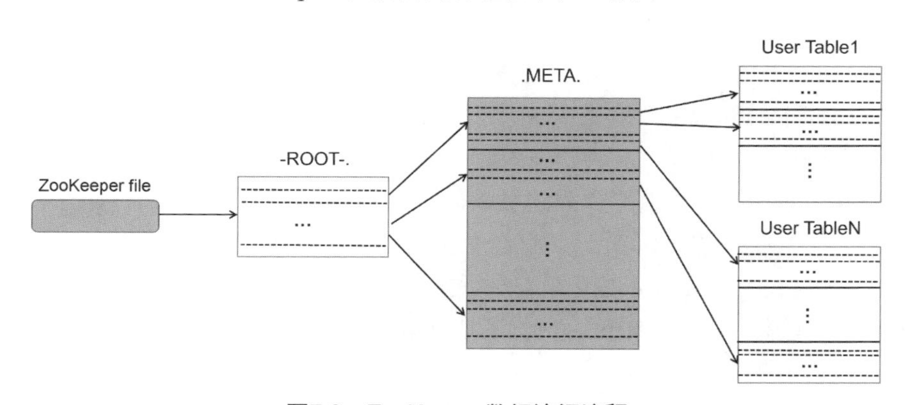

图7.3　ZooKeeper数据访问流程

3．HBase 数据模型

（1）数据模型

HBase 数据模型由表组成，表由行和列组成。但是 HBase 数据库中的行和列的概念和关系数据库中不同。下面介绍 HBase 数据模型相关的概念。

- 表（Table）：HBase 会将数据组织成表，表是稀疏表（NULL 类型的数据不被存储），表的索引是行关键字、列关键字和时间戳。需要注意，表名必须是能用在文件路径里的合法名字，因为 HBase 的表将映射成 HDFS 中的文件。
- 行（Row）：在表里面，每一行代表一个数据对象，每一行都是以一个行关键字（Row Key）来唯一标识的。
- 行关键字（Row Key）：行的主键，唯一标识一行数据，也被称为行键。表中的行根据行键的字典顺序进行排序，管理员在设计行键时要充分利用排序存储的特性，将经常一起读取的行存储在相邻位置。行键在添加数据时首次被确定，所有对表的数据操作都必须通过表的行键进行。
- 列族（Column Family）：HBase 表中的每一列都归属于某个列族，列族是表的模式的一部分，而列不是。在定义 HBase 表时需要提前设置好列族，列族一旦确定，不能轻易修改。列族名称不能包含 ASCII 控制字符（ASCII 码在 0～31 间外加 127）和冒号（:）。
- 列关键字（Column Key）：也称列键。列族中的数据通过列键进行映射，格式为：<family>:<qualifier>。其中，family 是列族名，qualifier 是列族修饰符，列名都以列族为前缀。列键没有特定的数据类型，以二进制字节来存储。列关键字不是表模式的一部分，所以列及其对应的值可以动态增加或删除。
- 存储单元格（Cell）：行键、列族和列关键字共同组成一个单元格，在该单元格中存储数据。
- 时间戳（Timestamp）：向 HBase 表中插入数据时都会使用时间戳进行版本标识，作为单元格数据的版本号。每一个列族的单元格数据的版本数量都被 HBase 单独维护。默认情况下，HBase 保留最近三个版本的数据。

下面结合 HBase 的概念视图来体会这些术语。

（2）概念视图

HBase 中的表可以看成是一个大的映射关系，通过行键、时间戳、列（family:qualifier）可以定位到单元格中的数据。在 HBase 中，如果表格中的单元为空，将不占用空间资源。表的概念视图如图 7.4 所示。

从图 7.4 可以看出，表由两个列族组成，分别是 Personal 和 Office，每个列族包含两个列，包含数据的实体称为单元格。每一个单元格可以有多个版本，通常插入数据时间戳来表示不同版本。行数据会基于行键进行排序。

为了方便理解，可以将 HBase 数据模型理解为多维映射，如图 7.4 中第一行数据的多维映射如图 7.5 所示。

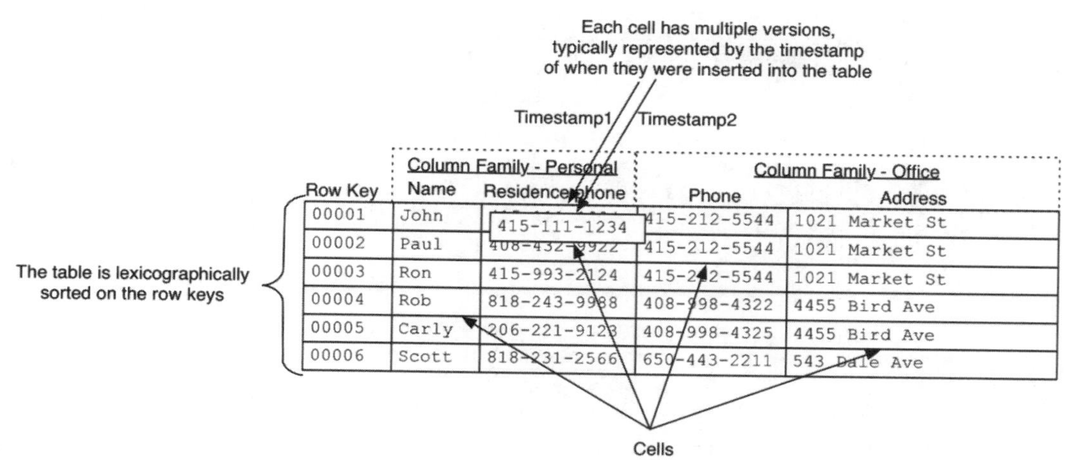

图7.4　概念视图

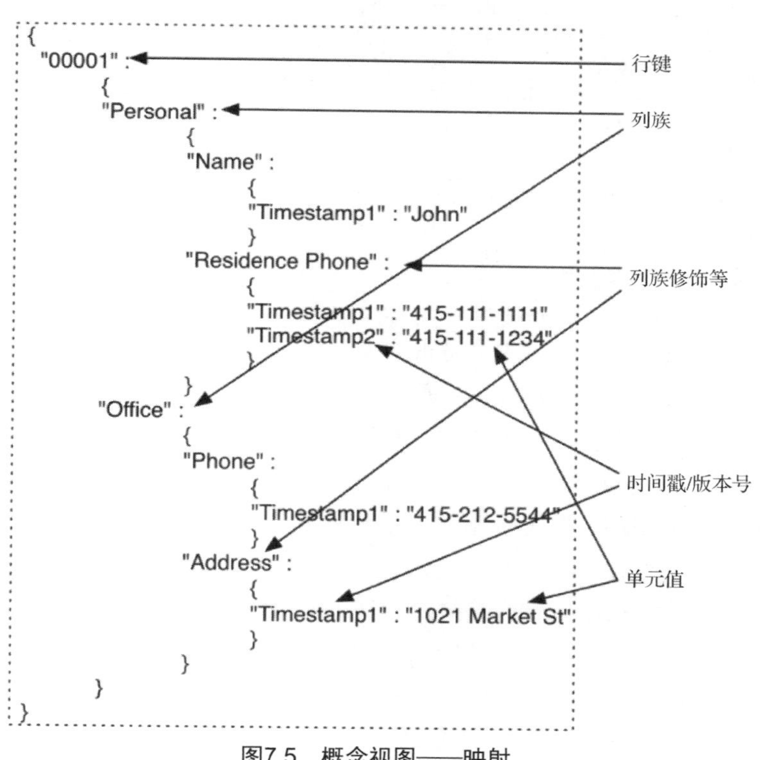

图7.5　概念视图——映射

从图 7.5 可以看出，行键映射到列族列表，列族映射到列族修饰符列表，列族修饰符映射到时间戳列表，时间戳映射到具体的单元值。

（3）物理视图

尽管在 HBase 概念视图中，表被视为一组稀疏的行的集合，但在物理存储上表是按列族进行存储的。可以随时将新的列族修饰符（Family:Qualifier）添加到现有的列族中。比如图 7.4 中第一行数据对应的物理视图如表 7-1～表 7-4 所示。

表 7-1 列 Personal:name

Row Key	Time Stamp	Family:Qualifier	
		列	值
00001	Timestamp1	Personal:Name	John

表 7-2 列 Personal:Residencephone

Row Key	Time Stamp	Family:Qualifier	
		列	值
00001	Timestamp1	Personal:Residencephone	415-111-1111
	Timestamp2		415-111-1234

表 7-3 列 Office:Phone

Row Key	Time Stamp	Family:Qualifier	
		列	值
00001	Timestamp1	Office:Phone	415-212-5544

表 7-4 列 Office:Address

Row Key	Time Stamp	Family:Qualifier	
		列	值
00001	Timestamp1	Office:Address	1021 Market St

HBase 就是这样一个基于列模式的映射数据库，它只能表示简单的键->值的映射关系。与关系型数据库相比，HBase 具有以下特点。

（1）数据类型。HBase 中只有字符串类型，也就是说，HBase 只保存字符串。而关系型数据库提供了很多种数据类型。

（2）数据操作。HBase 只提供数据插入、查询、删除、清空等操作，表和表之间不存在关联操作。而关系型数据库中会有很多表的关联操作。

（3）存储模式。这是 HBase 与关系型数据库最明显的区别，HBase 是基于列存储的，每个列族由几个文件保存，不同列族的文件是分离的。而关系型数据库是基于表格结构和行模式存储的。

（4）数据更新。HBase 的更新操作实际上是插入了新的数据，旧版本依然会根据时间戳进行不同版本的保存。而关系型数据的更新是对数据的替换修改。

（5）可扩展性。HBase 的性能提高可以通过简单地增加机器的方式来实现，具有很好的容错机制。而关系型数据库需要增加中间层才能实现类似的功能。

需要注意的是，HBase 在概念视图上有些列是空白的，这样的列实际上并不会被存储。当请求这些空白的单元格时，会返回 NULL 值。如果查询时不提供时间戳，那么会返回距离目前最近的版本的数据。因为数据存储时，会按照时间戳来排序。

请扫描二维码观看视频讲解。

HBase 体系结构

7.1.3 案例环境

1. 案例实验环境

本案例是在 Hadoop 环境基础上进行讲解。与 Hadoop 一样，HBase

也有三种模式，即单机模式、伪分布式模式、完全分布式模式。本案例仍以三台主机为例介绍 HBase 完全分布式模式的安装。具体环境如表 7-5 所示。

表 7-5　案例实验环境

主机名	IP 地址	所分配的角色
node1	192.168.9.233	Master，NameNode，JobTracker，HMaster
node2	192.168.9.234	Slave，DataNode，TaskTracker，HRegionServer
node3	192.168.9.235	Slave，DataNode，TaskTracker.HRegionServer

本案例拓扑如图 7.6 所示。

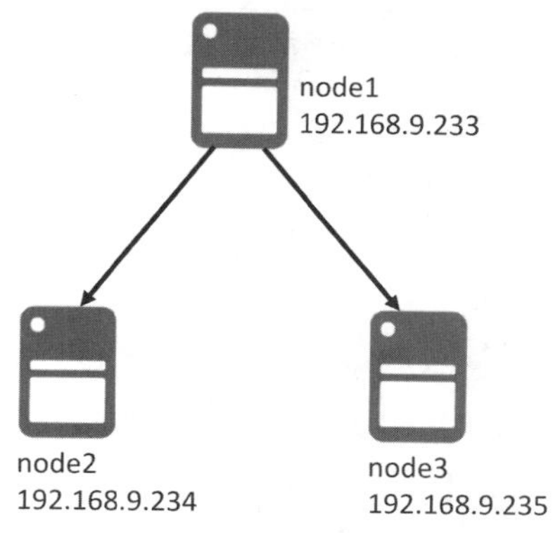

图7.6　案例拓扑

2. 案例需求

本案例的需求描述如下。

（1）安装部署 HBase

（2）HBase 日常操作管理

3. 案例实现思路

本案例的实现思路如下。

（1）HBase 三种模式的安装

（2）HBase Shell 常见操作

（3）MapReduce 结合 HBase 实现统计功能

7.2 案例实施

7.2.1 HBase 的安装部署

与 HDFS、MapReduce 不同，HBase 需要单独安装。下面开始安装 HBase。首先下载HBase压缩包，注意要使用和Hadoop相对应的HBase软件包。本案例中使用hbase-1.0.2

版本。执行以下命令将其解压到 NameNode（node1）上。

```
[hduser@node1 ~]$ tar zxvf hbase-1.0.2-bin.tar.gz
```

切换到 HBase 解压目录，可以查看 HBase 的目录结构，如图 7.7 所示。

```
[hduser@node1 ~]$ ll hbase-1.0.2
总用量 352
drwxr-xr-x  4 hduser hadoop   4096 8月  26 2015 bin
-rw-r--r--  1 hduser hadoop 154065 8月  26 2015 CHANGES.txt
drwxr-xr-x  2 hduser hadoop    178 8月  26 2015 conf
drwxr-xr-x 12 hduser hadoop   4096 8月  26 2015 docs
drwxr-xr-x  7 hduser hadoop     80 8月  26 2015 hbase-webapps
-rw-r--r--  1 hduser hadoop    261 8月  26 2015 LEGAL
drwxr-xr-x  3 hduser hadoop   8192 6月   3 15:04 lib
-rw-r--r--  1 hduser hadoop 139818 8月  26 2015 LICENSE.txt
-rw-r--r--  1 hduser hadoop  30510 8月  26 2015 NOTICE.txt
-rw-r--r--  1 hduser hadoop   1477 8月  26 2015 README.txt
```

图7.7　HBase目录结构

下面是对 HBase 各目录的说明。

- bin：包含可执行命令与脚本。
- conf：配置文件存放目录。
- docs：包含配置文档。
- hbase-webapps：存储 Web 应用的目录。通过这些应用可以查看 Hbase 的运行状态。默认访问地址为 http://Master:16010，其中，Master 为 HBase Master 服务器地址。
- lib：存放 HBase jar 文件目录，包括第三方依赖包以及 Hadoop 相关 jar 文件。其中，与 Hadoop 相关 jar 包最好能与实际运行的 Hadoop 版本一致，以保证稳定运行。

HBase 的 conf 目录下提供了 hbase-site.xml 文件，可以对其进行自定义配置。通过对 hbase-site.xml 文件采用不同的配置方式，HBase 可以在单机、伪分布式和完全分布式模式下运行，其中运行完全分布式 HBase 需要以下条件。

- JDK 环境
- SSH 免密码登录
- Hadoop 环境

1．单机模式

HBase 软件解压后即可直接在单机模式下运行，只需要在 hbase-site.xml 文件中指定 HBase 的文件存储目录即可，如下所示。

```
<configuration>
    <property>
        <name>hbase.rootdir</name>
        <value>file:///home/hduser/hbase</value>
    </property>
</configuration>
```

其中，hbase.rootdir 指定了 HBase 数据存储目录。注意：选项值对应 Linux 系统的文件目录。运行以下命令启动 HBase。

```
bin/start-hbase.sh
```

启动成功后可以查看当前运行的进程，如图 7.8 所示。在单机模式下运行的 HBase

进程仅有 HMaster 进程。

```
[hduser@node1 hbase-1.0.2]$ bin/start-hbase.sh
starting master, logging to /home/hduser/hbase-1.0.2/bin/../logs/hbase-hduser-master-node1.out
[hduser@node1 hbase-1.0.2]$ jps
4538 HMaster
4685 Jps
```

图7.8　启动HBase

启动后 HBase 会自动创建 hbase.rootdir 目录，其中的文件数据如图 7.9 所示。

```
[hduser@node1 hbase-1.0.2]$ ls /home/hduser/hbase
data   hbase.id   hbase.version   oldWALs   WALs
```

图7.9　查看Hbase.rootdir目录

通过 stop-hbase.sh 脚本停止 HBase，如图 7.10 所示。

```
[hduser@node1 hbase-1.0.2]$ ./bin/stop-hbase.sh
stopping hbase....................
[hduser@node1 hbase-1.0.2]$ jps
5123 Jps
```

图7.10　停止HBase

2. 伪分布式模式

在伪分布式模式下，HBase 只在单个节点上运行，这和单机模式一样，只是其数据文件可以存储在 HDFS 分布式存储系统中。配置伪分布式模式，只需要在 hbase-site.xml 文件中将 hbase.rootdir 的值更换为 HDFS 文件系统即可。对应的配置如下。

```
<configuration>
    <property>
        <name>hbase.rootdir</name>
        <value>hdfs://node1:9000/hbase</value>
    </property>
</configuration>
```

指定 HDFS 目录后，需要启动 HDFS，如图 7.11 所示。

```
[hduser@node1 hbase-1.0.2]$ ~/hadoop/sbin/start-dfs.sh
Starting namenodes on [node1]
node1: starting namenode, logging to /home/hduser/hadoop/logs/hadoop-hduser-namenode-node1.out
node2: starting datanode, logging to /home/hduser/hadoop/logs/hadoop-hduser-datanode-node2.out
node3: starting datanode, logging to /home/hduser/hadoop/logs/hadoop-hduser-datanode-node3.out
Starting secondary namenodes [node1]
node1: starting secondarynamenode, logging to /home/hduser/hadoop/logs/hadoop-hduser-secondarynamenode-nod
e1.out
[hduser@node1 hbase-1.0.2]$ ./bin/start-hbase.sh
starting master, logging to /home/hduser/hbase-1.0.2/bin/../logs/hbase-hduser-master-node1.out
[hduser@node1 hbase-1.0.2]$ jps
5616 NameNode
5809 SecondaryNameNode
6050 HMaster
6253 Jps
```

图7.11　启动HDFS

从图 7.11 中可以看出，进程列表包含 Hadoop 进程和 HBase 的 HMaster 进程，和单机模式并无差异，也只有一个 HBase 进程。但在此模式下，HBase 数据存储目录位于 HDFS 中，如图 7.12 所示。

```
[hduser@node1 hbase-1.0.2]$ ~/hadoop/bin/hadoop fs -ls /hbase
Found 6 items
drwxr-xr-x   - hduser supergroup          0 2018-06-03 15:27 /hbase/.tmp
drwxr-xr-x   - hduser supergroup          0 2018-06-03 15:27 /hbase/WALs
drwxr-xr-x   - hduser supergroup          0 2018-06-03 15:27 /hbase/data
-rw-r--r--   2 hduser supergroup         42 2018-06-03 15:27 /hbase/hbase.id
-rw-r--r--   2 hduser supergroup          7 2018-06-03 15:27 /hbase/hbase.version
drwxr-xr-x   - hduser supergroup          0 2018-06-03 15:27 /hbase/oldWALs
```

图7.12 HBase存储在HDFS中

在执行完伪分布式配置操作后，会在 HDFS 中生成 hbase 目录。此时要先删除 hbase 目录，才能进入下面的完全分布式配置模式。

```
[hduser@node1 hadoop]$ bin/hdfs namenode -format
```

3. 完全分布式模式

完全分布式模式是将 HBase 运行在多个节点上。通常是将 HBase 的 HMaster 运行在 HDFS 的 NameNode 上，而将 HRegionServer 运行在 HDFS DataNode 上。

本章采用 HBase 完全分布式模式。在此模式下需要在 conf 目录下配置三个文件，分别是 hbase-site.xml、hbase-env.sh 和 regionservers。首先在 node1 节点上进行配置，随后将整个 HBase 安装目录复制到其他节点上。

在配置前需要先做一些必要的清理工作。

- 如果之前执行过伪分布式模式的部署，需要先删除 HDFS 中已经存在的 "hdfs://node1:9000/hbase" 目录。
- 配置所有节点的时间同步，且时钟误差不能大于 30 秒。

hbase-site.xml、hbase-env.sh 和 regionservers 三个配置文件的关键配置信息如下。

（1）hbase-site.xml 文件完整配置

```
<configuration>
    <property>
        <name>hbase.rootdir</name>
        <value>hdfs://node1:9000/hbase</value>
        <description>配置 HRegionServer 的数据库存储目录</description>
    </property>
    <property>
        <name>hbase.cluster.distributed</name>
        <value>true</value>
        <description>配置 HBase 为完全分布式</description>
    </property>
    <property>
        <name>hbase.master</name>
        <value>node1:60000</value>
        <description>配置 HMaster 的地址</description>
    </property>
    <property>
        <name>hbase.zookeeper.quorum</name>
```

```
            <value>node1,node2,node3</value>
            <description>配置 ZooKeeper 群集服务器的位置</description>
        </property>
    </configuration>
```

主要参数说明如下：

- hbase.cluster.distributed：默认为 false，表示单机运行。如果设置为 true，表示在完全分布式模式下运行。
- hbase.master：指定 HBase 的 HMaster 服务器地址、端口。
- hbase.zookeeper.quorum：指出 ZooKeeper 群集中各服务器位置，即将哪些节点加入到 ZooKeeper 中进行协调管理。ZooKeeper 群集正常工作的前提是至少要有过半的节点正常工作，所以一般配置服务器的数量为奇数。

（2）hbase-env.sh 文件

此文件用来配置全局的 HBase 群集系统的特性，在文件末尾增加以下环境变量。

```
export JAVA_HOME=/usr/java/jdk1.8.0_171-amd64
export HADOOP_HOME=/home/hduser/hadoop
export HBASE_HOME=/home/hduser/hbase-1.0.2
export HBASE_MANAGES_ZK=true
```

通过以上环境变量分别设置 Java、Hadoop、HBase 安装目录，完全分布式的 HBase 群集需要 ZooKeeper 实例的运行，环境变量 HBASE_MANAGES_ZK 表示 HBase 是否使用内置的 ZooKeeper 实例，默认为 true。

在 hbase-site.xml 文件中配置了 hbase.zookeeper.quorum 属性后，系统会使用该属性所指定的 ZooKeeper 群集服务器列表。在启动 HBase 时，HBase 将把 ZooKeeper 作为自身的一部分运行，对应进程为“HQuorumPeer”，关闭 HBase 时其内置 ZooKeeper 实例也一起关闭。如果 HBASE_MANAGES_ZK 设置为 false，表示不会使用内置 ZooKeeper 实例，也就是内置 ZooKeeper 不会随 Hbase 一起启动，而需要用户在指定机器上独立安装配置 ZooKeeper 实例。同样，可以使用 hbase.zookeeper.quorum 属性指定这些机器，并且在启动 HBase 之前必须手动启动这些机器上的 ZooKeeper。

注意

本章使用 HBase 内置 ZooKeeper 实例，关于 ZooKeeper 的单独安装与配置不在本书讨论范围。如果需要了解，同学们可以自行查阅相关资料。

（3）regionservers 文件

regionservers 文件列出了所有 HRegionServer 节点，其配置方式与配置 Hadoop 的 slaves 文件类似，每一行指定一台机器。当 HBase 启动、关闭时，会把该文件中列出的所有机器同时启动、关闭。根据表 7-5 中的主机角色分配，将 node2、node3 作为 HRegionServer。regionservers 文件中的配置内容如下。

```
node2
```

node3

注意

regionservers 文件内容不包含 node1，因为 node1 已在 hbase-site.xml 文件中被指定为 HMaster 服务器，通常不会将 HMaster 和 HRegionServer 角色运行在同一个节点上。

在 node1 节点上配置完上述三个配置文件后，还需要将 HBase 所在目录（如"/home/hduser/hbase-1.0.2"）分别复制到 node2 和 node3 节点，使得各个节点上都能运行 HBase 来构建 HBase 群集。

在 node1 节点上运行如下命令，将目录分别复制到 node2 和 node3 节点。

```
[hduser@node1 ~]$ scp -r /home/hduser/hbase-1.0.2 node2:/home/hduser/
[hduser@node1 ~]$ scp -r /home/hduser/hbase-1.0.2 node3:/home/hduser/
```

通过脚本启动 HBase，如图 7.13 所示。HBase 会首先启动 ZooKeeper，然后启动所有 HMaster 和 HRegionServer。注意：HBase 启动成功后，node1 节点上增加了两个 Java 进程，分别是 HQuorumPeer 和 HMaster，即 ZooKeeper 进程和 HBase 进程。

```
[hduser@node1 hbase-1.0.2]$ bin/start-hbase.sh
node1: starting zookeeper, logging to /home/hduser/hbase-1.0.2/logs/hbase-hduser-zookeeper-node1.out
node2: starting zookeeper, logging to /home/hduser/hbase-1.0.2/logs/hbase-hduser-zookeeper-node2.out
node3: starting zookeeper, logging to /home/hduser/hbase-1.0.2/logs/hbase-hduser-zookeeper-node3.out
starting master, logging to /home/hduser/hbase-1.0.2/logs/hbase-hduser-master-node1.out
node2: starting regionserver, logging to /home/hduser/hbase-1.0.2/logs/hbase-hduser-regionserver-node2.out
node3: starting regionserver, logging to /home/hduser/hbase-1.0.2/logs/hbase-hduser-regionserver-node3.out
[hduser@node1 hbase-1.0.2]$ jps
12098 Jps
11235 NameNode
11428 SecondaryNameNode
11911 HMaster
11805 HQuorumPeer
```

图7.13　启动HBase并查看进程

在 node2 节点上查看进程，如图 7.14 所示。进程列表中多了 HQuorumPeer 和 HRegionServer 两个进程，分别是 ZooKeeper 进程和 HBase 进程。node3 节点上的 Java 进程列表和 node2 节点相同。

```
[hduser@node2 hadoop]$ cd
[hduser@node2 ~]$ jps
14226 Jps
13866 HQuorumPeer
13692 DataNode
14013 HRegionServer
```

图7.14　node2节点查看进程

启动 HBase 后，通过命令"hbase shell"可以进入 HBase Shell，在 Shell 中使用命令"status"可以查看 HBase 运行状态。图 7.15 中显示当前共有两个 HRegionServer 在正常运行。

```
[hduser@node1 hbase-1.0.2]$ bin/hbase shell
SLF4J: Class path contains multiple SLF4J bindings.
SLF4J: Found binding in [jar:file:/home/hduser/hbase-1.0.2/lib/slf4j-log4j12-1.7.7.jar!/org/slf4j/impl/Sta
ticLoggerBinder.class]
SLF4J: Found binding in [jar:file:/home/hduser/hadoop/share/hadoop/common/lib/slf4j-log4j12-1.7.5.jar!/org
/slf4j/impl/StaticLoggerBinder.class]
SLF4J: See http://www.slf4j.org/codes.html#multiple_bindings for an explanation.
SLF4J: Actual binding is of type [org.slf4j.impl.Log4jLoggerFactory]
HBase Shell; enter 'help<RETURN>' for list of supported commands.
Type "exit<RETURN>" to leave the HBase Shell
Version 1.0.2, r76745a2cbffe08b812be16e0e19e637a23a923c5, Tue Aug 25 15:59:49 PDT 2015

hbase(main):001:0> status
2 servers, 0 dead, 1.0000 average load
```

图7.15　HBase Shell中查看HBase状态

注意

如输入命令“hbase shell”时，提示“bash:hbase:command not found”信息，只需将 HBase 的 bin 目录加入到系统环境变量 PATH 中即可。具体方法如下。

① 打开文件：sudo vim/etc/profile。

② 在打开文件中增加一行内容“export PATH=/home/hduser/hbase-1.0.2/bin:$PATH”，随后保存退出。

③ 使配置生效：source/etc/profile。

最后，使用命令“exit”即可退出 HBase Shell。

另外，通过浏览器也可以查看 HBase 状态，在地址栏输入：http://node1:16010，正常显示页面如图 7.16 所示。

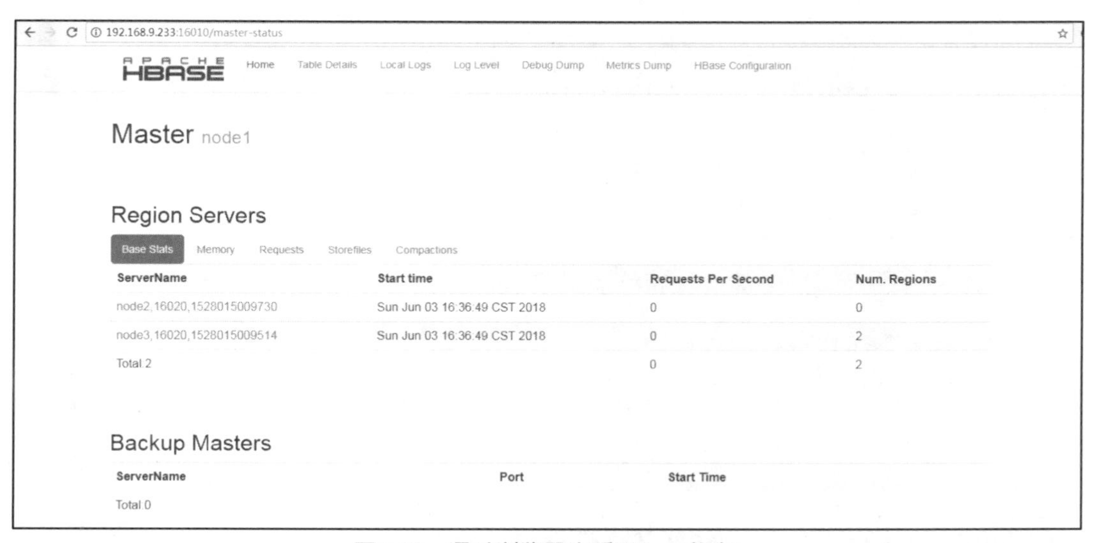

图7.16　通过浏览器查看HBase状态

7.2.2 HBase Shell 操作

前面已经使用过 status 和 exit 两个 HBase Shell 命令。Hbase 还提供了非常多的命令用于操作数据库。这些命令分为几组，通过执行 help 命令并提供 cmd 参数可以查看所有的命令分组及其包含的命令。

help 命令语法格式如下：

```
help "cmd"
```

如果需要了解某个具体命令的用法，只需将上述命令中的 cmd 替换成所需查询命令的关键字即可。如：help "status"。表 7-6 列出了常用的 HBase 命令。

表 7-6 常用的 HBase 命令

HBase Shell 命令	说明
alter	修改表的列族
count	统计表中行的数量，一个行键为一行
create	创建表
describe	显示表的详细信息
delete	删除指定对象的值
deleteall	删除指定行的所有元素值
disable	设置表无效
drop	删除表
enable	设置表有效
exists	测试表是否存在
exit	退出 HBase Shell
get	获取行或单元的值
incr	增加指定表、行或列的值
list	列出 HBase 中存在的所有表
put	向指定的表单元添加值
tools	列出 HBase 支持的工具
scan	通过对表的扫描来获取对应的值
status	返回 HBase 群集的状态信息
shutdown	关闭 HBase 群集（关闭后必须重新启动 HBase）
truncate	重新创建指定表
version	返回 HBase 版本信息

下面以表 7-7 所示的 scores 表为例，介绍常见的 HBase 命令的使用方法。

表 7-7 scores 表的概念视图

行键（name）	时间戳	列族（grade）		列族（course）	
		列关键字	值	列关键字	值（单元格）
jason	t6			course:math	57
	t5			course:art	87
	t4	grade:	2		

续表

行键（name）	时间戳	列族（grade）		列族（course）	
		列关键字	值	列关键字	值（单元格）
tom	t3			course:math	89
	t2			course:art	80
	t1	grade:	1		

1. 创建表：create

create 命令用于创建 HBase 表，具体语法格式如下。

```
create '表名称', '列名称 1', '列名称 2',…, '列名称 N'
```

由于将 scores 表的 name 作为行键，所以在创建表时不需要预先指定行键列。由于“时间戳”列由 HBase 自动生成，所以只需指定两个列族 grade 和 course 即可。其中，表名、列名必须用单引号括起来并以逗号分隔。执行以下命令创建 scores 表。

```
hbase(main):002:0> create 'scores','grade','course'
0 row(s) in 0.9200 seconds

=> Hbase::Table - scores
```

2. 查看表：list、describe

使用 list 命令可以查看当前 HBase 数据库中的所有表，具体语法格式如下。

```
list
```

执行以下操作，列出当前存在的表。

```
hbase(main):003:0> list
TABLE
scores
1 row(s) in 0.0230 seconds

=> ["scores"]
```

通过上述命令输出结果可以看到，当前数据库中已经存在 scores 表。如果需要查看该表所有列族的详细描述信息，可通过 describe 命令实现，具体语法格式如下。

语法：

```
Describe '表名'
```

执行以下命令查看 scores 表的详细描述信息。

```
hbase(main):004:0> describe 'scores'
Table scores is ENABLED
scores
COLUMN FAMILIES DESCRIPTION
{NAME => 'course', BLOOMFILTER => 'ROW', VERSIONS => '1', IN_MEMORY => 'false', KEEP_DELETED_CELLS => 'FALSE', DATA_BLOCK_ENCODING => 'NONE', TTL => 'FOREVER', COMPRESSION => 'NONE', MIN_VERSIONS => '0', BLOCKCACHE => 'true', BLOCKSIZE => '65536', REPLICATION_SCOPE => '0'}
{NAME => 'grade', BLOOMFILTER => 'ROW', VERSIONS => '1', IN_MEMORY => 'false',
```

KEEP_DELETED_CELLS => 'FALSE', DATA_BLOCK_ENCODING => 'NONE', TTL => 'FOREVER', COMPRESSION => 'NONE', MIN_VERSIONS => '0', BLOCKCACHE => 'true', BLOCKSIZE => '65536', REPLICATION_SCOPE => '0'}

2 row(s) in 0.0300 seconds

关于列族描述信息的具体含义如表 7-8 所示。

表 7-8　列族描述信息

列族参数	取值	说明
NAME	可打印的字符串	列族名称，参考 ASCII 码表中可打印字符
DATA_BLOCK_ENCODING	NONE（默认）	数据块编码
BLOOMFILTER	NONE（默认） |ROWCOL|ROW	提高随机读的性能
REPLICATION_SCOPE	默认 0	开启复制功能
VERSIONS	数字	列族中单元时间版本最大数量
COMPRESSION	NONE（默认） |LZO|SNAPPY|GZIP	压缩编码
MIN_VERSIONS	数字	列族中单元时间版本最小数量
TTL	默认 FOREVER	单元时间版本超时时间，可为其指定多长时间（秒）后失效
KEEP_DELETED_CELLS	TRUE|FALSE（默认）	启用后避免被标记为删除的单元从 HBase 中移除
BLOCKSIZE	默认 65536 字节	数据块大小。数据块越小，索引越大
IN_MEMORY	true|false，默认 false	使得列族在缓存中拥有更高优先级
BLOCKCACHE	true|false，默认 true	是否将数据放入读缓存

在创建表时，除了列族名称，其余参数均为可选项，前面通过简化方式介绍了创建 scores 表的语法，其完整语法格式如下。

```
create 'scores',{NAME=>'grade',VERSIONS=>5},{NAME=>'course',VERSIONS=5}
```

上述语法中，“{}”中内容表示一个列族，同时指定了列族名称以及可保存单元时间版本的最大数量。其中，指定列族参数的格式为：参数名=>参数值，参数名必须大写，多个参数之间通过逗号分隔。

3. 添加数据：put

put 命令用于向表中添加数据，具体语法格式如下。

```
put '表名称','行键','列键','值'
```

执行以下命令，向 scores 表中添加数据。

```
hbase(main):005:0> put 'scores','tom','grade:','1'
0 row(s) in 0.1180 seconds

hbase(main):006:0> put 'scores','tom','course:art','80'
0 row(s) in 0.0150 seconds
```

```
hbase(main):007:0> put 'scores','tom','course:math','89'
0 row(s) in 0.0150 seconds

hbase(main):008:0> put 'scores','jason','grade:','2'
0 row(s) in 0.0220 seconds

hbase(main):009:0> put 'scores','jason','course:art','87'
0 row(s) in 0.0160 seconds

hbase(main):010:0> put 'scores','jason','course:math','57'
0 row(s) in 0.0120 seconds
```

4. 扫描表：scan

scan 命令用于进行全表单元扫描，具体语法格式如下。

```
scan'表名称',{COLUMNS=>['列族名 1','列族名 2'…],参数名=>参数值…}
```

其中，大括号中的内容为扫描条件。如无指定，则查询所有数据。

执行以下命令，针对 scores 表进行扫描。

```
hbase(main):011:0> scan 'scores'
ROW                          COLUMN+CELL
  jason                      column=course:art, timestamp=1528016066691, value=87
  jason                      column=course:math, timestamp=1528016073728, value=57
  jason                      column=grade:, timestamp=1528016060530, value=2
  tom                        column=course:art, timestamp=1528016015773, value=80
  tom                        column=course:math, timestamp=1528016054580, value=89
  tom                        column=grade:, timestamp=1528015981122, value=1
2 row(s) in 0.0640 seconds
```

上述命令输出的最后部分显示共两行数据，因为在扫描过程中，相同行键的所有单元将被视为一行。

通过在命令中添加条件可以查询某个列族。执行以下命令，按条件查询 scores 表。

```
hbase(main):012:0> scan 'scores',{COLUMNS=>'course'}
ROW                          COLUMN+CELL
  jason                      column=course:art, timestamp=1528016066691, value=87
  jason                      column=course:math, timestamp=1528016073728, value=57
  tom                        column=course:art, timestamp=1528016015773, value=80
  tom                        column=course:math, timestamp=1528016054580, value=89
2 row(s) in 0.0240 seconds
```

还可以在条件中指定列键进行扫描，具体语法格式如下。

```
scan'表名称',{COLUMN=>['列键 1','列键 2'…],参数名=>参数值…}
```

上述语法中，将 COLUMNS 替换成 COLUMN，表示当前扫描的目标是列键，注意区分大小写。

执行以下命令，扫描所有行的列键为“course:math”的单元，并使用 LIMIT 参数限制只输出一个单元。

```
hbase(main):013:0> scan 'scores',{COLUMN=>'course:math',LIMIT=>1}
```

```
ROW                                   COLUMN+CELL
  jason                               column=course:math, timestamp=1528016073728, value=57
1 row(s) in 0.0200 seconds
```

5. *获取数据：* get

get 命令用于获取行的所有单元或者某个指定的单元。具体语法格式如下。

```
get '表名称','行键',{COLUMNS=>['列族名 1','列族名 2'…],
                         参数名=>参数值…}
get '表名称','行键',{COLUMN=>['列键 1','列键 2'…],参数名=>参数值…}
```

与 scan 命令相比多了一个参数，即行键。scan 查找的目标是全表的某个列族、列键，而 get 查找的目标是某行的某个列族、列键。

执行以下命令，查找行键为“jason”的所有单元。

```
hbase(main):014:0> get 'scores','jason'
COLUMN                                CELL
  course:art                          timestamp=1528016066691, value=87
  course:math                         timestamp=1528016073728, value=57
  grade:                              timestamp=1528016060530, value=2
3 row(s) in 0.0370 seconds
```

上述命令输出结果显示，不指定列族或列键，将会输出行键的所有列键单元。

执行以下命令，精确查找行键为“jason”，列键为“course:math”的单元。

```
hbase(main):015:0> get 'scores','jason',{COLUMN=>'course:math'}
COLUMN                                CELL
  course:math                         timestamp=1528016073728, value=57
1 row(s) in 0.0160 seconds
```

注意

get 'scores','jason',{COLUMNS=>'course'}等价于 get 'scores','jason','course'

get 'scores','jason',{COLUMN=>'course:math'}等价于 get 'scores','jason','course:math'

get 'scores','jason',{COLUMNS=>['course', 'grade']}等价于 get 'scores','jason','course', 'grade'

get 'scores','jason',{COLUMN=>['course:math', 'grade:']}等价于 get 'scores','jason','course:math', 'grade:'

6. *删除数据：* delete

delete 命令用于删除一个单元，而 deleteall 命令用于删除一行。具体语法格式如下。

```
delete '表名称','行键','列键'
deleteall '表名称','行键'
```

执行以下命令，删除 scores 表中行键为“jason”，列键为“course:art”的单元。

```
hbase(main):016:0> delete 'scores','jason','course:art'
0 row(s) in 0.0310 seconds

hbase(main):017:0> get 'scores','jason'
```

```
COLUMN                              CELL
  course:math                       timestamp=1528016073728, value=57
  grade:                            timestamp=1528016060530, value=2
2 row(s) in 0.0200 seconds
```

7. 修改表：alter

alter 命令用于为表增加或修改列族。具体语法格式如下。

```
alter '表名称',NAME=>列族名,...
```

其中，列族名参数 NAME 必须提供。如果已存在，则修改相应的参数，否则增加一个列族。

执行以下命令将 scores 表中列族“course”的“VERSIONS”参数修改为“5”。

```
hbase(main):018:0> alter 'scores',NAME=>'course',VERSIONS=>'5'
Updating all regions with the new schema...
0/1 regions updated.
1/1 regions updated.
Done.
0 row(s) in 2.2520 seconds
```

同时修改或增加多个列族时，以逗号分开，并且每个列族通过“{}”表示。具体语法格式如下。

```
alter '表名称',{参数名=>参数值,...},{参数名=>参数值,...}…
```

执行以下命令同时修改 scores 表的两个列族。

```
hbase(main):001:0> alter 'scores',{NAME=>'grade',VERSIONS=>'5'},{NAME=>'course',
VERSIONS=>'5'}
Updating all regions with the new schema...
0/1 regions updated.
1/1 regions updated.
Done.
Updating all regions with the new schema...
0/1 regions updated.
1/1 regions updated.
Done.
0 row(s) in 4.6770 seconds
```

8. 删除表：drop

drop 命令用于删除一个表。具体语法格式如下。

```
drop '表名称'
```

删除表之前，表必须处于不可用状态。在 Hbase 中，表分两种状态：DISABLED 和 ENABLED，分别表示是否可用状态。通过 describe 命令的输出结果可以查看表的状态。

可以分别使用 disable 和 enable 命令将表设置为不可用和可用状态。如执行以下命令可将表 scores 置为不可用状态。

```
hbase(main):002:0> disable 'scores'
0 row(s) in 9.2310 seconds
```

同样，执行以下命令可将表置为可用状态。

```
hbase(main):003:0> enable 'scores'
0 row(s) in 0.4230 seconds
```

当表为 ENABLED 状态时，会被禁止删除。所以必须先将表置为 DISABLED 状态，然后才能执行删除表的操作。

执行以下命令删除 scores 表。

```
hbase(main):004:0> disable 'scores'
0 row(s) in 9.2670 seconds

hbase(main):005:0> drop 'scores'
0 row(s) in 0.1790 seconds

hbase(main):006:0> list
TABLE
0 row(s) in 0.0120 seconds

=> []
```

通过上述介绍的常用命令，可对 HBase 数据库中的表数据进行增加、删除、查询等基本管理。而对表单元的修改实质上是执行增加操作，HBase 保留了单元的多个版本，默认查询最新版本。

7.2.3 MapReduce 与 HBase

1. MapReduce 和 HBase 概述

HBase 可以使用本地文件系统和 HDFS 文件系统作为数据存储介质，当 HBase 在伪分布式和完全分布式模式下运行时，使用的是 HDFS 文件系统。使用 HDFS 文件系统时，HBase 表中的数据最终存储在 HDFS 文件中，用户不需要关心 HBase 中的表是如何在 HDFS 上存储的，只需通过 HBase 从这些文件中读取数据即可。

一个 MapReduce 应用要想在 MapReduce 框架中运行，首先需要定义为一个作业。其中包括 MapReduce 的输入和输出两个基本要素，同时还包括数据输入/输出的文件和处理这些文件所采用的输入/输出格式。HBase 与 MapReduce 可以协同工作，通过在 HBase 中读取数据作为 MapReduce 的输入，而在 MapReduce 输出数据时，通过 HBase 完成存储。这样做带来的好处是，既充分发挥了 MapReduce 的分布式计算的优势，也利用了 HDFS 海量存储的特点，尤其是对海量数据进行实时访问时。MapReduce 和 HBase 集成之后，MapReduce、HBase、HDFS 之间的关系结构如图 7.17 所示。

除此之外，集成 MapReduce 与 HBase 还具备以下优势。

- 可以对 HBase 中的数据进行非实时性的统计分析；
- 可以对 Hbase 中的表数据进行分布式计算；
- 可以在多个 MapReduce 间使用 HBase 作为中间存储介质。

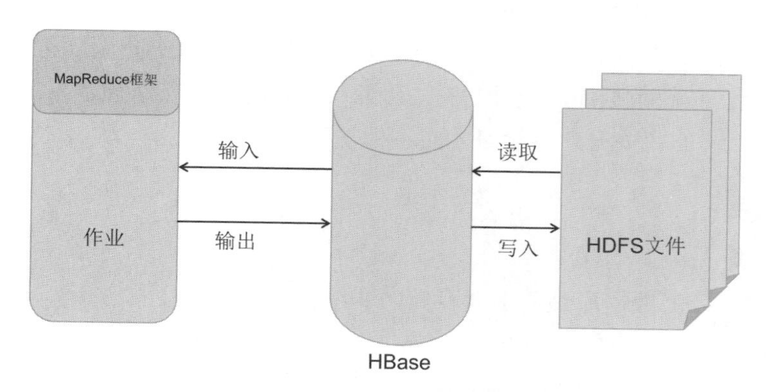

图7.17 MapReduce、HBase、HDFS之间关系结构

2. MapReduce 与 HBase 集成

在 MapReduce 与 HBase 集成环境中，输入/输出的内容从文件变为表（HTable），对表的输入/输出通过 TableInputFormat 和 TableOutputFormat 实现，其所在 jar 文件为“hbase-server-1.0.2.jar”。

MapReduce 与 HBase 集成环境在使用之前，还需做一些额外的调整工作。默认情况下，MapReduce 作业发布到群集后，不能直接访问 HBase 的配置文件和相关类，需要对群集中的各节点的 Hadoop 环境做如下调整。

（1）将 hbase-site.xml 文件复制到$HADOOP_HOME/etc/hadoop 下，使 MapReduce 作业在运行时可以连接到 ZooKeeper 群集。

（2）编辑$HADOOP_HOME/etc/hadoop/hadoop-env.sh 文件，追加如下内容。

```
export HADOOP_CLASSPATH=$HADOOP_CLASSPATH:～/hbase-1.0.2/lib/*
```

将 HBase 安装目录 lib 下的所有 jar 文件添加到环境变量$HADOOP_CLASSPATH 中，使得 MapReduce 作业可以访问所依赖的 HBase 相关类，从而不用每次将 HBase 相关类打包到 MapReduce 应用的 jar 文件中。

（3）将上述操作的两个文件复制到 Hadoop 群集中其他节点上。

（4）使用如下命令可测试环境是否已正确配置。

```
hadoop jar ～/hbase-1.0.2/lib/hbase-server-1.0.2.jar rowcounter music
```

该命令将运行“hbase-server-1.0.2.jar”中的 MapReduce 应用“rowcounter”，参数为表名“music”。其作用是通过 MapReduce 框架统计 HBase 数据库表 music 中的行数。如输出图 7.18 所示结果，表示集成环境已正确配置。

```
org.apache.hadoop.hbase.mapreduce.RowCounter$RowCounterMapper$Counters
        ROWS=2
File Input Format Counters
        Bytes Read=0
File Output Format Counters
        Bytes Written=0
```

图7.18 测试命令输出结果

本章总结

通过本章的学习，读者了解了 Hadoop 环境中 HBase 数据库的相关知识，包括 HBase

的体系结构、数据模型、部署以及 HBase Shell 的操作命令。HBase 是一款全新的数据库产品，完全颠覆了传统数据库的设计思想，读者在学习时应重点掌握本章的前置知识点，只有理解了 HBase 的相关概念，学习才能事半功倍。

本章作业

一、选择题

1．下列（　　）数据库是基于列存储的非结构化数据库。

A．MySQL　　B．HBase　　C．SQL Server　　D．Oracle

2．下列关于 HBase 的介绍正确的是（　　）。

A．HBase 是一个基于 HDFS 的面向列的分布式数据库

B．HBase 基于流式数据访问，适合存储非实时的数据

C．HBase 利用 HDFS 作为文件存储系统，是一种 RDBMS

D．HBase 不支持 SQL 作为查询手段

3．下列关于 HBase 的数据模型的介绍正确的是（　　）。

A．表是一个稀疏表，表的索引是行关键字、列关键字和时间戳，表名可以是任意字符

B．表内每一行代表一个数据对象，每一行都以一个行关键字来进行唯一标识

C．在向 HBase 表中插入数据时都会使用时间戳进行版本标识

D．列族是表的 Schema 的一部分，列族名称可以包含冒号

二、判断题

1．在处理大数据时，传统的关系型数据库很难实现，需要使用基于列存储的 HBase。（　　）

2．HBase 的服务器体系结构是主从结构，包含一个 HMaster 服务器和一个 HRegionServer 服务器。（　　）

3．当 HBase 中表的大小超过设定值时，会自动将表划分为多个 HRegion，HRegion 是 HBase 集群上分布式存储和负载均衡的最小单位。（　　）

4．在 HBase 中，HRegionServer 负责响应用户的 I/O 请求，并向 HDFS 中读写数据，一台机器上可运行多个 HRegionServer。（　　）

三、简答题

1．简述 HBase 中成员 HMaster 包括哪些功能？

2．简述 ZooKeeper 的数据访问流程。

3．写出至少五个 HBase Shell 的操作命令和语法，并举例说明。

第 8 章

部署 CDH

技能目标

- 理解 CDH 核心概念
- 会进行 CDH 群集的部署
- 会使用管理控制台对 CDH 群集进行管理
- 会添加 CDH 群集服务

价值目标

能够高效且安全地管理 Hadoop 一直是运维人员在实际工作中的重要目标，CDH 能够通过 Web 页面实现群集部署和管理操作。在学习部署 CDH 的过程中，读者能够接触到部署和安装过程的详细操作，深入理解群集管理的重要性，为地区或国家建设一体化数据中心做出自己的贡献。

CDH 是 Hadoop 众多分支中比较出色的版本，它由 Cloudera 发行和维护。CDH 基于 Apache 的 Hadoop 进行了重新构建，提供了基于 Web 页面的群集部署和管理操作。本章介绍 CDH 环境的部署。

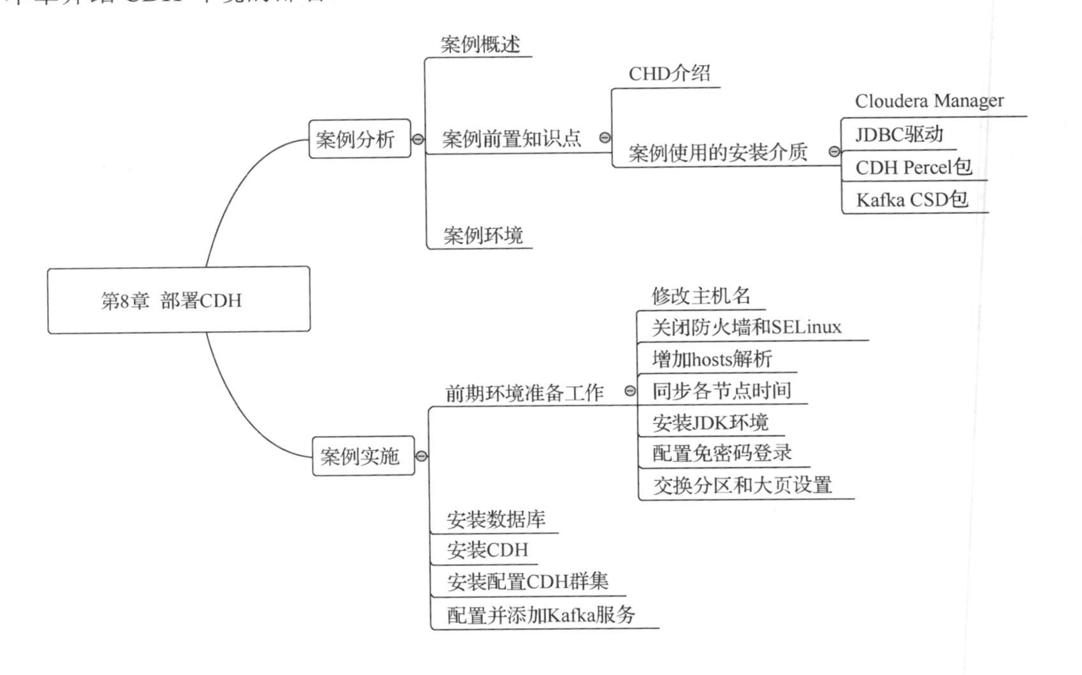

8.1 案例分析

8.1.1 案例概述

Apache Hadoop 是目前最主流的在通用硬件构建的大型群集上运行应用程序的分布式架构。Hadoop 属于开源软件，采用 Apache 2.0 许可协议，意味着用户可以免费使用以及任意修改 Hadoop。Hadoop 有众多版本，其中官方版本称为社区版 Hadoop。除此之外，比较流行的有两个版本，分别是 Apache 版本和 Cloudera 版本。

- Apache Hadoop：维护人员较多，更新频率较快，稳定性相对较差；
- Cloudera Hadoop（CDH）：是 Cloudera 公司的发行版本，基于 Apache Hadoop 的二次开发，优化了组件兼容和交互接口、简化了安装配置、增加了 Cloudera 兼容特性。

8.1.2 案例前置知识点

CDH 相对于 Apache Hadoop 的优势之一就是安装部署比较方便。CDH 常用安装方式包括 Cloudera Manager 在线安装、Parcel 安装、YUM 安装以及 RPM 安装。推荐使用 Parcel 模式进行安装。

安装 CDH 首先需要下载离线资源，由于版本众多，可以根据当前的系统选择对应版本。

以下是本案例使用的安装介质。

（1）Cloudera Manager

Cloudera Manager 是具备群集自动化安装、中心化管理、群集监控、报警功能的工具，本案例使用的是 cloudera-manager-centos7-cm5.14.0_x86_64.tar.gz，读者可自行从官方网站下载。

（2）JDBC 驱动

下载最新的 MySQL JDBC 驱动程序，本案例使用 mysql-connector-java-5.1.46.tar.gz，可通过 MySQL 官方网站下载。

（3）CDH Percel 包

CDH Percel 包共包含三个文件，本案例使用的软件分别是 CDH-5.9.0-1.cdh5.9.0.p0.23-el7.parcel、CDH-5.9.0-1.cdh5.9.0.p0.23-el7.parcel.sha1 和 manifest.json，读者请自行下载。

（4）Kafka CSD 包

本案例使用的软件是 KAFKA-2.0.2-1.2.0.2.p0.5-el7.parcel 和 KAFKA-2.0.2-1.2.0.2.p0.5-el7.parcel.sha1，可分别从官方网站下载名为 KAFKA-1.2.0.jar 的包和关于 Kafka 的 manifest.json 文件。

8.1.3 案例环境

1. **案例实验环境**

本案例使用 CentOS 7.3 操作系统，具体环境如表 8-1 所示。

表 8-1　本案例环境

主机名	IP 地址	内存
cdhmaster	192.168.9.233	至少 6GB
cdhslave01	192.168.9.234	至少 4GB
cdhslave02	192.168.9.235	至少 4GB

本案例拓扑图如图 8.1 所示。

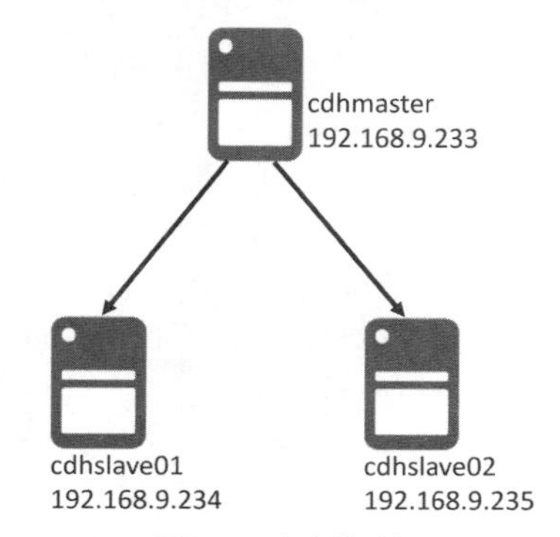

图8.1　案例拓扑图

2. **案例需求**

本案例的需求描述如下。

（1）部署 CDH 群集

（2）添加 Kafka 服务

3. **案例实现思路**

本案例的实现思路如下。

（1）前期环境准备工作

（2）安装 MySQL 数据库

（3）安装 CDH

（4）配置 CDH 群集

（5）配置并添加 Kafka 服务

8.2 案例实施

8.2.1 前期环境准备工作

1. 修改主机名

根据表 8-1 所示信息，分别配置各个主机节点的主机名。

2. 关闭防火墙和 SELinux

为了避免安装过程中可能出现的错误信息，需要提前关闭防火墙和 SELinux。在生产环境中建议开启防火墙并放行相应的端口。

在所有节点上分别执行以下命令。

```
systemctl stop firewalld
systemctl disable firewalld
vim /etc/sysconfig/selinux
... //省略部分内容
SELINUX=disabled
... //省略部分内容
reboot
```

3. 增加 hosts 解析

节点之间的通信需要依赖主机名，在所有节点配置/etc/hosts 文件，实现主机名与 IP 地址的解析。本案例中 hosts 文件的内容如下。

```
192.168.9.233    cdhmaster
192.168.9.234    cdhslave01
192.168.9.235    cdhslave02
```

4. 同步各节点时间

CDH 环境需要保证节点时间的一致性，在所有节点上分别配置 ntp 服务。本案例中，采用阿里云的时间源服务器。以 cdhmaster 节点为例，配置如下。

```
[root@cdhmaster ~]# yum install ntp -y
[root@cdhmaster ~]# vi /etc/ntp.conf
//注释系统默认的四个时间源服务器，添加阿里云的时间源服务器
server ntp1.aliyun.com iburst
[root@cdhmaster ~]# systemctl restart ntpd
[root@cdhmaster ~]# systemctl enable ntpd
[root@cdhmaster ~]# ntpstat
synchronised to NTP server (120.25.115.20) at stratum 3
    time correct to within 1048 ms
```

```
polling server every 64 s
```

5．安装 JDK 环境

CDH 依赖 JDK 环境，在所有节点上分别安装 JDK 环境，版本要求 1.8 或以上。如果当前环境中存在 JDK 环境，要先将其卸载或删除。以 cdhmaster 节点为例，配置过程如下。

```
[root@cdhmaster ～]# tar zxvf jdk-8u171-linux-x64.tar.gz -C /opt
[root@cdhmaster ～]# ln -s /opt/jdk1.8.0_171 /opt/jdk
[root@cdhmaster ～]# mkdir /usr/java
[root@cdhmaster ～]# ln -s /opt/jdk /usr/java/default
[root@cdhmaster ～]# vim /etc/profile
export JAVA_HOME=/opt/jdk
export PATH=$JAVA_HOME/bin:$PATH
[root@cdhmaster ～]# source /etc/profile
[root@cdhmaster ～]# java -version
java version "1.8.0_171"
Java™ SE Runtime Environment (build 1.8.0_171-b11)
Java HotSpot™ 64-Bit Server VM (build 25.171-b11, mixed mode)
```

6．配置免密码登录

cdhmaster 节点通过 SSH 对 cdhslave 节点进行管理，需要配置 SSH 免密码登录。在 cdhmaster 节点执行以下命令，配置并测试免密码登录。

```
[root@cdhmaster ～]# ssh-keygen -t rsa
[root@cdhmaster ～]# ssh-copy-id cdhslave01
[root@cdhmaster ～]# ssh-copy-id cdhslave02
```

在主节点上分别测试免密码登录 cdhslave。

```
[root@cdhmaster ～]# ssh cdhslave01
Last login: Mon Jun   4 14:37:35 2018 from 192.168.9.232
[root@cdhmaster ～]# ssh cdhslave02
Last login: Mon Jun   4 14:37:49 2018 from 192.168.9.232
```

7．交换分区和大页设置

分别在三个节点上执行以下命令禁用交换分区和透明大页，否则会在安装配置 CDH 群集环境检测中报错。

```
[root@cdhmaster ～]# sysctl -w vm.swappiness=0
vm.swappiness = 0
[root@cdhmaster ～]# echo never > /sys/kernel/mm/transparent_hugepage/defrag
[root@cdhmaster ～]# echo never >/sys/kernel/mm/transparent_hugepage/enabled
[root@cdhmaster ～]# echo "echo never > /sys/kernel/mm/transparent_hugepage/defrag" >> /etc/
rc.d/rc.local
[root@cdhmaster ～]# echo "echo never > /sys/kernel/mm/transparent_hughugepage/enabled" >>
/etc/rc.d/rc.local
[root@cdhmaster ～]# chmod +x /etc/rc.d/rc.local
```

8.2.2 安装数据库

安装数据库只需在主节点操作，CentOS 7.3 默认数据库为 MariaDB，需要先将其卸载，并重新下载 MySQL 官方社区版本。本案例将使用 mysql-5.7.22-linux-glibc2.12，在安装过程中可省略编译过程。安装操作如下。

```
[root@cdhmaster ~]# rpm -qa | grep mariadb
mariadb-libs-5.5.52-1.el7.x86_64
[root@cdhmaster ~]# rpm -e—nodeps mariadb-libs-5.5.52-1.el7.x86_64
[root@cdhmaster ~]# useradd mysql -s /sbin/nologin
[root@cdhmaster ~]# tar zxvf mysql-5.7.22-linux-glibc2.12-x86_64.tar.gz
[root@cdhmaster ~]# mv mysql-5.7.22-linux-glibc2.12-x86_64 /usr/local/mysql
[root@cdhmaster ~]# cd /usr/local/mysql/bin
[root@cdhmaster bin]# ./mysqld—initialize—user=mysql
```

初始化后，数据文件默认保存在/usr/local/mysql/data 目录下。

2018-06-04T07:59:09.682950Z 0 [Warning] TIMESTAMP with implicit DEFAULT value is deprecated. Please use—explicit_defaults_for_timestamp server option (see documentation for more details).

2018-06-04T07:59:10.657210Z 0 [Warning] InnoDB: New log files created, LSN=45790

2018-06-04T07:59:10.886589Z 0 [Warning] InnoDB: Creating foreign key constraint system tables.

2018-06-04T07:59:11.016997Z 0 [Warning] No existing UUID has been found, so we assume that this is the first time that this server has been started. Generating a new UUID: 2a48c8e7-67cd-11e8-bce1-5254002d8600.

2018-06-04T07:59:11.038907Z 0 [Warning] Gtid table is not ready to be used. Table 'mysql.gtid_executed' cannot be opened.

2018-06-04T07:59:11.039951Z 1 [Note] A temporary password is generated for root@localhost: **b<yro/us3a)H** //自动生成临时数据库密码

```
[root@cdhmaster bin]# cp /usr/local/mysql/support-files/mysql.server /etc/init.d/mysqld
[root@cdhmaster bin]# /etc/init.d/mysqld start
Starting MySQL.Logging to '/usr/local/mysql/data/cdhmaster.err'.
SUCCESS!
[root@cdhmaster bin]# ln -s /usr/local/mysql/bin/mysql /usr/sbin/
```

通过前面自动生成的临时密码登录数据库，并修改密码。执行以下命令。

```
[root@cdhmaster bin]# mysql -u root  - p
mysql> alter user 'root'@'localhost' identified by '123456';
Query OK, 0 rows affected (0.00 sec)
```

创建数据库和授权的命令如下：

```
mysql> CREATE DATABASE hive DEFAULT CHARSET utf8 COLLATE utf8_general_ci;
Query OK, 1 row affected (0.00 sec)

mysql> CREATE DATABASE oozie DEFAULT CHARSET utf8 COLLATE utf8_general_ci;
Query OK, 1 row affected (0.00 sec)
mysql> grant all privileges on *. * to 'cdh'@'localhost' identified by '123456' with grant option;
Query OK, 0 rows affected, 1 warning (0.00 sec)
mysql> grant all privileges on *. * to 'cdh'@'%' identified by '123456' with grant option;
```

```
Query OK, 0 rows affected, 1 warning (0.00 sec)

mysql> flush privileges;
Query OK, 0 rows affected (0.00 sec)
```

8.2.3 安装 CDH

1. 安装相关依赖包

CDH 在安装过程中，对部分包会存在依赖。因此需要提前安装 psmisc、libxslt、libxslt-python、perl 四个软件包。

在所有节点执行以下命令安装依赖包。

```
[root@cdhmaster ~]# yum install -y psmisc libxslt libxslt-python perl
```

2. 安装 Cloudera Manager

在 cdhmaster 节点上，解压 Cloudera Manager 软件包并对其重新命名。执行以下命令。

```
[root@cdhmaster ~]# tar zxvf cloudera-manager-centos7-cm5.14.0_x86_64.tar.gz -C /opt/
[root@cdhmaster ~]# mv /opt/cm-5.14.0/ /opt/cm
```

3. 安装 JDBC 驱动

解压 mysql-connector-java-5.1.46.tar.gz 软件，并复制解压目录中的 mysql-connector-java-5.1.46-bin.jar 文件到 Cloudera Manager 安装目录和 Java 安装目录，同时授予该文件可执行权限。执行如下命令。

```
[root@cdhmaster ~]# tar zxvf mysql-connector-java-5.1.46.tar.gz
[root@cdhmaster ~]# cd mysql-connector-java-5.1.46/
[root@cdhmaster mysql-connector-java-5.1.46]# chmod +x mysql-connector-java-5.1.46-bin.jar
[root@cdhmaster mysql-connector-java-5.1.46]# cp mysql-connector-java-5.1.46-bin.jar /opt/cm/share/cmf/lib/mysql-connector-java.jar
[root@cdhmaster mysql-connector-java-5.1.46]# mkdir /usr/share/java
[root@cdhmaster mysql-connector-java-5.1.46]# cp mysql-connector-java-5.1.46-bin.jar /usr/share/java/mysql-connector-java.jar
```

4. 创建 Cloudera Manager 用户

执行以下命令，在所有节点上创建 Cloudera Manager 用户。

```
[root@cdhmaster ~]# useradd—system—home=/opt/cm/run/cloudera-scm-server/ --no-create-home --shell=/bin/false—comment "Cloudera SCM User" cloudera-scm
```

5. 初始化 Cloudera Manager 数据库

使用 Cloudera Manager 提供的 scm_prepare_database.sh 工具初始化数据库，数据库名为“cm”，对应的用户名、密码分别为 scm 和 123456。

```
[root@cdhmaster ~]# /opt/cm/share/cmf/schema/scm_prepare_database.sh mysql cm -h localhost -uroot -p'123456' scm '123456'
JAVA_HOME=/opt/jdk
Verifying that we can write to /opt/cm/etc/cloudera-scm-server
Mon Jun 04 16:47:24 CST 2018 WARN: Establishing SSL connection without server's identity verification is not recommended. According to MySQL 5.5.45+, 5.6.26+ and 5.7.6+ requirements SSL connection must be established by default if explicit option isn't set. For compliance with existing applications
```

not using SSL the verifyServerCertificate property is set to 'false'. You need either to explicitly disable SSL by setting useSSL=false, or set useSSL=true and provide truststore for server certificate verification.

Creating SCM configuration file in /opt/cm/etc/cloudera-scm-server

Executing: /opt/jdk/bin/java -cp /usr/share/java/mysql-connector-java.jar:/usr/share/java/oracle-connector-java.jar:/opt/cm/share/cmf/schema/../lib/* com.cloudera.enterprise.dbutil.DbCommandExecutor /opt/cm/etc/cloudera-scm-server/db.properties com.cloudera.cmf.db.

Mon Jun 04 16:47:25 CST 2018 WARN: Establishing SSL connection without server's identity verification is not recommended. According to MySQL 5.5.45+, 5.6.26+ and 5.7.6+ requirements SSL connection must be established by default if explicit option isn't set. For compliance with existing applications not using SSL the verifyServerCertificate property is set to 'false'. You need either to explicitly disable SSL by setting useSSL=false, or set useSSL=true and provide truststore for server certificate verification.

2018-06-04 16:47:25,732 [main] INFO com.cloudera.enterprise.dbutil.DbCommandExecutor - Successfully connected to database.

All done, your SCM database is configured correctly!

6. 配置 Cloudera Manager

修改 Cloudera Manager 的配置文件，将 server_host 设置项的值改为主节点 cdhmaster 主机的 IP 地址。

```
[root@cdhmaster ~]# vim /opt/cm/etc/cloudera-scm-agent/config.ini
server_host=192.168.9.233
```

7. 同步 Cloudera Manager 数据到其他节点

执行以下命令，将 Cloudera Manager 数据同步到其他节点。

```
[root@cdhmaster ~]# scp -r /opt/cm/ cdhslave01:/opt/
[root@cdhmaster ~]# scp -r /opt/cm/ cdhslave02:/opt/
```

注意

如果在同步到其他节点之前，启动过代理程序，需要先删除所有服务器上/opt/cm/lib/cloudera-scm-agent 目录中生成的 response.avro 和 uuid 两个文件，并重启代理程序；否则服务程序将无法正确检查到代理程序。

8. 上传 Parcel 文件

执行以下命令，上传 Parcel 相关文件到 cdhmaster 节点的/opt/cloudera/parcel-repo/目录，并重新命名为 CDH-5.9.0-1.cdh5.9.0.p0.23-el7.parcel.sha1 文件。

```
[root@cdhmaster ~]# mv manifest.json CDH-5.9.0-1.cdh5.9.0.p0.23-el7.parcel CDH-5.9.0-1.cdh5.9.0.p0.23-el7.parcel.sha1 /opt/cloudera/parcel-repo/
[root@cdhmaster ~]# cd /opt/cloudera/parcel-repo/
[root@cdhmaster parcel-repo]#mv CDH-5.9.0-1.cdh5.9.0.p0.23-el7.parcel.sha1 CDH-5.9.0-1.cdh5.9.0.p0.23-el7.parcel.sha
```

9. 启动 Cloudera Manager 服务

首先，编辑/opt/cm/etc/cloudera-scm-server/db.properties 文件，追加如下内容。

```
com.cloudera.cmf.db.useSSL=true
```

然后，启动 Cloudera Manager 服务和代理服务，如需结束服务，只需将 start 替换为 stop 即可。执行如下命令。

```
[root@cdhmaster ~]# /opt/cm/etc/init.d/cloudera-scm-server start
[root@cdhmaster ~]# /opt/cm/etc/init.d/cloudera-scm-agent start
```

在 cdhslave01 和 cdhslave02 节点上，只需启动 Cloudera Manager 代理服务即可，执行以下命令。

```
[root@cdhslave01 ~]# /opt/cm/etc/init.d/cloudera-scm-agent start
[root@cdhslave02 ~]# /opt/cm/etc/init.d/cloudera-scm-agent start
```

8.2.4　安装配置 CDH 群集

启动 Cloudera Manager 服务器和代理服务后，开始 CDH5 的安装配置。

1．使用 CDH 管理控制台

打开浏览器并在地址栏输入“http://192.168.9.233:7180”，将登录到 Cloudera Manager 的 Web 管理控制台，如图 8.2 所示。默认的用户名和密码分别是 admin 和 admin。

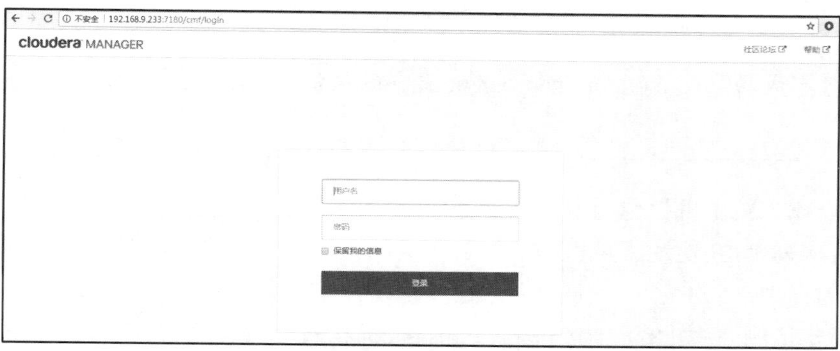

图8.2　登录Cloudera Manager的Web管理控制台

首次登录时，需选择接受用户授权协议和选择安装的 CDH 版本，如图 8.3 所示。本案例选择使用 Cloudera Express，完成后单击“继续”按钮，进行 CDH 群集配置。

欢迎使用 Cloudera Manager

您想要部署哪个版本？

升级到 **Cloudera Enterprise** 将提供可以帮助您在关键任务环境下管理和监控 Hadoop 群集的重要功能。

	Cloudera Express ✔	Cloudera Enterprise Cloudera Enterprise 试用版	Cloudera Enterprise
许可证	免费	60 天 在试用期之后，该产品将继续作为 Cloudera Express 运行。您的群集和数据将会保持不受影响。	年度订阅 上载许可证 选择许可证文件　上载 Cloudera Enterprise 在三个版本中可用： • Basic Edition • Flex Edition • Cloudera Enterprise
节点限制	无限制	无限制	无限制
CDH	✔	✔	✔
Cloudera Manager 核心功能	✔	✔	✔
Cloudera Manager 高级功能		✔	✔

返回　　1 2　　继续

图8.3　选择安装CDH版本

首次配置 CDH 群集，会自动启动安装向导进行配置安装。选择“当前管理的主机

(n)”选项卡，在下面的节点列表中，勾选所有的服务器，使它们成为群集中的节点。完成后单击“继续”按钮，如图 8.4 所示。

图8.4 选择群集中的节点

注意

只有成功启动 cloudera-scm-agent 服务的主机才能被 Cloudera Manager 管理。

还可以在“新主机”选项卡中指定需要配置的主机，有多种指定方式。

- 直接列出 IP 地址或主机名，多台主机间以逗号、分号、制表符、空格分隔或放置在单独的行中；
- 指定范围，例如 8.0.222.[5-7]或 cdhslave0[2-3]，并且需要关闭指定主机的防火墙。

在“选择存储库”页面，“选择方法”选择“使用 Parcel（建议）”，其他设置保持默认，单击“继续”按钮，如图 8.5 所示。

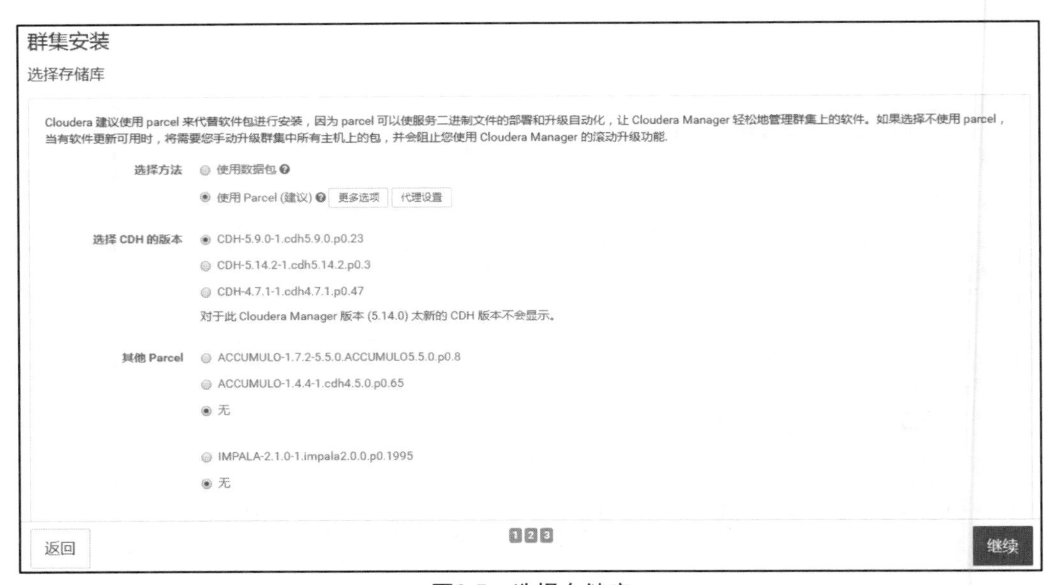

图8.5 选择存储库

随后，将开始安装选定的 Parcel，会将 Parcel 分发到三台服务器，并进行解压、激活等操作，如图 8.6 所示。操作完成后，单击“继续”按钮。

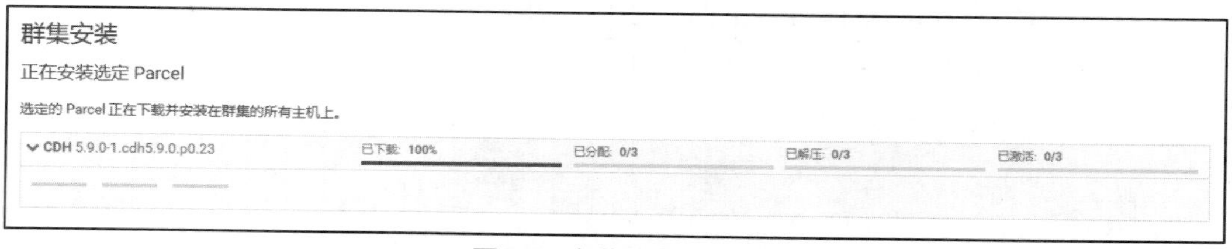

群集安装

正在安装选定 Parcel

选定的 Parcel 正在下载并安装在群集的所有主机上。

CDH 5.9.0-1.cdh5.9.0.p0.23 已下载: 100% 已分配: 0/3 已解压: 0/3 已激活: 0/3

图8.6 安装选定Parcel

Hive 以及 Oozie 的安装需要用到 MySQL JDBC 驱动，完成上述步骤后，需要在所有节点配置 MySQL JDBC 驱动。以 cdhmaster 主机为例，执行以下命令。

[root@cdhmaster ～]# cd mysql-connector-java-5.1.46/

[root@cdhmaster mysql-connector-java-5.1.46]# cp mysql-connector-java-5.1.46-bin.jar /opt/cloudera/parcels/CDH/lib/hive/lib/mysql-connector-java.jar

[root@cdhmaster mysql-connector-java-5.1.46]#cp mysql-connector-java-5.1.46-bin.jar /opt/cloudera/parcels/CDH/lib/hadoop/lib/mysql-connector-java.jar

[root@cdhmaster mysql-connector-java-5.1.46]# cp mysql-connector-java-5.1.46-bin.jar /var/lib/oozie/mysql-connector-java.jar

在 cloudera MANAGER 页面中，将检查安装环境是否满足要求。如满足要求，将无任何提示信息，单击“完成“按钮，如图 8.7 所示。

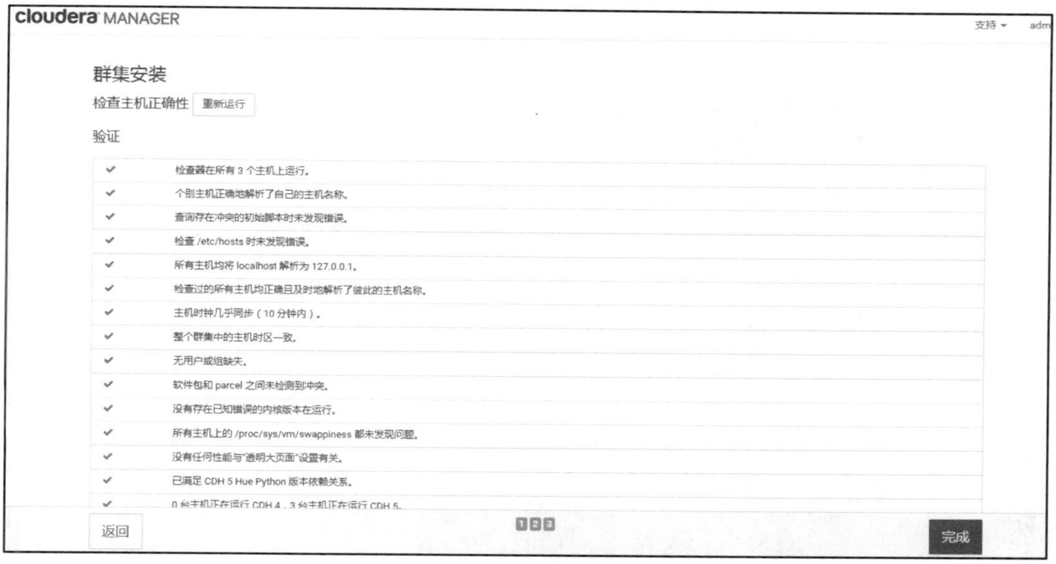

cloudera MANAGER 支持 adm

群集安装

检查主机正确性 重新运行

验证

检查器在所有 3 个主机上运行。

个别主机正确地解析了自己的主机名称。

查询存在冲突的初始脚本时未发现错误。

检查 /etc/hosts 时未发现错误。

所有主机均将 localhost 解析为 127.0.0.1。

检查过的所有主机均正确且及时地解析了彼此的主机名称。

主机时钟几乎同步（10 分钟内）。

整个群集中的主机时区一致。

无用户或组缺失。

软件包和 parcel 之间未检测到冲突。

没有存在已知错误的内核版本在运行。

所有主机上的 /proc/sys/vm/swappiness 都未发现问题。

没有任何性能与“透明大页面”设置有关。

已满足 CDH 5 Hue Python 版本依赖关系。

0 台主机正在运行 CDH 4，3 台主机正在运行 CDH 5。

返回 1 2 3 完成

图8.7 检查安装环境

注意

如果有提示信息，按照提示修改配置即可，完成后重新检测。

2. 群集设置

下面开始设置 CDH 群集，主要通过以下操作实现。

在群集设置中的“选择服务”页面，选择“自定义服务”，然后选择仅安装 HDFS、YARN、Oozie、Hive 组件，完成后单击“继续”按钮，如图 8.8 所示。

群集设置
Select Services
选择要安装的服务组合。
核心 Hadoop
HDFS、YARN（含 MapReduce 2）、ZooKeeper、Oozie、Hive 和 Hue
含 HBase 的内核
HDFS、YARN（含 MapReduce 2）、ZooKeeper、Oozie、Hive、Hue 和 HBase
含 Impala 的内核
HDFS、YARN（含 MapReduce 2）、ZooKeeper、Oozie、Hive、Hue 和 Impala
含 Search 的内核
HDFS、YARN（含 MapReduce 2）、ZooKeeper、Oozie、Hive、Hue 和 Solr
含 Spark 的内核
HDFS、YARN（含 MapReduce 2）、ZooKeeper、Oozie、Hive、Hue 和 Spark
所有服务
HDFS、YARN（含 MapReduce 2）、ZooKeeper、Oozie、Hive、Hue、HBase、Impala、Solr、Spark 和 Key-Value Store Indexer
自定义服务
选择您自己的服务。将自动包含所选服务需要的服务。只有在设置了初始群集之后才能添加 Flume。
服务类型
说明
HBase
Apache HBase 提供对大型数据集的随机、实时的读/写访问权限（需要 HDFS 和 ZooKeeper）。
返回
1 2 3 4 5 6
继续

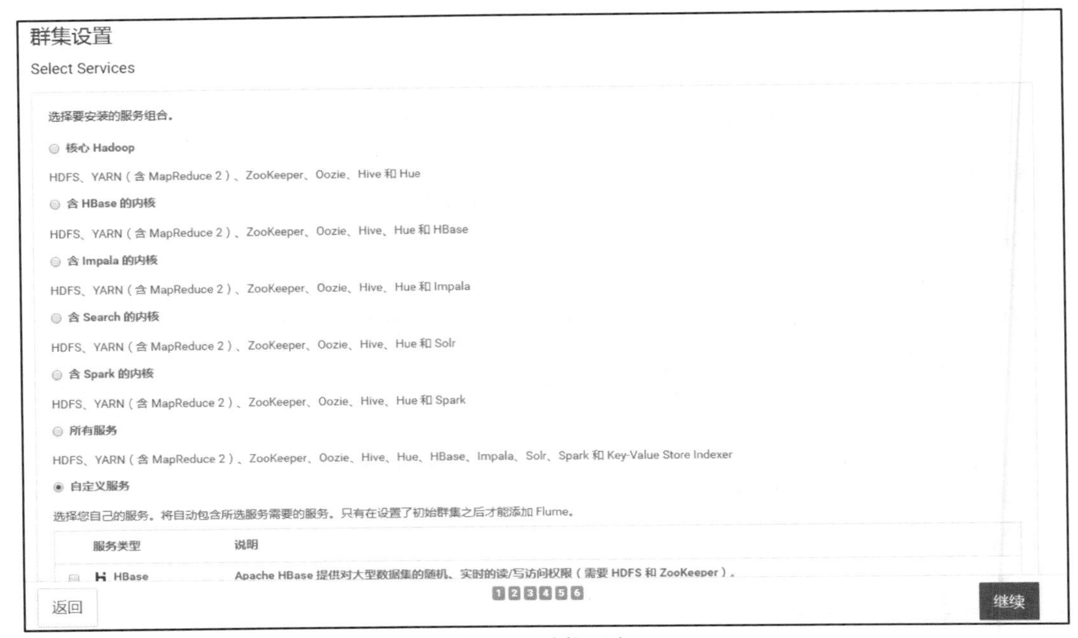

图8.8　选择服务

在 Cloudera Manager 的管理控制台中，可以随时对各节点的服务进行添加和变更，将不同的服务分配到不同的服务器上，如图 8.9 所示。

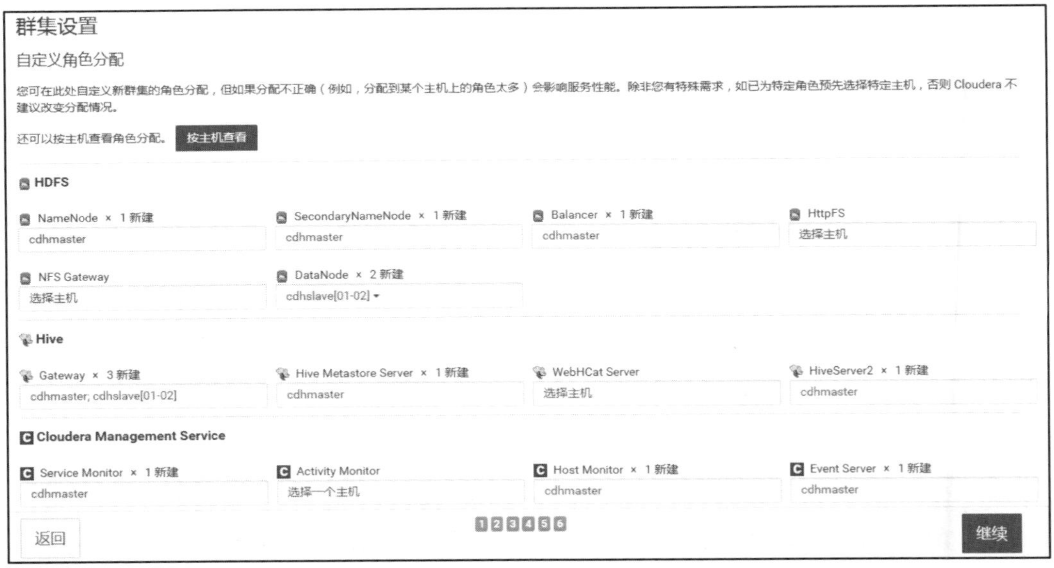

群集设置
自定义角色分配
您可在此处自定义新群集的角色分配，但如果分配不正确（例如，分配到某个主机上的角色太多）会影响服务性能。除非您有特殊需求，如已为特定角色预先选择特定主机，否则 Cloudera 不建议改变分配情况。
还可以按主机查看角色分配。
按主机查看
HDFS
NameNode × 1 新建
cdhmaster
SecondaryNameNode × 1 新建
cdhmaster
Balancer × 1 新建
cdhmaster
HttpFS
选择主机
NFS Gateway
选择主机
DataNode × 2 新建
cdhslave[01-02]
Hive
Gateway × 3 新建
cdhmaster; cdhslave[01-02]
Hive Metastore Server × 1 新建
cdhmaster
WebHCat Server
选择主机
HiveServer2 × 1 新建
cdhmaster
Cloudera Management Service
Service Monitor × 1 新建
cdhmaster
Activity Monitor
选择一个主机
Host Monitor × 1 新建
cdhmaster
Event Server × 1 新建
cdhmaster
返回
1 2 3 4 5 6
继续

图8.9　自定义角色分配

在“数据库设置”页面，需要输入 Hive、Oozie 的数据源配置，按照之前在 MySQL 数据库中的配置信息填写，完成后单击“测试连接”按钮，如图 8.10 所示。测试成功通过后，再单击“继续”按钮。

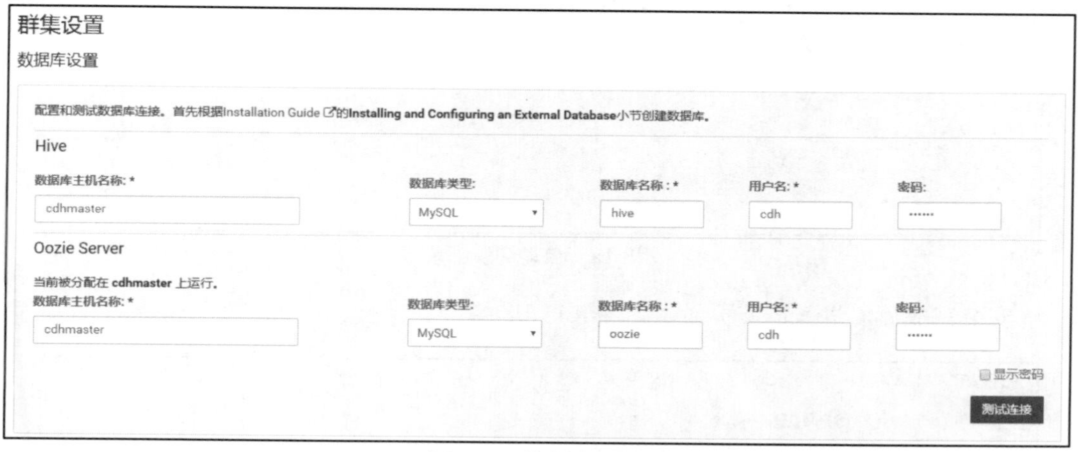

图8.10　数据库设置

在随后的“审核更改”页面，保持默认设置，直接单击“继续”按钮，如图 8.11 所示。

图8.11　审核更改

完成上述配置后，Cloudera Manager 将依据配置内容对环境进行部署。服务安装完成后，所有服务将会自动启动，根据向导完成安装即可，如图 8.12 所示。

如安装过程中出现问题，注意查看运行日志，查找相对应的报错信息。运行日志位于/opt/cm/run/cloudera-scm-agent/process 目录。

群集设置

首次运行 命令

状态 正在运行 6月 4, 7:40:23 晚上 中止

已完成 1 个步骤（共 6 个）。

Show All Steps Show Only Failed Steps Show Only Running Steps

Ensuring that the expected software releases are installed on hosts. 6月 4, 7:40:23 晚上 165ms

正在部署客户端配置

启动 Cloudera Management Service, HDFS

启动 YARN (MR2 Included)

启动 Hive

启动 Oozie

图8.12 自动环境部署

安装完成后，进入群集页面，如图 8.13 所示。

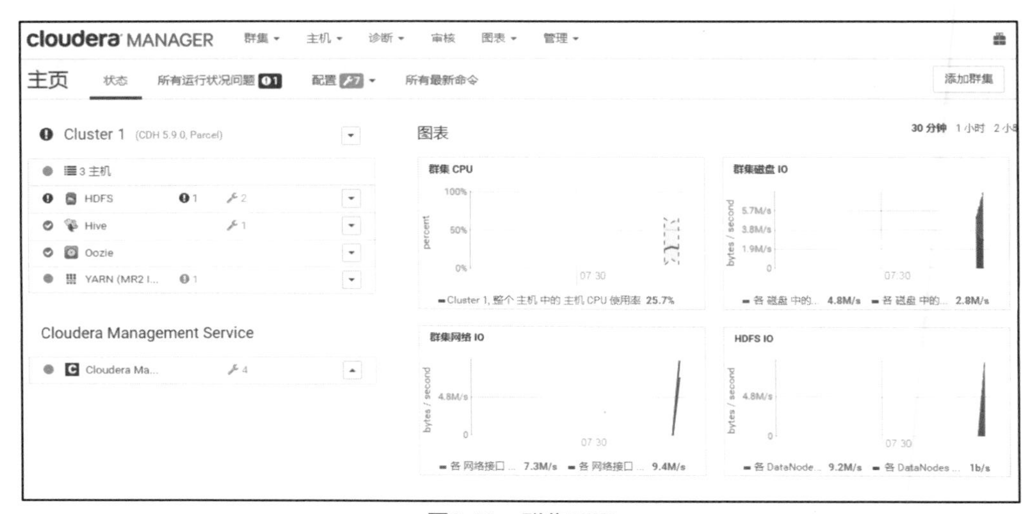

图8.13 群集页面

8.2.5 配置并添加 Kafka 服务

1. 上传 Kafka 文件

上传 KAFKA-1.2.0.jar、KAFKA-2.0.0-1.kafka2.0.0.p0.12-el7.parcel、KAFKA-2.0.0-1.kafka2.0.0.p0.12-el7.parcel 至 cdhmaster 节点的相关目录，并对其重新命名。执行如下命令。

```
[root@cdhmaster ~]# mv KAFKA-1.2.0.jar /opt/cloudera/csd
[root@cdhmaster ~]# mv KAFKA-2.0.2-1.2.0.2.p0.5-el7.parcel /opt/cloudera/parcel-repo
[root@cdhmaster ~]# mv KAFKA-2.0.2-1.2.0.2.p0.5-el7.parcel.sha1 /opt/cloudera/parcel-repo/
KAFKA-2.0.2-1.2.0.2.p0.5-el7.parcel.sha
```

2. 分配、激活 Parcel

在 Cloudera Manager 的管理控制台页面，单击“主机”选项卡，在 Parcel 一栏中单击“检查新 Parcel”按钮，完成后先分配再激活 Kafka 对应的 Parcel，如图 8.14 所示。

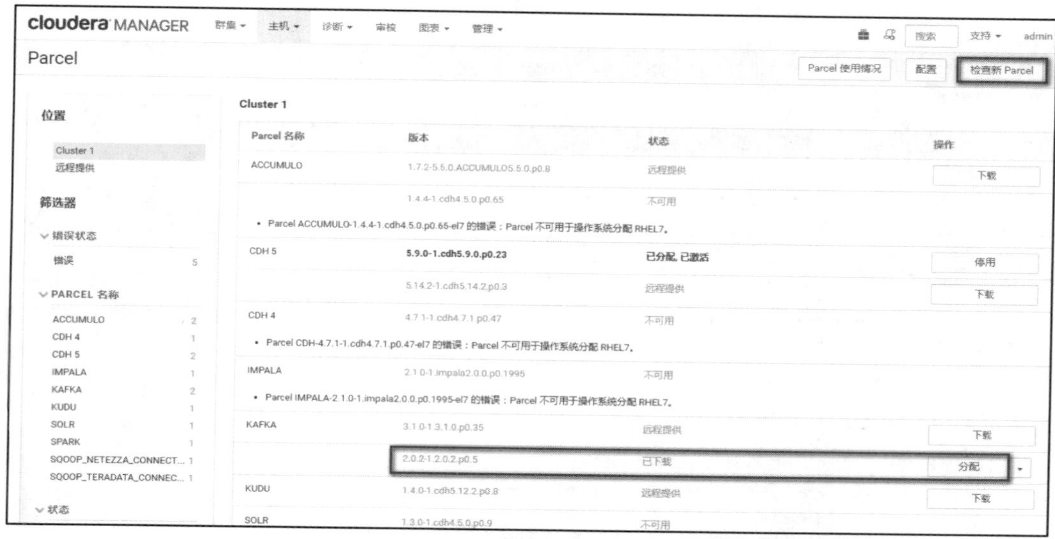

图8.14 分配激活Kafka对应的Parcel

3. 添加 Kafka 服务

（1）上传 manifest.json 文件至 cdhmaster 节点的/root 目录，并将其复制到/opt/cloudera/parcel-repo 目录，注意提前备份原始文件。执行如下命令。

```
[root@cdhmaster ~]# mv /opt/cloudera/parcel-repo/manifest.json /opt/cloudera/parcel-repo/manifest.json.bak
[root@cdhmaster ~]# mv manifest.json /opt/cloudera/parcel-repo
```

（2）在 Cloudera Manager 的管理控制台中选择“添加服务”，进入添加服务页面，选择需要增加 Kafka 服务。完成后单击“继续”按钮，如图 8.15 所示。

将服务添加到 Cluster 1

选择您要添加的服务类型。

服务类型	说明
Accumulo	The Apache Accumulo sorted, distributed key/value store is a robust, scalable, high performance data storage and retrieval system. This service only works with releases based on Apache Accumulo 1.6 or later.
Flume	Flume 从几乎所有来源收集数据并将这些数据聚合到永久性存储（如 HDFS）中。
HBase	Apache HBase 提供对大型数据集的随机、实时的读/写访问权限（需要 HDFS 和 ZooKeeper）。
HDFS	Apache Hadoop 分布式文件系统 (HDFS) 是 Hadoop 应用程序使用的主要存储系统。HDFS 创建多个数据块副本并将它们分布在整个群集的计算主机上，以启用可靠且极其快速的计算功能。
Hive	Hive 是一种数据仓库系统，提供名为 HiveQL 的 SQL 类语言。
Hue	Hue 是与包括 Apache Hadoop 的 Cloudera Distribution 配合使用的图形用户界面(需要 HDFS、MapReduce 和 Hive)。
Impala	Impala 为存储在 HDFS 和 HBase 中的数据提供了一个实时 SQL 查询接口。Impala 需要 Hive 服务，并与 Hue 共享 Hive Metastore。
Isilon	EMC Isilon is a distributed filesystem.
Java KeyStore KMS	The Hadoop Key Management Service with file-based Java KeyStore. Maintains a single copy of keys, using simple password-based protection. Requires CDH 5.3+. **Not recommended for production use.**
Kafka	Apache Kafka is publish-subscribe messaging rethought as a distributed commit log. **Before adding this service, ensure that either the Kafka parcel is activated or the Kafka package is installed.**

返回　　继续

图8.15 添加服务

注意

Kafka 服务依赖于 ZooKeeper 服务，需要先单独安装 ZooKeeper 服务，再安装 Kafka 服务。

（3）在“自定义 Kafka 的角色分配”页面中，在 Kafka Broker 一栏中选择三个主机，完成后单击“继续”按钮，如图 8.16 所示。

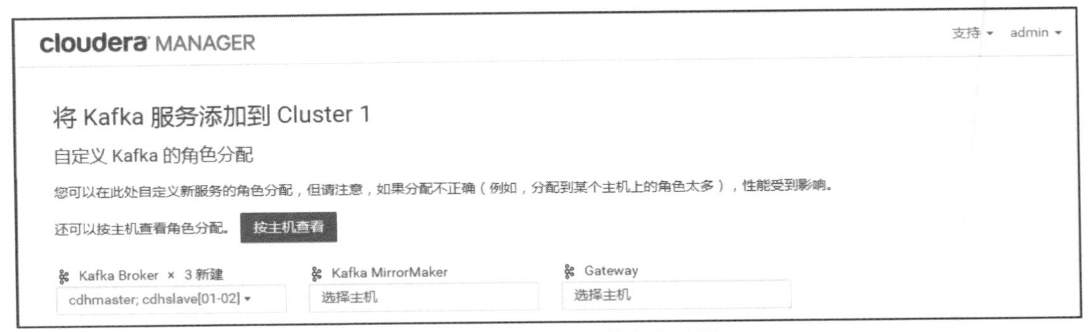

图8.16 自定义Kafka的角色分配

（4）在“审核更改”页面，在 Default Replication Factor 项中，将默认副本数修改为“3”，完成后单击“继续”按钮，如图 8.17 所示。

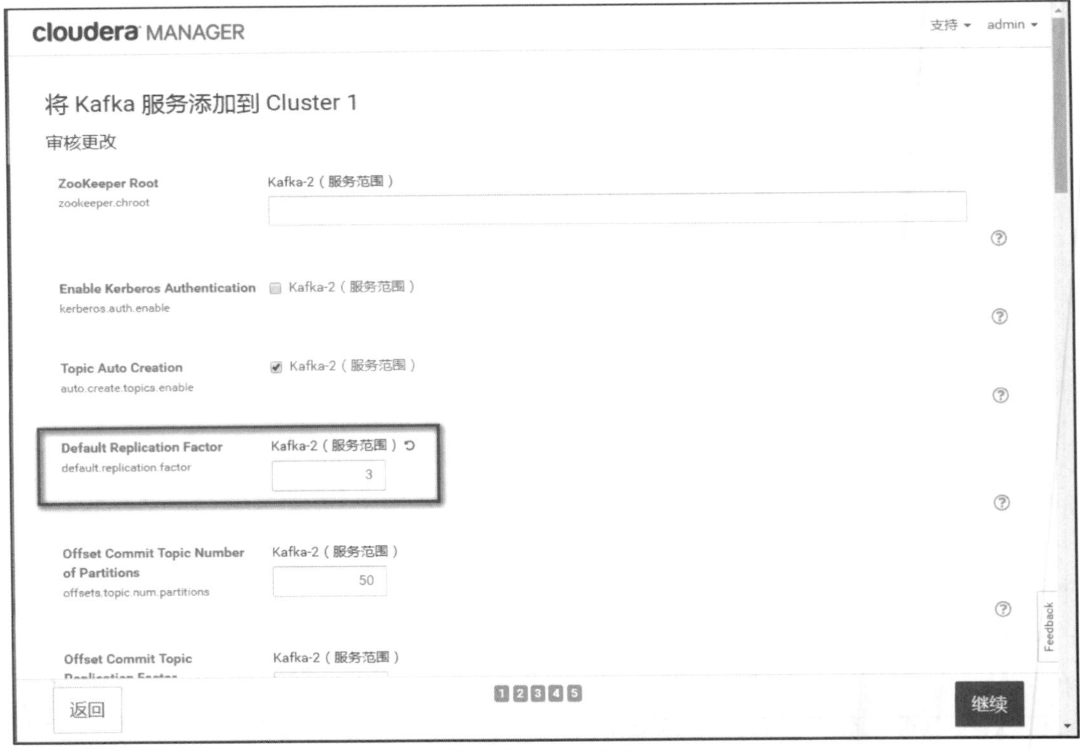

图8.17 审核更改

（5）开始添加 Kafka 服务，完成后 Kafka 服务自动启动。之后单击“继续”按钮，如图 8.18 所示。

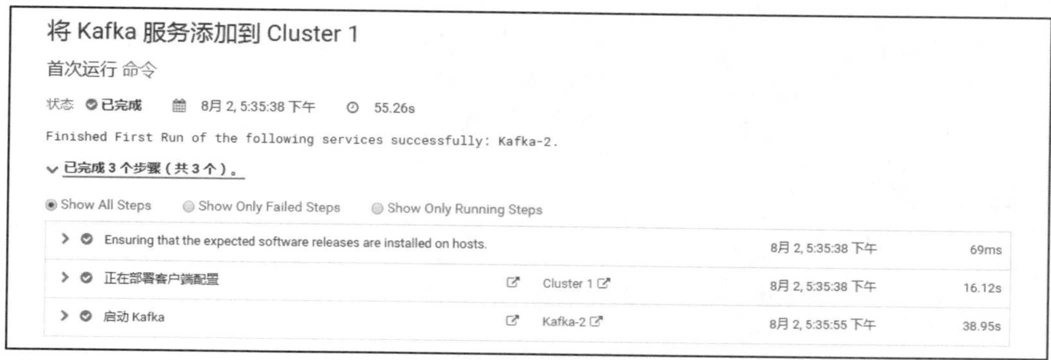

图8.18　添加Kafka服务

（6）当出现“恭喜您！”页面时，表示已经将 Kafka 服务添加到群集中，然后单击“完成”按钮，如图 8.19 所示。

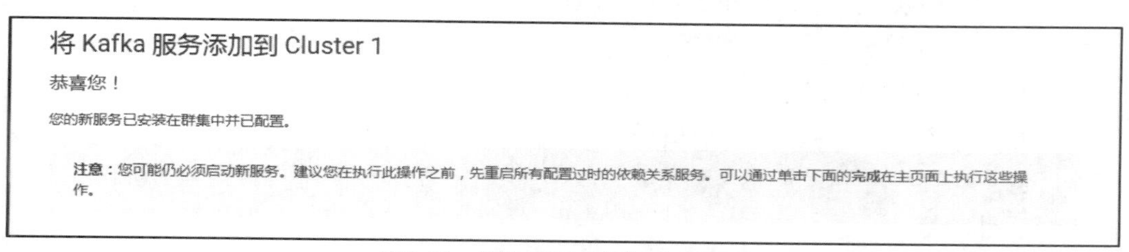

图8.19　添加Kafka服务成功页面

（7）在 Cloudera Manager 管理控制台主页面，可以查看 Kafka 服务信息，如图 8.20 所示。

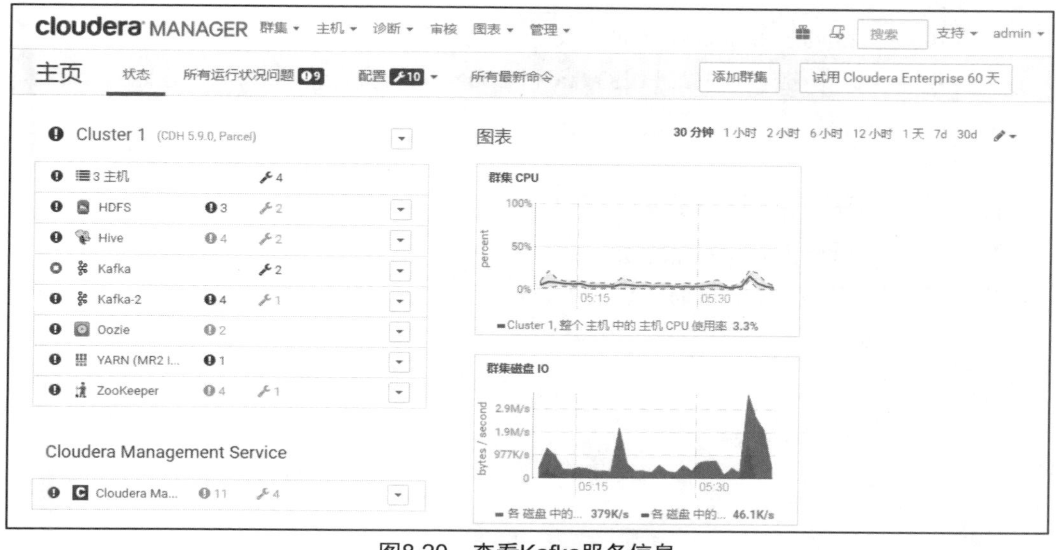

图8.20　查看Kafka服务信息

至此，Kafka 服务添加完毕。如果还需要添加其他服务，按照同样步骤添加即可。

本章总结

通过本章的学习，读者掌握了 CDH 的安装以及部署。CDH 是基于 Apache Hadoop 的二次开发，优化了组件兼容和交互接口、简化了安装配置、增加了 Cloudera 兼容特性。本章的部署流程使用了 CDH 提供的群集管理工具，用户可以通过 Web 页面进行操作。

本章作业

一、选择题

1. 目前比较流行的两个 Hadoop 版本是（　　）。
   A. Apache Hadoop　　B. MapR 版本
   C. CDH 版本　　D. Hortonworks 版本
2. 下列关于 Cloudera Hadoop（CDH）描述错误的是（　　）。
   A. CDH 是采用 GPL 许可协议进行开源的
   B. CDH 是对 Apache Hadoop 的二次开发
   C. CDH 简化了安装配置工作，增加了 Cloudera 的兼容特性
   D. CDH 常用安装方式有在线安装、Parcel 安装、YUM 安装等
3. CDH 管理控制台的默认端口是（　　）。
   A. 8080　　B. 8180　　C. 7180　　D. 7080

二、判断题

1. Apache Hadoop 应用比较广泛，维护人员比较多，更新频率比较快，稳定性比较好。（　　）

2. CDH 用起来最省时省力，具有自动探测 host，选择版本，配置简单等特点，几乎是一键安装。（　　）

3. 初始化 Cloudera Manager 数据库使用的是 init_database.sh 工具。（　　）

4. CDH 在配置安装 Kafka 时，Kafka 和 Zookeeper 的安装顺序是：先安装 Kafka，再安装 Zookeeper。（　　）

三、简答题

1. CDH 相对于 Apache Hadoop 的优势有哪些？
2. 简述 Cloudera Manager 的作用。
3. 如何向 CDH 群集中添加 Kafka 服务？

第 9 章

容器与云平台实战

技能目标

- 了解 Rancher
- 掌握 Rancher 安装和配置
- 了解 OpenShift
- 掌握 OpenShift 安装和配置

价值目标

在云计算工程中，要非常关注虚拟机和虚拟机监控程序，其中虚拟化技术中的 Docker 技术日趋成熟，已经成为虚拟化中的主力。读者通过学习容器和云平台实战的内容，可以加强自身对综合平台中知识的准确掌握和熟练应用，培养奋斗拼搏的信念。

在云计算的工程中，不关心虚拟机监控程序和虚拟机是不可能的，虚拟化是云计算的核心。虚拟化技术的涵盖面很广，在云中非常有价值。其中包含着一个普遍的虚拟化模型——容器技术。随着 Docker 容器技术的不断成熟，云计算与 Docker 的结合也越来越紧密了。

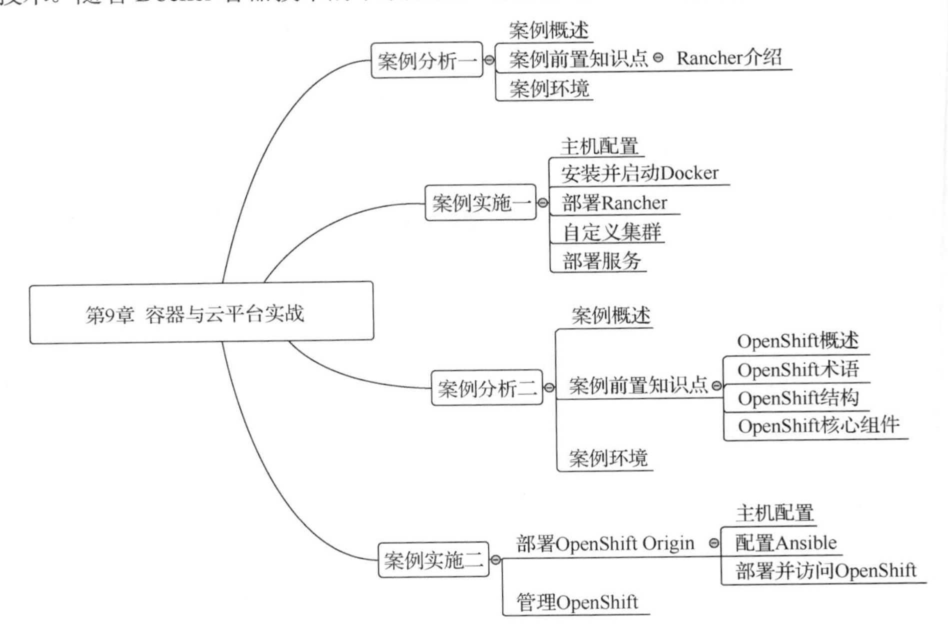

9.1 案例分析一

9.1.1 案例概述

Kubernetes 是一个强大的容器编排工具，可以帮助用户在可伸缩系统上可靠地部署和运行容器化应用。直接安装 Kubernetes 的操作复杂且容易出错。Rancher 容器管理平台原生支持 Kubernetes，用户可以使用它简单轻松地部署 Kubernetes 集群。

9.1.2 案例前置知识点

在使用 Rancher 之前，先来了解一下 Rancher 的相关知识。

Rancher 是一个容器管理平台，专为在生产中部署容器的组织而构建。Rancher 可以轻松地在任何地方运行 Kubernetes，为 DevOps 团队提供支持。Rancher 为 DevOps 工程师提供直观的用户界面，以管理他们的应用程序工作负载。用户无须深入了解 Kubernetes 概念即可开始使用 Rancher。

Rancher 在 IT 和 DevOps 组织中扮演的角色如图 9.1 所示。Rancher 包含一组有用的 DevOps 工具并获得了广泛的云生态系统产品认证，包括安全工具、监控系统、容器注册表以及存储和网络驱动程序。每个团队在他们选择的公共云或私有云上部署他们的应用程序。IT 管理员可以跨所有用户、集群和云获得可见性并实施策略。

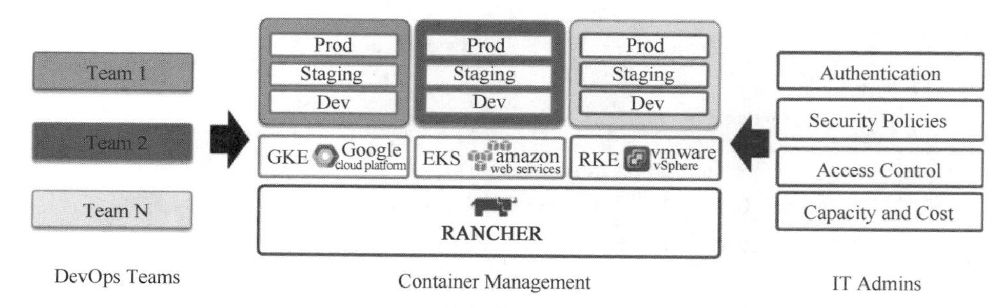

图9.1 Rancher在IT和DevOps组织中扮演的角色

Rancher 2.0 当前支持的 Docker 版本是 1.12.6、1.13.1、17.03.2。

9.1.3 案例环境

1．案例实验环境

本案例实验环境如表 9-1 所示。

表 9-1 案例环境

角色	操作系统	主机名/IP 地址	安装软件
Rancher	CentOS 7.5	rancher/192.168.0.10	Rancher 2.0/Docker-ce 17.03.2
Node	CentOS 7.5	node1/192.168.0.11	Docker-ce 17.03.2
Node	CentOS 7.5	node2/192.168.0.12	Docker-ce 17.03.2

本案例的拓扑如图 9.2 所示。

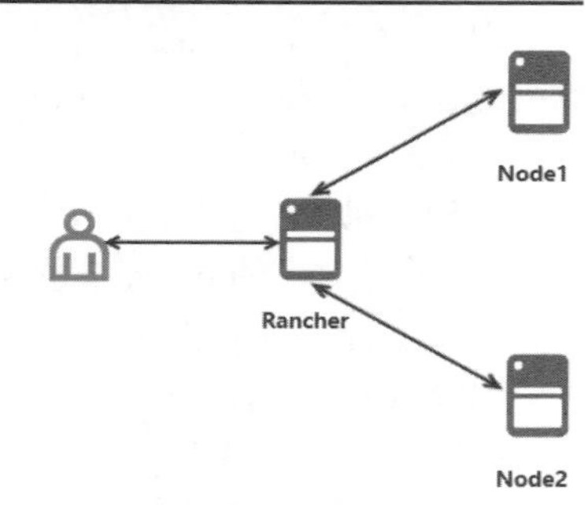

图9.2 案例拓扑

2．案例需求

本案例的需求描述如下：

在服务中使用 Rancher 2.0 部署集群并进行集群管理。

3．案例实现思路

本案例的实现思路如下。

（1）对三台主机进行系统初始化配置

（2）在三台主机上安装并启动 Docker 服务

（3）安装部署 Rancher 服务

（4）使用 Rancher 自定义集群

（5）使用 Rancher 为节点部署服务

9.2 案例实施一

9.2.1 主机配置

在安装配置 Rancher 之前，需要先对主机进行基本的初始化配置，例如：设置主机名、关闭防火墙与 SeLinux、在 hosts 文件中添加地址解析、修改内核参数等。具体操作步骤如下所示。

（1）设置主机名

在三台主机上分别设置主机名。

```
[root@localhost ~]# hostnamectl set-hostname rancher
//在 IP 地址为 192.168.0.10 的主机上设置主机名为 rancher
[root@localhost ~]# bash
[root@rancher ~]#

[root@localhost ~]# hostnamectl set-hostname node1
//在 IP 地址为 192.168.0.11 的主机上设置主机名为 node1
[root@localhost ~]# bash
[root@node1 ~]#

[root@localhost ~]# hostnamectl set-hostname node2
//在 IP 地址为 192.168.0.12 的主机上设置主机名为 node2
[root@localhost ~]# bash
[root@node2 ~]#
```

（2）关闭防火墙与 SeLinux

将所有主机的防火墙与 SeLinux 都设置为关闭状态，下面以 rancher 主机为例进行介绍。

```
[root@rancher ~]# systemctl disable firewalld
[root@rancher ~]# systemctl stop firewalld
[root@rancher ~]# sed -i 's/SELINUX=enforcing/SELINUX=disabled/g' /etc/selinux/config
//关闭 SeLinux 后需要重启机器才能生效
```

（3）添加地址解析记录

在所有主机的 hosts 文件中添加 hosts 地址解析，下面以 rancher 主机为例进行介绍。

```
[root@rancher ~]# vim /etc/hosts
192.168.0.10 rancher
192.168.0.11 node1
192.168.0.12 node2
```

（4）修改内核参数

在所有主机上修改内核参数并执行“sysctl-p”命令使配置立即生效。下面以 rancher 主机为例进行介绍。

```
[root@rancher ~]# cat <<EOF >> /etc/sysctl.conf
net.ipv4.ip_forward = 1
EOF
[root@rancher ~]# sysctl -p
net.ipv4.ip_forward = 1
```

9.2.2 安装并启动 Docker

Rancher 官网中推荐使用社区版 Docker CE 进行部署，所以需要重新配置 Docker 安装源。在所有主机上安装 Docker CE，下面以 rancher 主机为例进行介绍。

```
[root@rancher ~]# yum install -y yum-utils device-mapper-persistent-data lvm2
```

```
//安装依赖包
[root@rancher ~]# yum-config-manager \
--add-repo \
https://download.docker.com/linux/centos/docker-ce.repo
//添加 Docker-ce 软件包源
已加载插件：fastestmirror, langpacks
adding repo from: https://download.docker.com/linux/centos/docker-ce.repo
grabbing file https://download.docker.com/linux/centos/docker-ce.repo to /etc/yum.repos.d/docker-ce.
repo
repo saved to /etc/yum.repos.d/docker-ce.repo
[root@rancher ~]# yum install -y docker-ce        //安装 Docker CE
[root@rancher ~]# systemctl start docker
[root@rancher ~]# systemctl enable docker
```

9.2.3 部署 Rancher

安装完 Docker 后，在 rancher 主机上使用 Docker 创建并运行 Rancher 容器，具体操作如下所示。

```
[root@rancher ~]# docker run -d --restart=unless-stopped -p 80:80 -p 443:443 rancher/rancher:stable
Unable to find image 'rancher/rancher:stable' locally
stable: Pulling from rancher/rancher
124c757242f8: Pull complete
2ebc019eb4e2: Pull complete
dac0825f7ffb: Pull complete
82b0bb65d1bf: Pull complete
ef3b655c7f88: Pull complete
437f23e29d12: Pull complete
52931d58c1ce: Pull complete
b930be4ed025: Pull complete
4a2d2c2e821e: Pull complete
9137650edb29: Pull complete
f1660f8f83bf: Pull complete
a645405725ff: Pull complete
Digest: sha256:6d53d3414abfbae44fe43bad37e9da738f3a02e6c00a0cd0c17f7d9f2aee373a
Status: Downloaded newer image for rancher/rancher:stable
87c4893fea3250adb02857f1244d27ef6abb97de6bb4529e0d21fea9c7456515
```

上述命令执行完后，在浏览器中输入：http://192.168.0.10，访问 Rancher 图形界面控制台，如图 9.3 所示。

首次访问时，需要为默认管理员用户 admin 设置密码，本章中设置为 123.com，如图 9.4 所示。如果认为设置的密码过于简单，可以勾选下面的“Use a new randomly generated password”复选框，就会出现一个新生成的随机密码，可使用该密码作为管理员用户 admin 的密码。

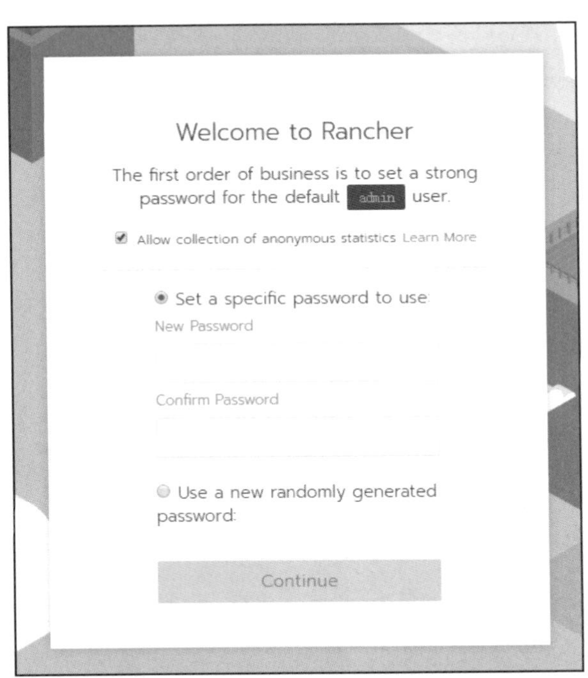

图9.3 Rancher图形界面控制台

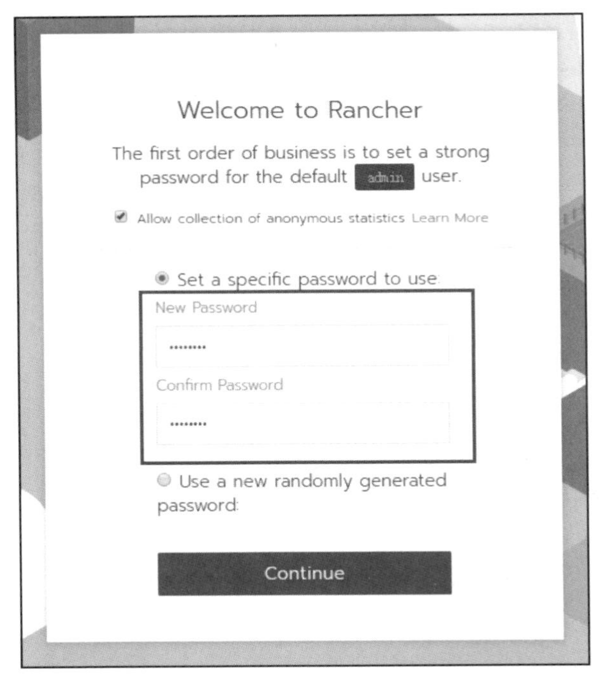

图9.4 为admin用户设置密码

设置完密码后单击 Continue 按钮，进入 Rancher Server URL 设置页面，如图 9.5 所示。URL 既可以是 IP 地址，也可以是主机名，但必须保证集群中的每一个节点都能够访问该 URL。

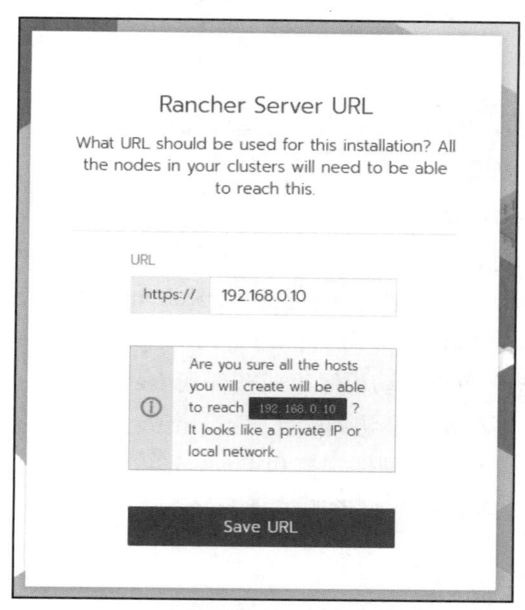

图9.5　设置Rancher Server URL

设置完 URL 之后，单击 Save URL 按钮即可进入 Rancher 图形管理页面，该页面的默认语言为英文，单击右下角的语言设置下拉菜单，选择“简体中文”，页面显示语言即可更换为中文，如图 9.6 所示。

图9.6　设置显示语言

9.2.4 自定义集群

从 Rancher 2.0 开始，Rancher 中的每个集群都将基于 Kubernetes，用户可以充分利用 Kubernetes 的强大性能及其迅速壮大的生态系统。

RKE（Rancher Kubernetes Engine）是一个用 Go 语言编写的 Kubernetes 安装程序。

在 Rancher 中使用 Docker Machine 和 RKE 可以在内部部署的裸机服务器上创建 Kubernetes 集群，它们是 Rancher 自有的轻量级 Kubernetes 安装程序，极为简单易用，用户不需要做大量的准备工作，即可拥有快速的 Kubernetes 安装部署体验。除裸机服务器外，RKE 还可以通过与节点驱动程序集成在任何 IaaS 提供商上创建集群。

在 Rancher 中创建集群，需要访问用作 Kubernetes 集群的服务器。根据 Rancher 的要求配置每个服务器，包括一些硬件规范和 Docker。在每台服务器上安装 Docker 后，运行 Ranche 中提供的命令将每台服务器转换为 Kubernetes 节点。创建 Kubernetes 集群的具体步骤如下所示。

1. 添加集群

可以在 Rancher 管理页面中单击“添加集群”→“添加主机自建 Kubernetes 集群”，并设置“集群名称”为“rancher-1”，其他配置保持默认即可，如图 9.7 所示。

图9.7 添加集群

2. 自定义主机运行命令

添加集群之后，单击图 9.7 中的“下一步”按钮编辑主机选项来更新节点主机注册命令，在“自定义主机运行命令”→“主机角色”配置项中按图 9.8 所示选择。复制图中的 docker run 命令，粘贴到 Node 节点上执行，然后单击“完成”按钮即可。

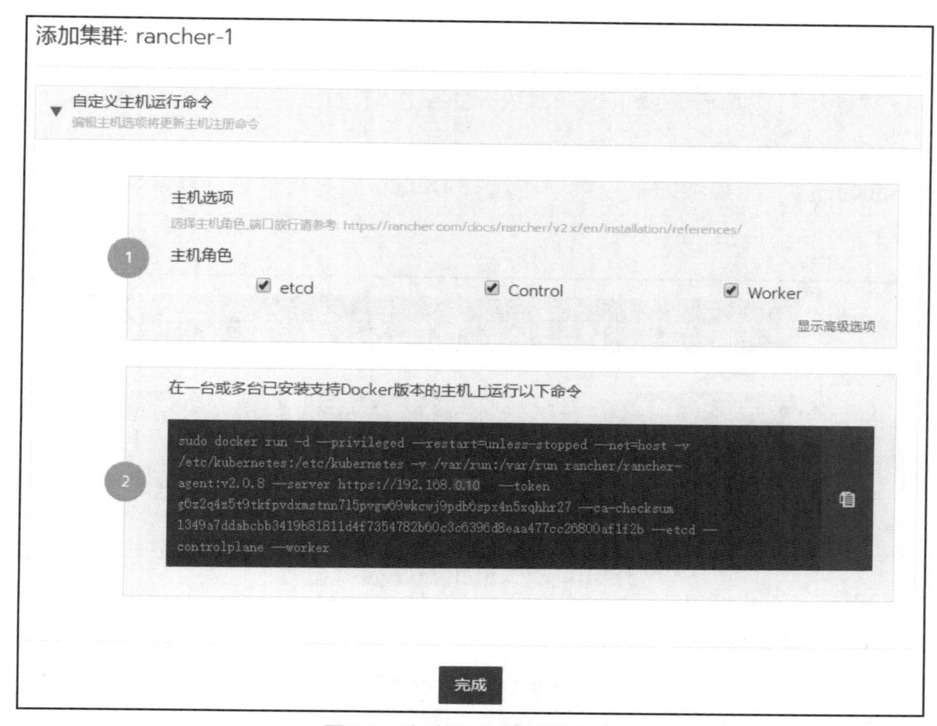

图9.8　自定义主机运行命令

因为 Node 节点需要下载多个 Docker 镜像，所以注册过程可能会比较慢。注册完成后，单击集群名称“rancher-1”，即可出现如图 9.9 所示界面，显示集群状态信息。

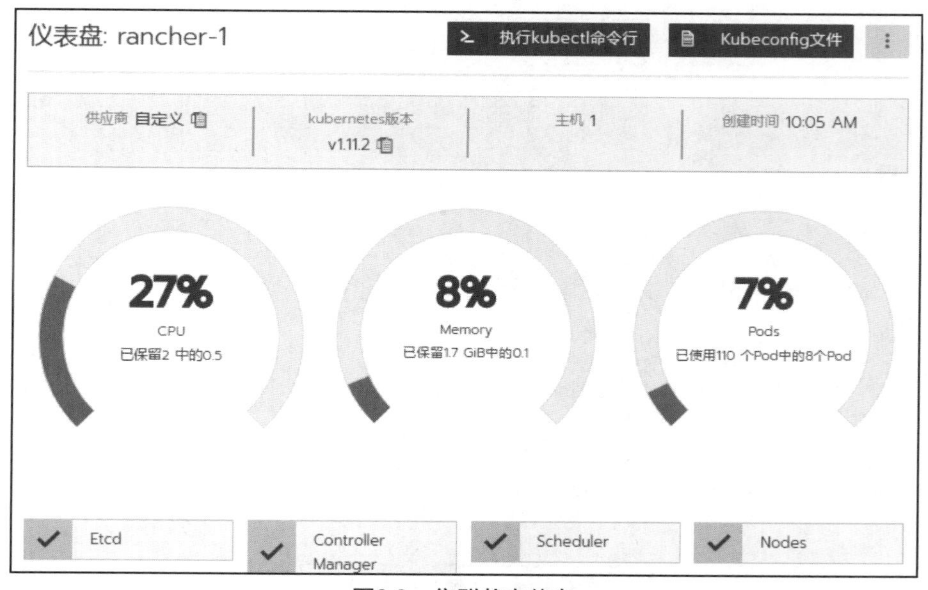

图9.9　集群状态信息

若想在集群中添加多个主机，在相应的Node节点中执行上述的docker run命令即可，Rancher会自行完成后续工作。

9.2.5 部署服务

Node节点注册成功后，就可以通过Rancher在节点中部署服务。

1．工作负载

在“rancher-1”配置项的下拉菜单中选择Default，对集群进行默认配置，如图9.10所示。

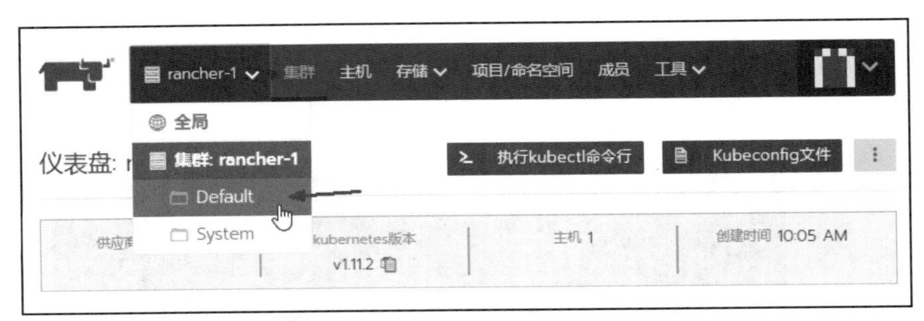

图9.10 进入集群默认配置界面

在“工作负载”页面中单击“部署服务”进入“部署工作负载”页面。在该页面中设置“名称”为“myapp”，在“Docker映像”字段中输入“rancher/hello-world”（此字段区分大小写）。其他配置保持默认，单击“启动”按钮进行部署，如图9.11所示。

部署工作负载

名称 *　　添加描述

myapp

类型　　更多选项

部署 1 个Pod

Docker镜像 *

rancher/hello-world

命名空间 *　　创建新的命名空间

default

端口映射

添加规则

全部展开

环境变量

设置容器可见的环境变量，包括从其他资源(如密文等)注入的值。

主机调度

配置Pod对应的主机调度规则。

健康检查

周期性向容器发出请求，以检测其健康状态。默认设置下，readiness和liveness使用相同的配置参数。对于应用初始化较长的容器，需要增加初始检测时间。

数据卷

持久化及共享数据并与独立容器的生命周期分离。

缩放/升级策略

配置升级过程中替换Pod的策略。

显示高级选项

启动　取消

图9.11 部署工作负载

当工作负载完成部署后，会为其分配一个 Active 状态，可以在“工作负载”页面查看此状态，如图 9.12 所示。

图9.12　查看状态

2. 负载均衡

单击“负载均衡”→“添加 Ingress”即可进入“添加 Ingress”页面，如图 9.13 所示。

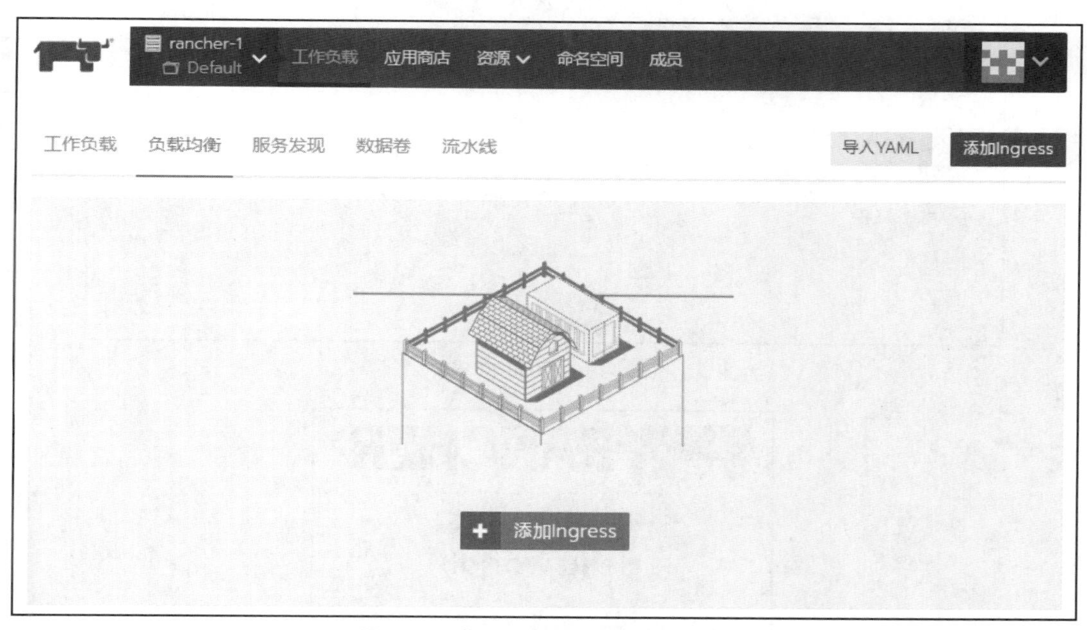

图9.13　进入“添加Ingress”页面

在“添加 Ingress”页面中设置“名称”为“hello”、“目标服务”为之前创建的工作负载 myapp、“服务端口”为 80，其他配置保持默认，单击“保存”按钮进行部署，如图 9.14 所示。

部署完成后，在“负载均衡”页面中单击“目标”下方的链接（如 hello.default.xxx.xxx.xxx.xxx.xip.io>hello-world），出现如图 9.15 所示的执行结果，说明服务部署成功。

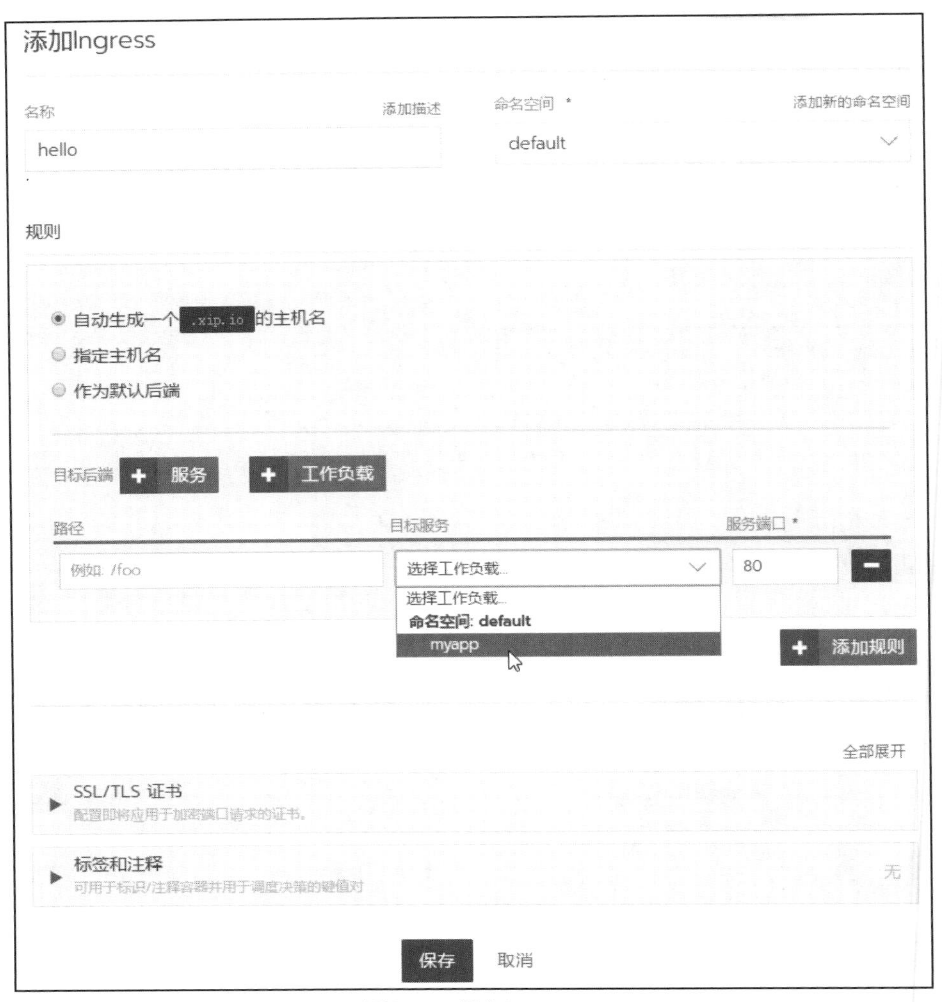

图9.14　添加Ingress

图9.15　部署成功

9.3 案例分析二

9.3.1　案例概述

常见的开源私有云平台除了OpenStack之外，还有红帽公司推出的OpenShift云平台。下面介绍 OpenShift 云平台的部署与基本管理。

9.3.2　案例前置知识点

1. OpenShift 概述

OpenShift 是由红帽公司推出的 PaaS 云计算平台，目前共提供三种产品：OpenShift Online、OpenShift Enterprise 和 OpenShift Origin。其中，OpenShift Online 是面向普通开发者和小微企业的线上公有云平台；OpenShift Enterprise 是面向企业的私有云平台；OpenShift Origin 属于开源项目，是构成前两个云平台的基础。OpenShift Enterprise 是开源的私有云版本，由 OpenShift Origin 管理。OpenShift Enterprise 支持 GitHub，开发者可以使用 Git 来发布自己的 Web 应用程序到平台上。

OpenShift 汇集了 Docker 和 Kubernetes，所以简称为 OKD，并提供了一个 API 来管理所有服务。OKD 允许创建和管理容器。

OpenShift 是自由和开放源码的云计算平台，开发人员可以创建、测试和运行他们的应用程序，并且可以把应用程序部署到云中。OpenShift 广泛支持多种编程语言和框架，如 Java、Ruby 和 PHP 等。另外，它还提供了多种集成开发工具，如 Eclipse Integration、JBoss Developer Studio 和 Jenkins 等。OpenShift 基于开源生态系统为移动应用、数据库服务等提供支持。

通常情况下，容器是在自己的环境中运行的独立进程，独立于操作系统和底层基础结构。而 OpenShift 可以帮助开发、部署和管理基于容器的应用程序，其提供了一个自助服务平台，可以按需创建、修改和部署应用，从而实现更快的开发和发布生命周期。

2. OpenShift 术语

OpenShift 中常用的关键术语包括以下几个。

- Broker：管理整个平台，并选择合适的 Node 节点处理请求；
- Node：由众多的 Gear 组成；
- Gear：资源容器，约束着 CPU、内存、存储等软硬件资源并负责运行应用；
- Cartridge：技术推栈，如语言、框架、服务或者常被打包的常用功能；
- Application：Cartridge 的载体，以及应用代码本身；
- Scaled/Scalable Application：多个 Gear 协同构成的应用；
- Client Tools：CLI、Eclipse、Web Console 等创建或管理应用的工具。

3. OpenShift 结构

OpenShift 是由一个 Broker 节点和一个或多个 Node 节点构成的分层结构，自下而上包括以下五层：基础架构层、容器引擎层、容器编排层、PaaS 服务层、界面及工具层。

基础架构层：为 OpenShift 平台的运行提供基础的运行环境。OpenShift 支持运行在物理机、虚拟机（KVM、VMware、Virtual Box 等）、公有云（阿里云，AWS 等）、私有云、混合云上；

容器引擎层：以当前主流的 Docker 作为容器引擎；

容器编排层：以 Google 的 Kubernetes 进行容器编排；

PaaS 服务层：容器云平台的最终目的是为上层应用服务提供支持，提高开发、测试、部署、运维的速度和效率。用户在 OpenShift 云平台上可以快速地获取和部署一个数据库、缓存等；

界面及工具层：OpenShift 提供了多种用户的接入渠道：Web 控制台、命令行、RestFul 接口等。

OpenShift 工作流程如图 9.16 所示。

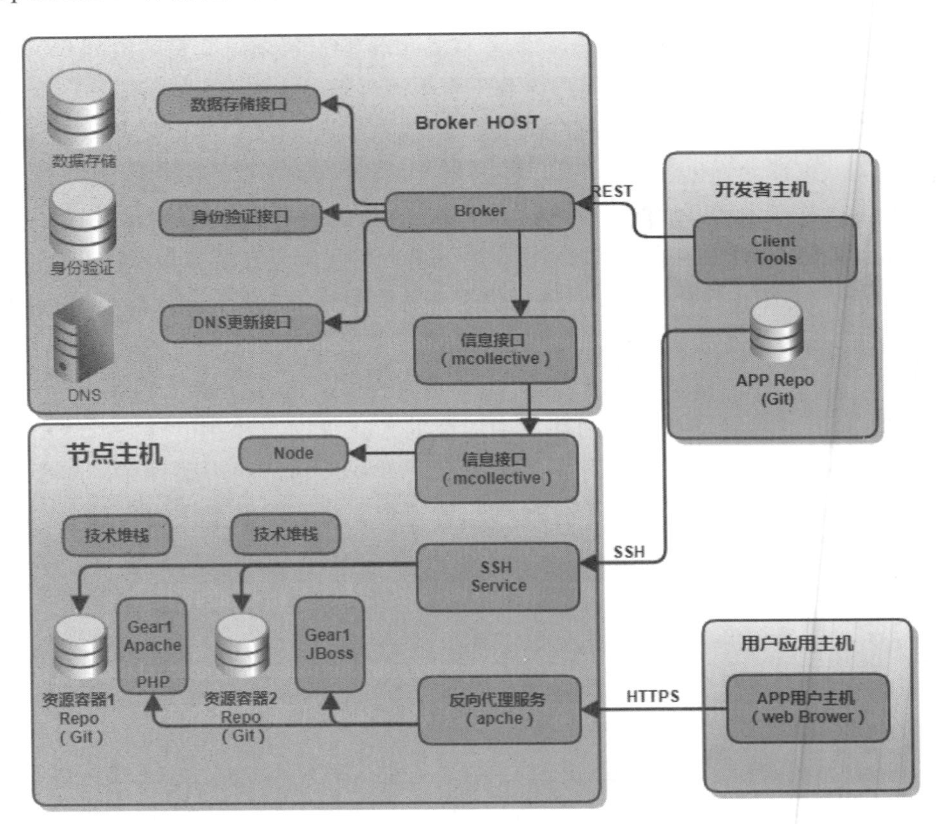

图9.16 OpenShift工作流程

开发者可以使用 rhc、Web 控制台等工具向 Broker 节点发送 REST 请求，也可以直接通过 SSH 登录到应用所在 Gear 直接对应用进行操作。

Broker 节点由 Broker 和 controller 两个子项目构成，其中，Broker 主要完成配置任务，具体逻辑则实现于 Controller。Controller 子项目是整个 OpenShift 项目的核心之一，另一个核心是 Node 子项目，它存储着平台数据和状态，以及通过接口实现授权、DNS 等功能。此外，还有 Broker-util 子项目，用于提供命令，方便管理 Broker 节点。

Node 节点主要就是存放用户应用以及管理它们。每个 Gear 都是一个由软硬件资源构成的容器，放置着用户应用代码及其使用的 Cartridge 实例。同一个 Gear 内的 Cartridge 像在本地一样，是可以直接通信的；而不同 Gear 之间则可以通过端口转发实现，原理相同，部分 Cartridge 之间也可以像在本地一样操作它们。

此外，与 Broker 节点一样，Node 节点也有 node-util 子项目，用于提供命令，管理 Node 节点或者位于 Node 之下的众多 Gear、Cartridge。

最终用户访问应用时，会根据携带的参数，通过 Apache 转发直接到达指定 Gear 处理，快捷高效，而且安全性得到提高。

4. OpenShift 核心组件

OpenShift 的核心组件及其之间的关联关系如图 9.17 所示。OpenShift 在容器编排层使用了 Kubernetes，所以 OpenShift 在架构上和 Kubernetes 十分接近。其内部的许多组件和概念都是从 Kubernetes 衍生而来，但是也存在一些组件，在容器编排层之上。

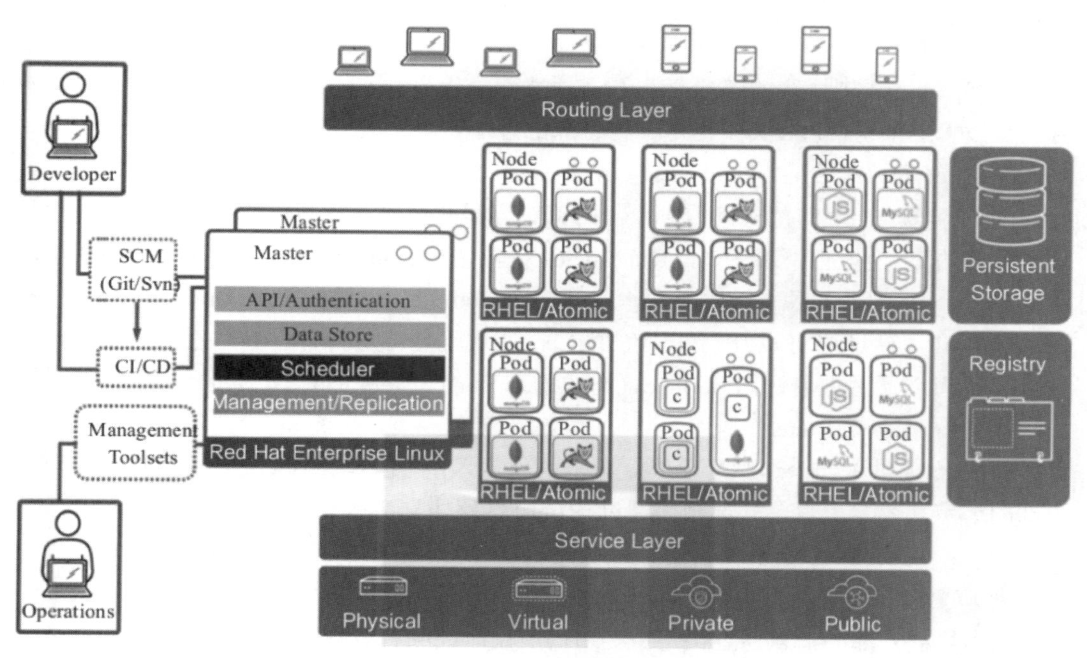

图9.17　OpenShift核心组件之间的关系

（1）Master 节点

Master 节点属于主控节点，集群内的管理组件都运行在 Master 节点上。Master 节点负责集群的配置管理并维护集群的状态。Master 节点上运行的服务组件有以下几个。

- API Server：负责提供 Web Console 和 RESTful API。集群内所有节点都会访问

API Server 来更新节点的状态及容器的状态。

- 数据源（Data store）：负责存储信息。集群内所有的状态信息都会存储在后端的一个名为 etcd 的分布式数据库中。
- 调度控制器（Scheduler）：负责按用户输入的要求寻找合适的计算节点。
- 副本控制器（Replication Controller）：负责监控当前容器实例的数量和用户部署指定的数量是否匹配，若有容器异常退出，副本控制器会发现实际数量少于部署定义数，从而触发部署新的实例。

（2）Node 节点

Node 节点是计算节点，用于接收 Master 节点的指令来运行和维护 Docker 容器。Master 节点也可以是 Node 节点，只是在一般环境中，其运行容器的功能是关闭的。

（3）Project 和 Namespace

在 Kubernetes 中使用命名空间的概念来分隔资源。在同一个命名空间中，某一个对象的名称在其分类中必须是唯一的，但是分布在不同命名空间的对象则可以同名。OpenShift 继承了 Kubernetes 命名空间的概念，而且在其之上定义了 Project 对象的概念。每一个 Project 会和一个 Namespace 相关联，甚至可以简单地认为，Project 就是 Namespace。所以在 OpenShift 中进行操作时，首先要确认当前执行的上下文是哪一个 Project。

（4）Pod

在 OpenShift 中运行的容器会被 Pod 所“包裹”，用户不会直接看到 Docker 容器本身。从技术上来说，Pod 其实也是一种特殊的容器。

（5）Service

由于容器是一个非持久化的对象，所有对容器的修改在容器销毁后都会丢失，而且每个容器的 IP 地址会不断变化。Kubernetes 提供了 Service 组件，当部署某个应用时，会创建一个 Service 对象，该对象与一个或多个 Pod 关联，同时每个 Service 分配一个相对恒定的 IP，通过访问该 IP 及相应的端口，请求就会转发到对应 Pod 端口。除了可通过 IP，也可以通过域名访问 Service，格式为：..svc.cluster.local。

（6）Router 和 Route

Service 提供了一个通往后端 Pod 集群的稳定入口，但是 Service 的 IP 地址只对集群内部的节点和容器可见，外部则需通过 Router（路由器）来转发。Router 是 OpenShift 集群中一个重要的组件，它是外界访问集群内容器应用的入口。用户可以创建 Route（路由规则）对象，一个 Route 对象会与一个 Service 关联并绑定一个域名。Route 会被 Router 加载。当集群外部的请求通过指定域名访问应用时，域名被解析并指向 Router 所在的计算节点，Router 获取该请求，然后根据 Route 转发请求到与这个域名对应的 Service 后端所关联的 Pod 容器实例。上述转发流程类似于 Nginx。即 Router 负责将集群外的请求转发到集群的容器，Service 则负责把来自集群内部的请求转发到指定的容器中。

（7）Persistent Storage

容器默认是非持久化的，所有的修改在容器销毁时都会丢失。Docker 提供了持久化卷挂载的能力，OpenShift 除了提供持久化卷挂载的能力，还提供了一种持久化供给模型，即 PV（Persistent Volume）和 PVC（Persistent Volume Claim）。在 PV 和 PVC 模型中，集群管理员会创建大量不同大小和不同特性的 PV。用户在部署应用时显式地声明对持久化的需求，创建 PVC，在 PVC 中定义需要的存储大小和访问方式。OpenShift 集群会自动寻找符合要求的 PV 与 PVC 自动对接。

（8）Registry

OpenShift 提供了一个内部的 Docker 镜像仓库（Registry），该镜像仓库用于存放用户通过内置的 Source to Image 镜像构建流程所产生的镜像。Registry 组件默认以容器的方式提供。

（9）Source to Image

Source to Image（S2I）是 OpenShift 内部的镜像仓库，主要用于存放内置的 S2I 构建流程所产生的镜像。

9.3.3 案例环境

1. 案例实验环境

本案例实验环境如表 9-2 所示。

表 9-2　案例环境

角色	操作系统	主机名/IP 地址	硬件配置要求
Master	CentOS 7.3	master.example.com/192.168.9.155	2 核 2GB 硬盘 100GB
Node	CentOS 7.3	node1.example.com/192.168.9.167	2 核 2GB 硬盘 100GB
Node	CentOS 7.3	node2.example.com/192.168.9.168	2 核 2GB 硬盘 100GB

本案例的拓扑如图 9.18 所示。

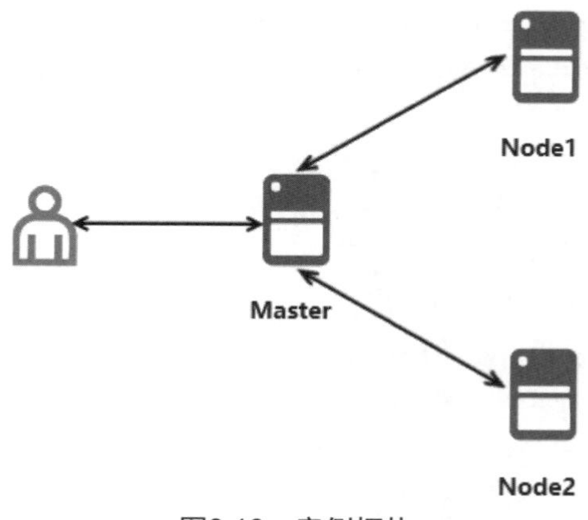

图9.18　案例拓扑

2. 案例需求

本案例的需求描述如下：部署 OpenShift 并创建容器应用。

3. 案例实现思路

本案例的实现思路如下。

（1）部署 OpenShift Origin

（2）管理 OpenShift

9.4 案例实施二

9.4.1 部署 OpenShift Origin

1. 主机配置

在安装配置 OpenShift 之前，需要先对主机进行基本的初始化配置。具体操作步骤如下所示。

（1）设置主机名

在三台主机上分别设置主机名。

```
[root@localhost ～]# hostnamectl set-hostname master.example.com
//在 IP 地址为 192.168.9.155 的主机上设置主机名为 master.example.com
[root@localhost ～]# bash
[root@master ～]#

[root@localhost ～]# hostnamectl set-hostname node1.example.com
//在 IP 地址为 192.168.9.167 的主机上设置主机名为 node1.example.com
[root@localhost ～]# bash
[root@node1 ～]#

[root@localhost ～]# hostnamectl set-hostname node2.example.com
//在 IP 地址为 192.168.9.168 的主机上设置主机名为 node2.example.com
[root@localhost ～]# bash
[root@node2 ～]#
```

（2）设置防火墙与 SeLinux

将所有主机的防火墙都设置为关闭状态，并保证 SeLinux 必须处于 Enforcing 状态。下面以 master.example.com 主机为例进行介绍。

```
[root@master ～]# systemctl disable firewalld
[root@master ～]# systemctl stop firewalld
[root@master ～]# getenforce            //SeLinux 必须处于 Enforcing 状态
Enforcing
```

（3）添加地址解析记录

在所有主机的 hosts 文件中添加 hosts 地址解析，下面以 master.example.com 主机为例进行介绍。

```
[root@master ～]# cat <<EOF >> /etc/hosts
```

```
> 192.168.9.155 master.example.com
> 192.168.9.167 node1.example.com
> 192.168.9.168 node2.example.com
> EOF
```

（4）安装基础包

下面以 master.example.com 主机为例进行介绍，所有主机都要执行。

```
[root@master ~]# yum install vim wget git net-tools bind-utils yum-utils iptables-services bridge-utils bash-completion kexec-tools sos psacct -y
```

（5）将系统更新至最新的包

下面以 master.example.com 主机为例进行介绍，所有主机都要执行。

```
[root@master ~]# yum -y update
[root@master ~]# reboot
```

（6）安装 EPEL 源

下面以 master.example.com 主机为例进行介绍，所有主机都要执行。

```
[root@master ~]# wget -O /etc/yum.repos.d/epel.repo http://mirrors.aliyun.com/repo/epel-7.repo
```

（7）安装 Ansible

下面以 master.example.com 主机为例进行介绍，所有主机都要执行。

```
[root@master ~]# yum install ansible pyOpenSSL -y
```

（8）安装 OpenShift Origin 3.9 源和 Docker

将 OpenShift Origin 3.9 源安装地址替换成国内源的地址，默认安装源地址是在国外，修改成国内地址可以提高下载速度。下面以 master.example.com 主机为例进行介绍，所有主机都要执行。

```
[root@master ~]# yum -y install centos-release-openshift-origin39 docker
[root@master ~]# vim /etc/yum.repos.d/CentOS-OpenShift-Origin39.repo
[centos-openshift-origin39]
name=CentOS OpenShift Origin
baseurl=https://mirrors.aliyun.com/centos/7/paas/x86_64/openshift-origin39/
//注释掉原本的安装地址，增加国内地址
enabled=1
gpgcheck=0              //将 gpgcheck=1 改成 gpgcheck=0
```

（9）修改内核参数

在所有主机上修改内核参数并执行“sysctl -p”命令使配置立即生效。下面以 master.example.com 主机为例进行介绍。

```
[root@master ~]# cat <<EOF >> /etc/sysctl.conf
net.bridge.bridge-nf-call-ip6tables = 1
net.bridge.bridge-nf-call-iptables = 1
net.ipv4.ip_forward = 1
EOF
[root@master ~]# modprobe br_netfilter
[root@master ~]# sysctl -p
net.bridge.bridge-nf-call-ip6tables = 1
```

```
net.bridge.bridge-nf-call-iptables = 1
net.ipv4.ip_forward = 1
```

（10）配置 Docker

启动 Docker 服务并添加 Docker 国内镜像加速地址。下面以 master.example.com 主机为例进行介绍，所有主机都要执行。

```
[root@node2 ~]# systemctl enable docker
Created symlink from /etc/systemd/system/multi-user.target.wants/docker.service to /usr/lib/systemd/system/docker.service.
[root@node2 ~]# systemctl start docker
[root@node2 ~]# vim /etc/docker/daemon.json
{
"registry-mirrors": ["https://docker.mirrors.ustc.edu.cn"]
}
[root@master ~]# systemctl restart docker
```

（11）配置节点间 SSH 免密码登录

配置 Master 节点与 Node1、Node2 节点之间免密码登录，包括 Master 自身也要免密码登录。

```
[root@master ~]# ssh-keygen
Generating public/private rsa key pair.
Enter file in which to save the key (/root/.ssh/id_rsa):
Created directory '/root/.ssh'.
Enter passphrase (empty for no passphrase):
Enter same passphrase again:
Your identification has been saved in /root/.ssh/id_rsa.
Your public key has been saved in /root/.ssh/id_rsa.pub.
The key fingerprint is:
SHA256:xFbYRDU5lFiDJ9Omj1YZZULxvmW81+QBBTNMbF+ymgY root@master.example.com
The key's randomart image is:
+---[RSA 2048]----+
|          =+O&X+. |
|        ...* OX= .|
|         +   *.=oo.|
|        o   E o.oo |
|         S   = o..=|
|           o =   *+|
|          . .   ..+|
|                 .|
|                  |
+----[SHA256]-----+
[root@master ~]# ssh-copy-id root@master.example.com
[root@master ~]# ssh-copy-id root@node1.example.com
[root@master ~]# ssh-copy-id root@node2.example.com
```

（12）安装 OpenShift 安装工具

安装 OpenShift 安装工具，下面以 master.example.com 主机为例进行介绍，所有主机都要安装。

```
[root@master ～]# yum -y install atomic atomic-openshift-utils
```

2. 配置 Ansible

在 master.example.com 主机上配置 Ansible 的 host 文件。

```
[root@master ～]# mv /etc/ansible/hosts /etc/ansible/hosts.bak
//备份原来 ansible 的 hosts 文件
[root@master ～]# vim /etc/ansible/hosts
# add follows to the end
[OSEv3:children]
masters
nodes
etcd

[OSEv3:vars]
# admin user created in previous section
ansible_ssh_user=root
openshift_deployment_type=origin

# use HTPasswd for authentication
openshift_master_identity_providers=[{'name': 'htpasswd_auth', 'login': 'true', 'challenge': 'true', 'kind': 'HTPasswdPasswordIdentityProvider', 'filename': '/etc/origin/master/htpasswd'}]

openshift_disable_check=disk_availability,docker_storage,memory_availability,docker_image_availability,package_version,package_availability

# allow unencrypted connection within cluster
openshift_docker_insecure_registries=172.30.0.0/16

[masters]
master.example.com openshift_schedulable=true containerized=false

[etcd]
master.example.com

[nodes]
# set labels [region: ***, zone: ***] (any name you like)
master.example.com openshift_node_labels="{'region': 'infra', 'zone': 'default'}"
node1.example.com openshift_node_labels="{'region': 'primary', 'zone': 'east'}" openshift_schedulable=true
node2.example.com openshift_node_labels="{'region': 'primary', 'zone': 'west'}" openshift_schedulable=
```

```
true
```

3. 部署并访问 OpenShift

使用 deploy_cluster.yml 文件部署 OpenShift 时会在各个主机上下载多个镜像，为避免执行 deploy_cluster.yml 文件时因镜像问题而导致报错，可提前下载镜像。

```
[root@master ~]# docker pull docker.io/openshift/origin-web-console:v3.9.0
[root@master ~]# docker pull docker.io/openshift/origin-docker-registry:v3.9.0
[root@master ~]# docker pull docker.io/openshift/origin-haproxy-router:v3.9.0
[root@master ~]# docker pull docker.io/openshift/origin-deployer:v3.9.0
[root@master ~]# docker pull docker.io/openshift/origin-service-catalog:v3.9.0
[root@master ~]# docker pull docker.io/openshift/origin-template-service-broker:v3.9.0
[root@master ~]# docker pull docker.io/openshift/origin-pod:v3.9.0
[root@master ~]# docker pull docker.io/ansibleplaybookbundle/origin-ansible-service-broker:v3.9


[root@node1 ~]# docker pull docker.io/cockpit/kubernetes:latest
[root@node1 ~]# docker pull docker.io/openshift/origin-deployer:v3.9.0
[root@node1 ~]# docker pull docker.io/openshift/origin-pod:v3.9.0

[root@node2 ~]# docker pull docker.io/cockpit/kubernetes:latest
[root@node2 ~]# docker pull docker.io/openshift/origin-deployer:v3.9.0
[root@node2 ~]# docker pull docker.io/openshift/origin-pod:v3.9.0
```

在 master.example.com 主机上运行 deploy_cluster.yml 文件部署 OpenShift。

```
[root@master ~]# ansible-playbook /usr/share/ansible/openshift-ansible/playbooks/deploy_cluster.yml
……              //省略部分内容
PLAY                              RECAP
*****************************************************
localhost                : ok=12    changed=0     unreachable=0    failed=0
master.example.com       : ok=613   changed=247   unreachable=0    failed=0
node1.example.com        : ok=133   changed=51    unreachable=0    failed=0
node2.example.com        : ok=133   changed=51    unreachable=0    failed=0


INSTALLER                         STATUS
*****************************************************
Initialization             : Complete (0:02:35)
Health Check               : Complete (0:00:06)
etcd Install               : Complete (0:03:01)
Master Install             : Complete (0:09:41)
Master Additional Install  : Complete (0:01:31)
Node Install               : Complete (0:17:21)
Hosted Install             : Complete (0:03:40)
Web Console Install        : Complete (0:01:12)
Service Catalog Install    : Complete (0:05:42)
```

修改宿主机 hosts 文件，添加“192.168.9.155 master.example.com”内容，让宿主机可以解析 Master 的主机名。在浏览器地址栏输入：https://master.example.com:8443，即可打开 OpenShift 管理控制台，如图 9.19 所示。

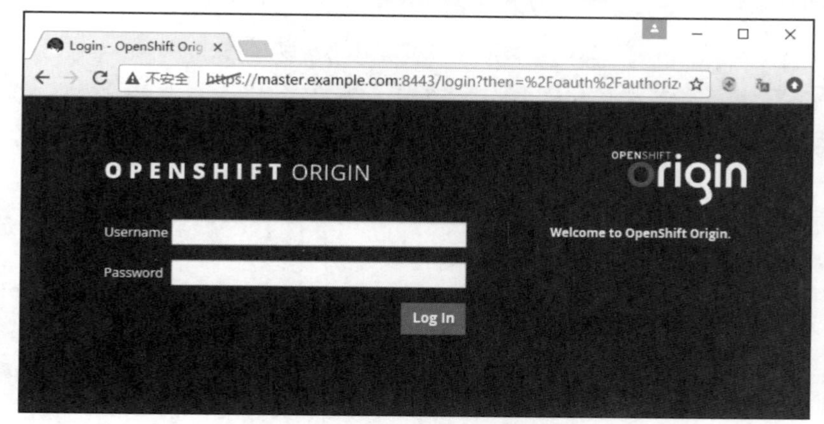

图9.19　OpenShift管理控制台

9.4.2　管理 OpenShift

安装成功后可以对 OpenShift 进行简单管理。

1．创建集群管理员

创建一个账号名为 admin、密码为 admin 的新用户，并配置为集群管理员。

```
[root@master ~]# htpasswd -b /etc/origin/master/htpasswd admin admin
Adding password for user admin
[root@master ~]# oc adm policy add-cluster-role-to-user cluster-admin admin
cluster role "cluster-admin" added: "admin"
```

可以通过“oc get user”命令查看创建的用户。

```
[root@master ~]# oc get user
NAME      UID                                        FULL NAME    IDENTITIES
admin   4c700b27-adfd-11e8-88210.000c297b97b6                   htpasswd_auth:admin
```

注意

如果无输出信息，请等待几秒后重试。

2．登录 OpenShift 控制台

用 admin 管理员账号登录 OpenShift 控制台，如图 9.20 所示。

3．创建项目

创建项目，名字为 myproject。

```
[root@master ~]# oc new-project myproject
```

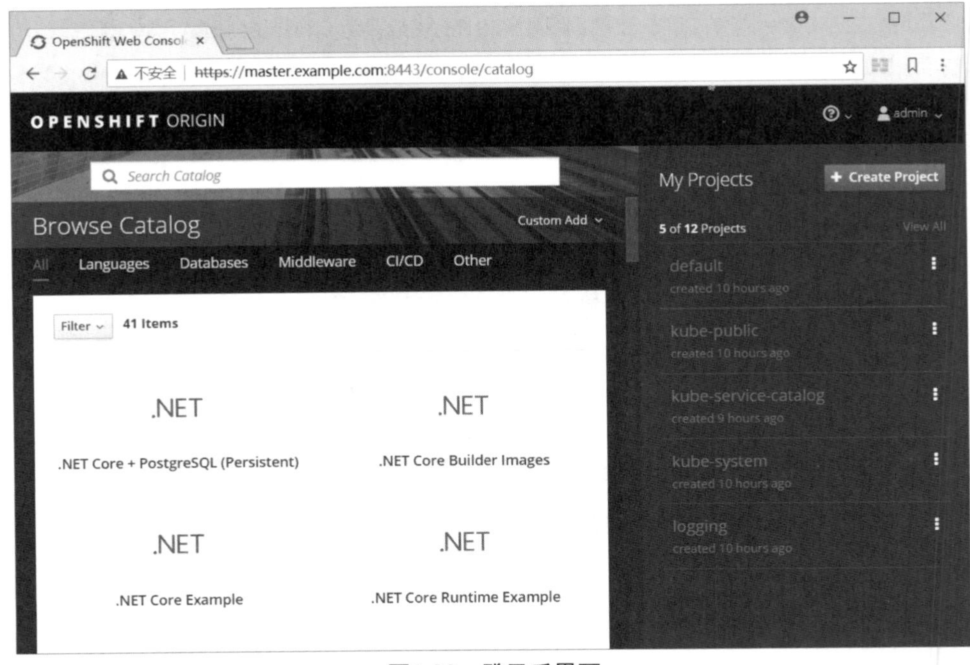

图9.20　登录后界面

4. 配置权限

OpenShift 中有 SCC 的概念，即安全上下文，需要对权限进行管理。如果不配置，可能会出现容器权限问题。

```
[root@master ~]# oc login -u system:admin
[root@master ~]# oc project myproject
[root@master ~]# oc adm policy add-scc-to-user privileged system:serviceaccount:default:router
scc "privileged" added to: ["system:serviceaccount:default:router"]
[root@master ~]# oc adm policy add-scc-to-user privileged system:serviceaccount:myproject:admin
scc "privileged" added to: ["system:serviceaccount:myproject:admin"]
[root@master ~]# oc adm policy add-scc-to-user anyuid system:serviceaccount:myproject:admin
scc "anyuid" added to: ["system:serviceaccount:myproject:admin"]
[root@master ~]# oc adm policy add-scc-to-group anyuid system:authenticated
scc "anyuid" added to groups: ["system:authenticated"]
[root@master ~]# oc adm policy add-scc-to-user anyuid -z default
scc "anyuid" added to: ["system:serviceaccount:myproject:default"]
```

5. 构建镜像

使用 Dockerfile 构建一个镜像。Dockerfile 文件如下。

```
[root@master ~]# vim Dockerfile
FROM centos
MAINTAINER openshift
RUN yum -y install wget && \
    wget -O /etc/yum.repos.d/epel.repo http://mirrors.aliyun.com/repo/epel-7.repo && \
    yum -y install nginx && \
```

```
    echo "This is my first project for Openshift Origin" > /usr/share/nginx/html/index.html && \
    yum clean all && \
rm -rf /tmp/*
EXPOSE 80
CMD ["/usr/sbin/nginx","-g","daemon off;"]

[root@master ~]# docker build -t docker-registry.default.svc:5000/myproject/nginx .
……                    //省略部分内容
Cleaning up list of fastest mirrors
 ---> c12d34277549
Removing intermediate container 00d5fca88ee1
Step 4/5 : EXPOSE 80
 ---> Running in a388c1fe377c
 ---> 3fc6945c7fcb
Removing intermediate container a388c1fe377c
Step 5/5 : CMD /usr/sbin/nginx -g daemon off;
 ---> Running in 74cf61db2190
 ---> 2ad1be3dfa7f
Removing intermediate container 74cf61db2190
Successfully built 2ad1be3dfa7f
```

6. 推送镜像到镜像仓库

使用 admin 管理员账号登录。

```
[root@master ~]# oc login -u admin -p admin
```

获取当前用户令牌。

```
[root@master ~]# oc whoami -t
6bp-zvMLyi7bffdUx47dyKIEekng7TV4bfjmCI8f65A
```

使用 admin 用户登录 OpenShift Registry，密码为当前用户的令牌。

```
[root@master ~]# docker login -u admin -p 6bp-zvMLyi7bffdUx47dyKIEekng7TV4bfjmCI8f65A docker-registry.default.svc:5000
Login Succeeded
[root@master ~]# docker push docker-registry.default.svc:5000/myproject/nginx
The push refers to a repository [docker-registry.default.svc:5000/myproject/nginx]
af489dd90715: Pushed
1d31b5806ba4: Pushed
latest: digest: sha256:204ca88e5055691719454dacb29f5507b479a99060207add9a2886bd26bc28f6 size: 741
[root@master ~]# oc get all              //查看已经上传的镜像
NAME                 DOCKER REPO                                        TAGS     UPDATED
imagestreams/nginx   docker-registry.default.svc:5000/myproject/nginx   latest   About a minute ago
```

7. 创建应用

使用刚才上传的镜像创建一个 Nginx 应用。

```
[root@master ~]# oc new-app docker-registry.default.svc:5000/myproject/nginx --name=nginx
W0916 14:47:25.663505   19340 dockerimagelookup.go:233] Docker registry lookup failed: Get https://docker-registry.default.svc:5000/v2/: x509: certificate signed by unknown authority
W0916 14:47:25.825801   19340 newapp.go:480] Could not find an image stream match for "docker-registry.default.svc:5000/myproject/nginx:latest". Make sure that a Docker image with that tag is available on the node for the deployment to succeed.
--> Found Docker image 2ad1be3 (7 minutes old) from docker-registry.default.svc:5000 for "docker-registry.default.svc:5000/myproject/nginx:latest"

    * This image will be deployed in deployment config "nginx"
    * Port 80/tcp will be load balanced by service "nginx"
      * Other containers can access this service through the hostname "nginx"
    * WARNING: Image "docker-registry.default.svc:5000/myproject/nginx:latest" runs as the 'root' user which may not be permitted by your cluster administrator

--> Creating resources ...
    deploymentconfig "nginx" created
    service "nginx" created
--> Success
    Application is not exposed. You can expose services to the outside world by executing one or more of the commands below:
     'oc expose svc/nginx'
    Run 'oc status' to view your app.
```

将应用的地址暴露出来。

```
[root@master ~]# oc expose svc/nginx
route "nginx" exposed
[root@master ~]# oc get route
NAME     HOST/PORT     PATH     SERVICES     PORT     TERMINATION     WILDCARD
nginx    nginx-myproject.router.default.svc.cluster.local     nginx     80-tcp     None
```

通过“oc get route”命令查看 router 信息。

8. 访问应用

访问应用的主机地址，操作如下所示。

```
[root@master ~]# curl nginx-myproject.router.default.svc.cluster.local
"This is my first project for Openshift Origin"
```

9. 指定应用域名

由于默认的应用名过长，使用“oc edit routes/nginx”命令可以指定应用域名，然后通过应用域名来访问应用。

```
[root@master ~]# oc edit routes/nginx
host: nginx.master.example.com
        //将 host: nginx-myproject.router.defau//lt.svc.cluster.local 改成 host: nginx.master.example.com
[root@master ~]# echo "192.168.9.155 nginx.master.example.com" >> /etc/hosts
```

10. *使用域名访问应用*

用域名访问应用，操作如下所示。

```
[root@master ~]# curl nginx.master.example.com
"This is my first project for Openshift Origin"
```

本章总结

通过本章的学习，读者掌握了 Rancher 容器管理工具的配置方法与 OpenShift 云平台的部署方法，了解了云平台与容器的结合使用。除上述工具外，还有许多其他开源云平台与容器管理工具，希望读者可以熟练操作本章实验，了解其中的原理，从而可以举一反三地学习其他开源云平台与容器管理工具的使用方法。

本章作业

一、选择题

1．关于 Rancher 的描述错误的是（　　）。

A．Rancher 是一个容器管理平台，专为在生产中部署容器的组织而构建

B．Rancher 在运行 Kubernetes 时，只限在类 Linux 系统上运行

C．Rancher 提供了直观的用户界面，方便管理应用程序工作负载

D．Rancher 获得了广泛的云原生态系统产品认证，包括监控系统、安全工具等

2．下列属于 OpenShift 提供的相关产品的是（　　）。

A．OpenShift Personal　　B．OpenShift Enterprise

C．OpenShift Community　　D．OpenShift Origin

3．OpenShift 的管理控制台的默认端口是（　　）。

A．80　　B．443　　C．8080　　D．8443

二、判断题

1．Rancher 容器管理平台原生支持 Kubernetes，使用户可以简单轻松地部署 Kubernetes 集群。（　　）

2．OpenShift 是 RedHat 公司推出的基于 IaaS 的云计算平台。（　　）

3．OpenShift 汇集了 Docker 和 Kubernetes，简称 OKD，提供了 API 来管理这些服务。（　　）

4．OpenShift 的 Broker 节点主要由 controller 和 node 两个子项目构成。（　　）

三、简答题

1．Rancher 2.0 支持的 Docker 版本有哪些？

2．简述 OpenShift 结构中包含的五个层。

3．简述 OpenShift 包括的核心组件。